KB092359

꿀잼쌤 김완일의
**한눈에 사로잡는
수학 개념편**

꿀잼샘 김완일의

한눈에 사로잡는 수학

ⓒ김완일 2014

초판 1쇄 발행일 2014년 12월 19일

지 은 이 김완일 · 최항철 · 한경호 · 허석
펴 낸 이 이정원

출판책임 박성규
기획실장 선우미정
편   집 김상진 · 유예림 · 구소연
디 자 인 김지연 · 김세린
마 케 팅 석철호 · 나다연
경영지원 김은주 · 이순복
제   작 송세언
관   리 구법모 · 엄철용

펴 낸 곳 도서출판 들녘
등록일자 1987년 12월 12일
등록번호 10-156
주   소 경기도 파주시 회동길 198번지
전   화 마케팅 031-955-7374 편집 031-955-7381
팩시밀리 031-955-7393
홈페이지 www.ddd21.co.kr

I S B N 978-89-7527-013-0(44410)
         978-89-7527-012-3(세트)

값은 뒤표지에 있습니다. 잘못된 책은 구입하신 곳에서 바꿔드립니다.

「이 도서의 국립중앙도서관 출판예정도서목록(CIP)은 서지정보유통지원시스템 홈페이지(http://seoji.nl.go.kr)와 국가자료공동목록시스템(http://www.nl.go.kr/kolisnet)에서 이용하실 수 있습니다.(CIP제어번호: CIP2014031151)」

꿀잼쌤 김완일의
한눈에 사로잡는
수학 개념편

김완일·최항철·한경호·허석 지음

들녘

위기의 수학을
기회의 수학으로!

　우리 학교 학생 중 한 명이 기말고사 시험이 끝나고 공개된 정답으로 채점을 마치더니 갑자기 울기 시작했습니다. 엉엉 우는 그 학생에게 왜 우냐고 물었지요. 그는 억울하다는 표정으로 "시험 기간 내내 수학 공부만 했는데 오히려 수학 점수가 더 떨어졌어요"라고 대답했습니다. 도저히 믿기지 않는다는 표정, 앞으로 어떻게 해야 할지 모르겠다며 막막해하던 그 표정을 저는 잊을 수가 없습니다. 비슷한 경험을 가진 학생들을 적지 않게 보아 왔던 터였기에 저 역시 어떻게 위로해줘야 할지 막막했던 순간이었습니다. 다만, 왜 그런 결과를 얻게 됐는지 학생을 이해시키고 두 번 다시 그런 경험을 되풀이하지 않도록, 그리고 더 나아가 수학에 대한 자신감을 잃지 않도록 이끌어주고 싶다는 소망이 간절해졌을 뿐입니다.

　우리나라 대부분의 학생들에게 '수학'은 잘하고 싶은데 어렵기만 하고, 노력하고 공부한 데 비해 성적은 잘 오르지 않는, 그래서 좌절과 실망을 안겨주기 일쑤인 과목으로 생각되는 경우가 많습니다. 학교에서 만나는 학생들도 수학을 좋아서 하기보다는 입시를 위해, 좋은 성적을 얻기 위해 당연히 해야만 하는 과목으로 받아들이지요. 더군다나 고등학교에 진학한 학생들에게 수학 성적은 자신의 수학적 사고 능력뿐만 아니라 전반적인 학업 성취 능력을 평가받는 중요한 지표가 되게 마련입니다. 이를 토대로 자신의 진로를 선택하는 계기가 되기도 하지요. 그래서 중학생 시절에 수학 공부를 소홀히 하던 학생일지라도 고등학교에 입학하면 새로운 목표를 세우고 그 목표를 향해 첫 발을 내딛게 마련입니다. 왜냐하면 고등학교 1학년 학생들에게 수학은 학교생활에 자신감을 갖게 해주고 성취감을 느끼게 해주는 과목, 또 진로를 결정하는 데 큰 의미를 지니게 해주는 과목으로 각인되어 있기 때문이지요.

자신의 진로에 대해 진지하게 고민을 시작하는 고등학교 학생들이 수학에 자신감을 갖게 되고 성취감을 맛보려면 무엇부터 시작해야 할까요? 학생들로부터 수학의 진정한 매력을 인정받지 못한 채 그저 어렵기만 한 과목으로 평가 받는 '위기에 빠진 수학'을 어떻게 하면 구해낼 수 있을까요? 학습 과정에서 느끼는 즐거움과 배움을 통해 얻는 기쁨보다 점수와 등급이라는 결과에 초점이 맞춰진 현재의 교육 시스템이 주는 좌절감으로부터 우리 학생들을 보호하려면 어떻게 해야 할까요?

이 같은 절실한 요구에 맞춰 변화가 이루어지려면 교사의 노력도 필요하지만 다양한 교육기관을 통해 이루어지는 수학 교육에서 사용하는 학습서나 참고서도 여러 가지 형태로 변화되어야 합니다. 하지만 수학 교과의 특성이나 우리나라 교육 시스템의 조건을 반영한 대부분의 수학 참고서는 그저 수학적 개념에 대해 간략하고 명료하게 정리한 후 그 개념을 활용하여 해결할 수 있는 다양한 수준의 문제들을 제공하는 데 국한되어 있습니다. 따라서 이러한 학습서로 수학적 내용을 접하기 시작한 학생들에게 수학은 '풀이를 잘하기 위한 수학'으로 남기 쉽지요. 우리의 삶 속에 스며들어 있는 수학이 어떤 과정을 거쳐 발전했는지, 수학이라는 학문의 본질은 무엇인지, 일상에서 수학이 접목되는 지점은 어디인지 이해할 겨를도 없이 오로지 문제 유형을 분석하고 정확하게 풀이하는 데에만 집중하게 됩니다. 하지만 이런 태도는 옳지 않습니다. 많은 선생님들과 학자들이 주장하는 것처럼 수학은 논리적인 사고와 과정을 중요하게 생각하는 학문이기 때문입니다. 재미있는 이야기를 들려주듯 흥미로운 에피소드를 소개하고, 보물찾기를 하듯이 우리 주변에 숨어 있는 수학과 관련된 사례들을 소개하며 자연스럽게 우리에게 수학이 왜 필요한지를 알려줄 수 있는 수학 참고서가 필요한 이유이기도 합니다.

저는 현직에 있으면서 많은 학생들을 만났습니다. 그리고 그들과 함께 생활하며 관찰한 결과, 고등학교 수학시간에 수학을 대하는 학생들의 마음가짐이 천차만별이라는 사실을 알 수 있었어요. 일찌감치 어렸을 때부터 수학은 자신과 맞지 않는 어렵기만 한 과목이라고 생각하는 학생, 하나도 모르니까 관심조차 없다며 수학을 거부하는 학생, 기본적인 개념은 이해하지만 다양한 평가 요소가 들어 있는 문항을 만나면 수학적 문제 해결 능력의 부족으로 힘들어하는 학생, 다양한 교육기관을 통해 개인적으로 먼저 학습했기 때문에 새롭게 흥미를 느끼기보다는 그저 알고 있는 내용을 다시 한 번 듣고 확인한다는 식의 태도를 보이는 학생…… 이처럼 다양한 태도를 지닌 학생들에게 공통적으로 필요한 것은 무엇일까요? 반드시 암기해야 할 수학 공식이나 문제 풀이를 반복해주는 것일까요? 문제 푸는 요령을 알려주고, 수능 시험에 나올 만한 문제를 '찍어주는' 것일까요? 모두 아닙니다. 우리 학생들에게 필요한 것은 수학에 대한 긍정적인 관심과 흥미를 일깨워주고, 자신감을 회복하게 해주는 일입니다.

재미있는 TV 프로그램이나 웹툰은 몇 번을 봐도 재미있고 즐겁지 않나요? 아마 여러분도 '본방(본편)사수'를 한 다음 시간이 나면 '한 번 더' 보는 프로그램이나 웹툰 목록을 서너 개쯤 가지고 있을 거예요. 저는 수학도 마찬가지라고 생각합니다. 수학을 좋아하고 재미있게 느낀다면 억지로 누가 시키지 않아도 자주 수학을 찾게 될 테니까요. 그러다 보면 자연스레 수학 실력도 향상될 테고요. 우리가 매일 맛있는 음식을 먹으면서 행복해 하고 살아갈 힘을 얻듯이 여러분이 매일 즐거운 수학과 함께한다면 자신의 꿈을 향해 나아갈 수 있는 힘을 얻을 것이고, 그로 인해 행복함을 느낄 수 있을 겁니다. 이것은 저의 바람인 동시에 여러분의 바람이기도 하지요. 물론 현실은 이 같은 바람과는 좀 다릅니다. 주변을 한 번 둘러보세요. 어디를 가나 똑같은 내용을 요약 정리한 참고서, '어디 한 번 풀어봐!' 하며 뽐내는 연습문제들을 빼곡히 실어놓은 문제집들만 보일 거예요. 특히 '고등학생용'으로 나온 책들이 그러하지요. 초등학생들은 흥미로운 만화로 수학을 만나기도 하고, 중학생들은 다양한 수학 실험이나 재미있는 수학사를 통해 수학과 만나기도 하는데 유독 고등학생들은 개념 외우기나 문제 풀이로만 수학을 만납니다. 여러분, 조금 억울하지 않나요? 여러분 또래의 학생들에게도 수학 학습과 연계할 수 있는 분야별 내용 소개와 이해를 돕는 책이 있다면 얼마나 좋을까요?

『한눈에 사로잡는 17세의 수학』은 이러한 안타까움에서 만들어진 책입니다. 저는 이 책을 통해 여러분이 넓고 깊은 수학의 세계로 빠져들고, 그 안에서 이따금 허우적거리다가도 스스로 빠져나올 힘을 얻고, 결과적으로 그런 과정을 통해 '수학'하는 즐거움과 자신감을 얻을 수 있게 되기를, 더불어 수학적 사고 능력을 키울 수 있는 단단한 기반을 만들어갈 수 있기를 바랍니다. 저는 또한 이 책이 수학에 흥미를 갖지 못하는 학생들의 이해를 돕기 위해 불철주야 학습 내용과 관련된 다양한 소재를 찾고 있는 여러 선생님들에게도 도움이 되기를 바랍니다. 이 책에 나오는 수학에 얽힌 흥미진진한 이야기나 개념 풀이, 문제 해결 과정들을 우선 '눈'으로 읽어보기 바랍니다. 소설책 읽듯 말입니다. 그리고 다시 한 번 읽을 때 꼭 알고 있어야 하는 내용들을 점검하세요. 이런 과정에서 "아하! 이런 거였어!" 하는 마음의 울림이 온다면 책에 제공된 문제를 놀이 삼아 풀어보고요. 그러다 보면 어느새 여러분은 '수학에 흥미를 갖게 된' 자신의 모습에 깜짝 놀라게 될 것입니다.

자신의 꿈을 향해 달려가려고 출발선 앞에 모여 선 여러분에게 수학이 걸림돌이 되지 않기를 바랍니다. 혹시 그동안 수학과 친하지 않았다거나 수학을 마냥 어렵게만 느꼈던 사람이라고 해도 이 책을 통해 그런 불편함을 훌쩍 뛰어넘고 완주할 수 있는 힘을 얻게 되기를 바랍니다. 그럴 때 수학은 여러분에게 '더 많은 기회를 열어주는' 과목이 될 것입니다. 이제, 꿈을 향해 선생님과 함께 달려가봅시다. 힘차게 출발~~~!!

| 차례 |

6강 직선의 방정식

7강 일차방정식

8강 복소수와 이차방정식

9강 고차방정식

10강 부정방정식과 연립방정식

11강 부등식

12강 집합

13강 지수

14강 로그

수의 연산

Intro

수(數)는 우리의 삶과 늘 함께합니다. 생활 구석구석 숨어 있지요. 수학 교과서에서 만나는 여러 가지 수 개념 이외에 버스를 탈 때나 텔레비전을 볼 때, 또 전화를 할 때도 우리는 수와 만납니다. 그 뿐이 아닙니다. 시간이나 온도를 말할 때, 가격을 물어보거나 게임 스코어를 자랑할 때도 우리는 수를 사용합니다. 여러분이 버스 탈 때 사용하는 교통카드에 찍히는 것도, 받아 들기 겁나는 성적표에 기록된 것도 전부 수입니다. 이렇듯 우리 생활과 밀접한 관계가 있는 수를 교과에서는 실수(實數, Real Number)라고 부릅니다. 자연수·정수·유리수·무리수를 일컫는 말이지요. 여러분은 중학교에서 실수를 모두 배웠습니다. 1학년 때 초등학교에서 배웠던 자연수와 0의 개념에 음의 정수의 개념을 더해 정수의 개념을 익혔고, 2학년 때는 유리수를, 3학년 때는 무리수를 배웠지요. 정수는 유리수의 한 부분이고 유리수와 무리수를 모두 합한 수 전체를 실수라고 합니다.

실수는 인류 역사와 함께 탄생했습니다. 우리의 실생활과 관련하여 그 개념들이 세분화되면서 발전을 거듭했어요. 수에 대한 지식들이 체계적으로 정리되기 시작한 지는 그리 오래되지 않았습니다. 이번 장에서 우리는 실수, 특히 무리수의 개념에 대한 이해와 그 연산에 대한 수학적 사실들을 살펴볼 것입니다.

수의 인식 ————

우리의 기억을 먼 과거로 돌려볼까요? 여러분이 아주 어렸을 때, 유치원이나 초등학교 1학년 때쯤, 여러분은 수를 어떻게 헤아렸나요? 기억할 수 없다면 유치원이나 초등학교에 다니는 조카나 동생이 수를 헤아리는 것을 관찰해보세요. 아이들에게 사탕 여러 개를 쥐어주면 아이들은 손가락을 접어가며 사탕을 헤아립니다. 한 개, 두 개, 세 개… 불러가며 아이들은 동시에 손가락을 하나씩 접어가지요. 사탕이 다섯 개를 넘어가면 반대쪽 손을 다시 접어가면서 수를 헤아립니다. 수학적으로 말하자면 아이들은 **일대일대응**(one-to-one correspondence)[001]의 원리를 이용하여 수를 헤아리고 있는 것을 관찰할 수 있습니다. 이처럼 우리는 아주 어릴 적부터 한 개, 두 개와 같이 1을 기본 단위로 하여 1씩 차례로 늘려가는 수의 개념을 형성해갑니다. 바로 **자연수의 개념**을 터득하는 것이지요.

아이들은 10개 받았던 사탕을 다 먹으면 결국 아무것도 남지 않는다는 것을 통해 아무것도 없는 개념으로서의 **0**이라는 개념을 터득하게 되고, 받았던 10개의 사탕에서 5개를 먹었는데 다시 10개를 되돌려줘야 하는 상황이 발생했을 때 5개 모자라는 개념으로서의 '-5'와 같은 **음수**의 개념을 알게 됩니다.

---

[001] 집합 A에 있는 모든 원소와 집합 B에 있는 모든 원소가 각각 하나씩 대응하는 것을 일대일대응이라고 한다. '사다리 타기' 게임은 대표적인 일대일대응의 예가 된다. 또한 주민등록번호와 개개인은 모두 일대일대응 관계이다.

아이들은 때론 자신이 가지고 있는 것을 나누어야 하는 것을 배우기도 합니다. 빵이 한 개밖에 없는데 친구 한 명과 똑같이 나누어 먹어야 할 때 아이가 먹을 수 있는 양은 전체의 반, 즉 $\frac{1}{2}$이라는 것과, 친구 두 명과 똑같이 나누어 먹어야 할 때 아이가 먹을 수 있는 양은 전체의 $\frac{1}{3}$이라는 것과 같은 **분수** 개념을 터득하게 됩니다.

이처럼 우리는 이미 어릴 때부터 **자연수·정수·유리수**에 대한 개념들을 실생활 속에서 터득했으며, 이런 경험을 바탕으로 학교 교육을 통하여 자연수·정수·유리수에 대한 개념과 이에 대한 여러 가지 성질을 배웠습니다. 반면, 무리수는 실생활에서 발견되면서도 유리수만큼 쉽게 그 개념을 받아들이기 어려웠습니다. 유리수와는 다른 수학적 특성이 있기 때문인데요, 우리는 이러한 무리수의 정의와 그 성질을 알아봄으로써 유리수와 무리수로 이루어진 실수의 개념을 완성해보고자 합니다.

Reminder ★

자연수(natural number) 1부터 시작하여 하나씩 더하여 얻는 수를 통틀어 이르는 말. 1, 2, 3… 따위이다. 사물의 크고 작은 정도를 나타내는 목적에 사용된 경우에는 기수, 순서를 나타내는 목적에 사용된 경우에는 서수라고 한다.

정수(integer) 자연수, 각 자연수와 더하여 0이 되게 하는 수 및 0을 통틀어 이르는 말. 즉 …, −2, −1, 0, 1, 2, … 따위의 수이다.

유리수(rational number) 두 정수 a, $b(\neq 0)$에 대하여 $\frac{a}{b}$의 꼴로 나타낸 수를 말한다.

◎ 중학교 1학년 〈정수와 유리수〉

무리수의 발견 ───────

역사적으로 살펴볼 때 인간이 무리수를 인지하기 시작한 것은 생각보다 매우 오래전 일입니다. 학자들은 역사적 고증을 통해 바빌로니아 시대, 그러니까 지금으로부터 약 3,600년 전에도 이미 인간들은 무리수를 인지했다고 판단하고 있습니다. 바빌로니아 사람들이 변의 길이가 1인 정사각형의 대각선에 해당하는 $\sqrt{2}$라는 무리수의 근삿값을 소수점 아래 열한 번째 자리까지 구해서 사용한 사실을 확인했거든요.

학자들은 바빌로니아 문명에서 유물로 남겨진 점토판에 쓰인 '1, 24, 51, 10'이라는 기록을 해석했는데, 바빌로니아 사람들이 주로 60진법[002]을 사용했다는 점에 비추어볼 때 이는 $1+\dfrac{24}{60}+\dfrac{51}{60^2}+\dfrac{10}{60^3}≒1.41421296296$으로 이것은 $\sqrt{2}$의 근삿값에 소수점 이하 다섯째 자리까지 일치한다는 것입니다. 그러나 바빌로니아 사람들은 $\sqrt{2}$의 근삿값을 계산하여 실생활에 필요한 계산을 어느 정도 했을지언정 이 값이 유리수와 본질적으로 다르다는 특징을 알지 못했습니다.

유리수와 다른 특징을 갖는 무리수를 발견한 것은 피타고라스학파(Py-thagorean school)입니다. 피타고라스학파가 활동하던 그리스 시대는 역사적으로 서구 문화의 기초가 되는 중요한 시기였습니다. 우연적인 사실을

───────

002 육십진법(六十進法)은 60을 기수로 하는 법칙으로 일상에서는 시간 단위와 각의 측정에 사용된다. 가령 1시간은 60분, 1분은 60초 단위이고, 원은 360도로 되어 있으며, 1시간은 60분, 1분은 60초로 나뉜다. 우리에게 가장 익숙한 것은 자릿수가 하나 올라갈 때마다 10씩 커지는 십진법, 컴퓨터에서 주로 사용하는 방법으로 0과 1만을 사용하는 2진법이 있다.

배척하고 논리적이고 필연적인 사실을 중시하는 합리주의적 사고가 지배적인 사회 분위기 속에서 수학자들도 연역적 특징[003]이 두드러지는 논증적 방법의 연구를 중시했습니다. "왜 삼각형의 내각의 합은 180°인가?"라든지 "왜 두 직선이 만나서 생긴 맞꼭지각은 같은가?"와 같은 근본적인 질문에 대한 합리적인 답을 제시하기 위하여 논증적 방법의 연구를 시도한 것이지요. 이러한 사회적 분위기 속에 있던 피타고라스학파 역시 어떤 수학적 사실을 논리적인 모순 없이 사고에 의해 완벽히 증명될 수 있는 논증적 수학을 중시하였고, 그 결과 비율과 닮은 도형에 대한 많은 이론을 만들어냈습니다. 그리하여 수학적으로 중요한 여러 가지 업적을 남기게 됩니다. 직각삼각형의 세 변의 길이의 관계에 대한 피타고라스(Pythagoras, 기원전 569?~497?)의 정리, 즉 "직각삼각형의 빗변의 제곱은 다른 두 변의 제곱의 합과 같다"가 가장 대표적일 텐데요, 역설적이게도 피타고라스학파는 이 놀라운 성과로 말미암아 그들의 학문적 뿌리가 되는 기본 철학을 뒤흔드는 엄청난 사실을 알게 됩니다.

피타고라스학파의 기본 철학은 정수가 만물의 기본 원리라는 것입니다. 이들은 모든 수는 자연수를 중심으로 정수와 정수의 비인 유리수로 나타낼 수 있다고 생각했습니다. 따라서 수직선 위의 모든 점들은 유리수로 완전히 채워질 수 있다고 생각했던 것입니다. 그러면 왜 피타고라스의 정리에

003 　논리학에서 연역 추론(演繹 推論, deductive reasoning)은 이미 알고 있는 판단을 근거로 새로운 판단을 유도하는 추론이다. 여기서 이미 알고 있는 판단은 전제, 새로운 판단은 결론이다. 진리일 가능성을 따지는 귀납 추론과는 달리, 명제들 간의 관계와 논리적 타당성을 따진다. 즉, 연역 추론으로는 전제들로부터 절대적인 필연성을 가진 결론을 이끌어낼 수 있다.

피타고라스와 피타고라스학파

피타고라스는 그를 따르던 제자들에 의해 신비적인 존재로 채색되어 그에 대한 확실한 사실은 알려진 바 없다. 추측에 따르면 기원전 572년경 에게 해 제도의 한 섬인 사모스에서 태어났다고 전해진다. 그 후 탈레스에게 가르침을 받고 이집트, 인도 등을 여행하면서 견문을 넓혔을 것으로 추정된다. 정치적인 이유로 지금의 이탈리아 남부에 있는 크로토나로 이주하여 그곳에서 학교를 세우고 철학·수학·자연과학 등을 교육했다. 후에 이 학교는 학교일뿐만 아니라 비밀스럽고 신비적인 의식과 계율로 엄격하게 결합된 비밀 조직으로 발전한다. 이들을 '피타고라스학파(Pythagorean school)'라고 하는데 점차 정치적인 힘을 키우고 귀족적인 경향을 강하게 내세운 나머지 결국 이탈리아의 민주적인 세력에 의해 학교는 파괴되고 조직은 해체 당한다. 피타고라스학파는 피타고라스의 죽음 이후에도 약 두 세기 동안 존재했다. 그들은 정수가 만물의 근원이라는 가정 아래 기하학·음악·천문학·산술에 대한 연구를 활발히 진행했다.

▲ 이탈리아 로마에 있는 피타고라스 흉상

의해서 피타고라스학파가 큰 혼란에 빠지게 되었는지 살펴봅시다. 피타고라스의 정리는 [그림1]과 같이 ∠C = 90°인 직각삼각형 ABC의 세 변의 길이 a, b, c에 대하여 $a^2 + b^2 = c^2$ 이라는 것입니다.

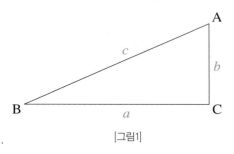

[그림1]

예를 들어 세 변의 길이가 각각 3, 4, 5인 직각삼각형에서 $5^2 = 3^2 + 4^2$ 임을 확인할 수 있습니다. 그런데 [그림1]에서 $a = b = 1$일 때, c의 길이는 어떻게 될까요? 이 경우 $c^2 = 1 + 1 = 2$가 될 텐데요, 이 c의 값은 유리수일까요? 처음 이 문제를 제기한 피타고라스학파는 c가 얼마인지 몰라도 유리수라고 생각했을 것입니다. 왜냐하면 그들은 모든 수는 자연수만으로 표현할 수 있다고 생각했기 때문이지요. 그리고 그들은 이 수가 얼마인지 찾기 시작했을 것입니다. $1.4^2 = 1.96$, $1.5^2 = 2.25$, $1.45^2 = 2.1025\cdots$ 이런 식으로 거듭제곱을 반복했으나 그들은 결코 답을 찾지 못했을 것입니다. 그리고 소수점 아래 매우 많은 수가 있는 소수를 거듭제곱해보는 시행착오 끝에 누군가 의심을 갖기 시작했을 것입니다.

"어쩌면 c는 유리수가 아닐지도 모른다!" 하지만 이런 사실을 받아들이는 것은 피타고라스학파에게 있어서 죽음과도 같은 일이었습니다. 그들은 모든 수가 정수만으로 표현이 가능하다고 믿고 있었고, 이 믿음과 기초 위에 무수히 많은 이론을 만들었기 때문이지요. 즉, 유리수가 아닌 c의 인정은 그들의 학문적 업적을 모두 무너뜨리는 것이었습니다. 그런데 결국 그들은 c가 유리수가 아님을 증명하게 됩니다. 바로 귀류법을 통해서이지요. **귀류법**이란 결론을 부정했을 때 가정이 모순됨을 밝힘으로써 결론을 부정할 수

---

004 원래 명제의 이(원래 명제의 부정인 명제)의 역을 대우라고 한다.

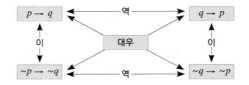

없다는 사실을 인정하여 명제가 참임을 증명하는 방법입니다. 마치 어떠한 명제의 '대우'[004]와도 같은 것입니다. 자, 그럼 이제 $c^2 = 2$인 c가 왜 유리수가 아닌지 그 증명을 살펴볼까요?

증명하고자 하는 수학적 사실을 우리는 **명제**라고 부르는데요, 지금 우리가 증명하려는 것은 "$c^2 = 2$인 c는 유리수가 아니다"입니다. 이 사실을 증명하기에 앞서 먼저 명제 "두 정수 p, q에 대하여, $q^2 = 2p^2$이면 q는 짝수이다"라는 사실을 먼저 알아야 할 것입니다. 이것도 마찬가지로 귀류법으로 생각해봅시다. 만약 "q가 짝수가 아니다"라고 가정해봅시다. 즉, q를 홀수라고 가정해봅시다. 그러면 정수 k에 대하여 $q = 2k + 1$의 꼴로 나타낼 수 있습니다. 이때, $q^2 = (2k+1)^2 = 2(2k^2 + 2k) + 1$의 꼴이 되어 $q^2 = 2p^2$이라는 가정에 모순이 됩니다. 따라서 "q가 짝수가 아니다"라고 가정할 수 없게 됩니다. 그러므로 명제 "두 정수 p, q에 대하여, $q^2 = 2p^2$이면 q는 짝수이다"는 항상 참인 것입니다.

다시 우리 이야기의 본론으로 돌아와서 "$c^2 = 2$인 c는 유리수가 아니다"라는 사실을 증명해봅시다. 앞서 말한 것처럼 귀류법으로 이 사실을 증명할 것입니다. 이제 $c^2 = 2$인 c가 유리수라고 가정해봅시다. 그러면 서로소(relatively prime/disjoint)[005]인 두 정수 p, q에 대하여 $c = \dfrac{q}{p}$의 꼴로 나타낼 수 있을 것입니다. 여기서 유의할 점은 p와 q가 서로소인 정수라는 것입니

---

005 두 정수가 1 또는 −1 이외에 공약수를 갖지 않을 때 두 정수를 '서로소'라고 말한다. 예를 들어 2와 3은 서로소이다.

다. 우리는 서로소인 두 정수 p, q에 대하여 $c = \dfrac{q}{p}$ 라고 하겠습니다. 그러면 $c^2 = 2$ 이므로 $\dfrac{q^2}{p^2} = 2$ 에서 $q^2 = 2p^2$ 이 됩니다. 그러면 위의 증명에서 살펴보았듯이 q는 짝수이므로 임의의 정수 k에 대하여 $q = 2k$라 할 수 있습니다. 이 값을 다시 $q^2 = 2p^2$ 에 대입하면 $4k^2 = 2p^2$ 입니다. 즉, $2k^2 = p^2$ 인 것이지요. 따라서 p도 또한 짝수가 됩니다. 그런데 이것은 p와 q가 서로소인 정수라는 사실에 모순이 됩니다. 따라서 "$c^2 = 2$인 c는 유리수이다"라고 가정할 수 없는 것이며 "$c^2 = 2$인 c는 유리수가 아니다"라는 결론을 내리게 됩니다.

어떻습니까? 너무 어려운가요? 하지만 $1.4^2 = 1.96$, $1.5^2 = 2.25$, $1.45^2 = 2.1025\cdots$ 와 같이 거듭제곱을 반복하여 $c^2 = 2$ 가 되는 유리수를 절대 찾을 수 없다는 것을 명백하게 밝혀낼 수 있다는 점에서 무척 놀랍지 않나요?

이런 논리적 방법으로 무리수의 발견이라는 큰 업적을 이루었지만 정작 피타고라스학파는 세상에 알릴 수 없는 입장이었습니다. 그 이유는 무리수의 발견이 그들이 믿었던 신념 즉, "모든 수는 자연수를 중심으로 모든 수는 정수와 정수의 비인 유리수로 나타낼 수 있다"는 사실에 위배되는 것일 뿐만 아니라, 비율이나 닮은 도형에 관련된 피타고라스학파의 모든 연구 결과의 기초가 되었던 "임의의 두 선분은 같은 단위로 잴 수 있다. 즉, 공통 측정 단위를 갖는다"라는 가정에 모순이 생겨 그들의 학문적 업적이 모두 물거품이 되기 때문이었습니다. 따라서 피타고라스학파는 무리수의 발견을 외부에 절대 알리지 말 것을 회원들에게 명했다고 합니다. 이 함구령을 지키지 않은 피타고라스학파의 회원 히파소스(Hippasus, 기원전 5세기경)는 회원들에 의해 물에 빠뜨려져 죽임을 당했다는 설도 있습니다.

아무튼 이런 무리수의 발견으로 수학자들은 이제껏 수직선 위의 모든 점들은 유리수만으로 모두 채울 수 있었다고 생각했는데 유리수뿐만 아니라 무리수가 있어야 수직선을 모두 채울 수 있게 된다는 것을 알게 되었습니다(이것은 뒤에 나오는 '수직선과 실수(34쪽)'에서 자세히 알아보도록 하겠습니다). 따라서 인간은 수직선 위의 수 즉, 실수를 정확하게 인지하게 된 것이지요.

▲ 히파소스 Hippasus

그런데 왜 $\sqrt{2}$를 무리수라고 부르게 되었을까요? 유리수나 무리수 같은 용어 모두가 서양인들에 의해서 만들어진 것인 만큼 먼저 영문으로 어떻게 표기하는지 살펴보겠습니다. **유리수는 rational number, 무리수는 irrational number라고 부릅니다.** 유리수와 무리수 모두 rate(비율)라는 단어와 관련이 있어 보이는데요, 실제로 rational이라는 단어는 형용사로 '합리적인' 혹은 '이성적인'이란 뜻 외에 '비(比)를 가지는'이라는 의미가 있습니다. 따라서 **유리수**(rational number)는 비율로 나타낼 수 있는 수 즉, 분수꼴로 나타낼 수 있는 수를 뜻하는 것으로 유추할 수 있습니다. 반면 **무리수**(irrational number)에서 ir은 부정의 의미에 쓰이는 접두어이므로 비율로 나타낼 수 없는 수, 또는 분수꼴로 나타낼 수 없는 수라고 유추할 수 있겠습니다.

'분수꼴로 나타낼 수 있는 수'는 어떤 특징이 있을까요? 분수는 모두 소수로 나타낼 때 $\frac{1}{2} = 0.5$와 같이 소수자리가 유한개인 **유한소수**나 $\frac{1}{3} = 0.333\cdots = 0.\dot{3}$과 같이 소수자리가 끝없이 순환하는 **무한소수**로 나타낼 수 있습니다. 따라서 유한소수와 순환하는 무한소수는 모두 유리수가 되는 것입니다. 하지만 무리수는 소수로 나타낼 때 순환하지 않는 무한소수가 됩니다. 즉, **순환하지 않는 무한소수는 두 정수의 비로 나타낼 수 없으며 무리수가 되는 것입니다.** 지금까지 여러분이 배운 모든 실수를 정리하면 다음과 같은 표를 완성할 수 있습니다.

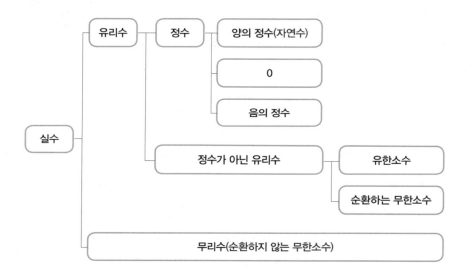

그렇다면 무리수는 얼마나 많이 존재할까요? $\sqrt{2}$ 이외에 원주율 π도 무리수입니다. π는 원 둘레의 길이를 지름으로 나눈 값으로 소수로 표현할 때 순환하지 않는 무한소수로 나타나는 무리수입니다. 따라서 그 값을 어떻게 써야할지 몰라 수학자들은 π라는 문자를 이용하여 그 값을 표현한 것이지요.

사실, 무리수는 유리수보다 훨씬 많이 존재한다고 합니다. 그러나 이 사실을 고등학교 1학년 수준에서 이해하기는 매우 어려운 내용이므로 여기에서는 자세하게 언급하지 않겠습니다(뒷부분 34쪽에서 여러분은 무리수가 유리수보다 많음을 엄밀한 증명 없이 직관적으로 알게 될 것입니다). 다만 여기에서는 $\sqrt{2}$ 와 같은 제곱근에 대하여 그 개념을 자세히 살펴보며 무리수의 개념을 확장해보고자 합니다.

제곱근과 그 성질 ─────────

앞에서 우리는 $c^2 = 2$ 와 같이 제곱하여 2가 되는 수를 찾다가 결국 c는 무리수임을 알게 되었다는 것을 공부했습니다. 이 c를 우리는 '2의 제곱근'이라고 합니다. 이러한 사실을 구체적인 숫자가 아닌 문자 x와 a를 사용하여 나타내면, **어떤 수 x를 제곱하여 a가 될 때, x를 a의 제곱근**[★]이라고 합니다. 조금 어려운가요? 우리가 제곱근에 대하여 학습하는 이유는 이 제곱근이 무리수와 연관성이 매우 크기 때문입니다.

그럼 먼저 몇 가지 구체적인 예를 들어 제곱근의 개념을 명확히 정리해봅시다. 25의 제곱근은 얼마일까요? 다시 말해, $x^2 = 25$를 만족하는 x의 값은 무엇일까요? x의 값이 5인 것은 쉽게 알 수 있습니다. 그런데 조금 더 생각해보면 -5도 제곱하면 25가 되지요? 따라서 25의 제곱근은 5와 -5입니다. 일반적으로 양수 a의 제곱근이 k일 때, $-k$도 동시에 a의 제곱근이 됩니다. 그래서 우리는 흔히 25의 제곱근을 ± 5와 같이 양수와 음수를 동시에 쓰기도 합니다.

제곱 4×4, 8×8처럼 같은 수를 반복해서 곱할 때 쓰는 말. 4^2, 8^2처럼 제곱할 수의 오른쪽 위에 2를 쓴다.

제곱근 어떤 수 x를 제곱해서 a가 될 때, x를 a의 제곱근이라고 한다. 즉 $x^2 = a$에서 a는 x의 제곱수, x는 a의 제곱근이다. 제곱근은 뿌리를 뜻하는 영어 root의 첫 글자인 r을 따서 만든 기호 ' $\sqrt{}$ '를 사용하여 표현한다. $\sqrt{2}$는 '제곱근 2' 혹은 '루트 2'라고 읽는다.

제곱근의 종류 제곱해서 어떤 수가 되는 수에는 양수와 음수가 하나씩 있다. 양수를 '양의 제곱근', 음수를 '음의 제곱근'이라고 한다.

◎ 중학교 3학년 〈실수〉

분수나 소수의 제곱근은 어떻게 될까요? 먼저, $\dfrac{9}{16}$의 제곱근은 얼마인지 생각해봅시다. 분모인 16의 제곱근은 ±4이고 분자인 9의 제곱근은 ±3이죠? 따라서 $\dfrac{9}{16}$의 제곱근은 $\pm\dfrac{3}{4}$입니다. 이번에는 0.25의 제곱근을 알아봅시다. 0.25 = $\dfrac{25}{100}$이고 $\dfrac{25}{100}$의 제곱근은 $\pm\dfrac{5}{10}$이므로 0.25의 제곱근은 ±0.5가 됩니다. 그런데 이상하죠? 어떤 수의 제곱근은 그 수보다 작아져야 하는 것 아닌가요? **우리는 흔히 어떤 수를 제곱하면 원래 수보다 절댓값이 커지는 것으로 생각하게 됩니다. 그런데 0과 1 사이의 양수를 제곱하면 제곱하기 전보다 절댓값이 작아집니다.** 이에 대한 명확한 이해는 이차함수에서 공부하도록 합시다.

위에서 살펴본 숫자들은 모두 어떤 정수의 제곱인 제곱수였습니다. 그럼 제곱수가 아닌 숫자에 대한 제곱근은 어떻게 하죠? 예를 들어 7의 제곱근과 같은 경우, 어떻게 할까요? 그렇습니다. 2의 제곱근 중 양수를 $\sqrt{2}$ 라고 $\sqrt{}$ 기호를 이용하여 나타냈듯이 7과 같이 완전제곱수가 아닌 수의 제곱 근은 $\sqrt{}$ 를 이용하여 $\pm\sqrt{7}$ 과 같이 나타냅니다. 그리고 ' 루트 7' 또는 '제 곱근 7'과 같이 읽습니다. 제곱수가 아닌 수뿐만 아니라 제곱수에 대해서 도 제곱근을 구할 때 $\sqrt{}$ 를 써서 나타내기도 합니다. 즉, 25의 제곱근은 마찬가지로 $\pm\sqrt{25}$ 라고 나타낼 수 있습니다. 따라서 $\sqrt{25} = 5$ 라는 뜻이지 요. 하지만 25의 제곱근을 $\pm\sqrt{25}$ 라고 하지 않습니다. 분수를 정리할 때 최종적으로 기약분수로 정리하듯 제곱근도 제곱수인 경우 $\sqrt{}$ 를 없앨 수 있다면 없애서 표현하는 것이 일반적입니다. **정리하여 이야기하면 $x^2 = a$ 일 때, x는 a의 제곱근이며 $x = \pm\sqrt{a}$ 와 같이 나타내고, $+\sqrt{a}$ 를 양의 제곱근, $-\sqrt{a}$ 를 음의 제곱근이라고 합니다.**

그렇다면 어떤 수의 제곱근은 항상 양의 제곱근과 음의 제곱근 두 개 존재하는 것일까요? 먼저 음수의 제곱근을 생각해봅시다. 예를 들어 −16 의 제곱근은 무엇일까요? 즉, $x^2 = -16$인 x는 무엇일까요? 그런데 이상한 점이 있습니다. 여러분이 배운 수의 범위에서 제곱하여 음수가 되는 수가 있었던가요? 여러분은 모든 수의 제곱은 양수라고 배웠지요? 더 정확하 게 말해서 **모든 실수의 제곱은 0 또는 양수입니다.** 그러니 음수의 제곱근은 실수의 범위에서 존재하지 않습니다. 사실 음수의 제곱근을 허수라고 하는 데요, 이는 '8강 복소수와 이차방정식' 단원에서 학습할 것입니다. 0의 제 곱근은 어떨까요? 제곱근의 정의에 따르면 0의 제곱근은 $\pm\sqrt{0} = \pm 0$ 입니 다. 그런데 +0과 −0은 모두 0으로 같은 값이니 ± 0과 같이 구별해서 쓸 필요가 없겠지요? 따라서 0의 제곱근은 1개입니다. 조금 복잡했지요? 이 상의 내용을 정리하면 다음과 같습니다.

ATTENTION

(1) 양수 a의 제곱근은 $\pm\sqrt{a}$ 이며 2개 존재한다.

(2) 0의 제곱근은 0으로 1개 존재한다.

(3) 0이 아닌 모든 실수의 제곱은 양수이므로 음수의 제곱근은 없다.

제곱근의 개념이 어느 정도 이해가 되었나요? 그러면 여러분은 다음과 같은 제곱근의 성질을 명확하게 이해할 수 있을 것입니다.

$$a > 0 \text{인 } a \text{에 대하여}$$

1) $(\sqrt{a})^2 = a$, $(-\sqrt{a})^2 = a$

2) $\sqrt{a^2} = a$, $\sqrt{(-a)^2} = a$

1)번의 내용은 수식이 어렵게 보이지만 아주 당연한 사실이지요? $\sqrt{a}$ 와 $-\sqrt{a}$ 가 a의 제곱근이니 이를 다시 제곱하면 a가 되는 것은 당연한 일입니다. 2)번은 학생들이 많이 혼란스러워하는 내용입니다. 이 책의 지수 단원에서도 다시 한 번 공부하게 될 텐데요, 여러분은 여기에서부터 명확히 이해하길 바랍니다. a와 $-a$는 모두 a^2의 제곱근이므로 $a^2 = (-a)^2 = a^2$입니다. 따라서 제곱근 a^2의 값은 a가 되는 것입니다. $\sqrt{2^2} = \sqrt{(-2)^2} = \sqrt{4} = 2$ 와 같은 식을 생각해보면 이해가 되겠지요?

지금까지 제곱근에 대한 개념을 알아보았는데요, 왜 우리가 제곱근을 공부했죠? 예, 앞서 말했듯이 제곱근은 무리수와 아주 연관성이 높습니다. $\sqrt{2}$ 를 소수로 나타내면 순환하지 않는 무한소수가 된다고 했지요? $\sqrt{3}$ 이나 $\sqrt{2.5}$ 와 같이 제곱수가 아닌 양수 a의 제곱근은 모두 무리수입니다. 또한 유리수와 무리수의 합은 무리수가 됩니다. 예를 들어 $\frac{1}{3} + \sqrt{2}$ 를 생각해봅시다. 유리수 $\frac{1}{3}$ 은 순환하는 무한소수로 표현할 수 있지요? 그런데 $\sqrt{2}$ 는 순환하지 않는 무한소수입니다. 그렇다면 순환하지 않는 무한소수와 순환하는 무한소수의 합은 어떻게 되겠습니까? 여전히 순환하지 않는 무한소수가 될 것입니다. 즉 무리수가 되지요. 납득이 되지 않나요? 그럼 피타고라스학파가 증명했듯 우리도 무리수와 유리수의 합이 유리수가 됨을 귀류법으로 증명해볼까요?

우리가 증명할 명제는 "유리수 p와 무리수 q에 대하여 $p + q = r$인 r은 무리수이다"입니다. 우선 여러분은 **유리수와 유리수의 덧셈과 뺄셈의 결과는 유리수가 된다는 것을 알고 있어야 합니다.** 당연하지요? 유리수는 분수로 표현할 수 있는 수인데 분수끼리의 덧셈 혹은 뺄셈은 다시 분수가 되는 사실을 알고 있지요? 자, 그럼 준비되었습니다. 이제 우리가 증명하고 싶은 명제의 결론을 부정하여 봅시다. 즉, '$p + q = r$인 r이 유리수'라고 가정하는 것이지요. 그러면 $p + q = r$에서 $q = r - p$이 됩니다. 그런데 $r - p$는 두 유리수의 뺄셈으로 다시 유리수가 되겠죠? 그러면 q가 유리수가 된다는 것이니 명제의 가정에서 밝힌 '무리수 q에 대하여'라는 말에 모순이 생기네요 (무리수는 유리수가 아닌 수입니다). 따라서 "유리수 p와 무리수 q에 대하여 $p + q = r$인 r은 무리수이다"라는 명제는 항상 참인 것입니다.

이 밖에 두 무리수의 합은 $(-\sqrt{2})+\sqrt{2}=0$ 처럼 특별한 경우를 제외하고 항상 무리수가 됩니다. 즉 **(무리수) + (무리수) = (무리수)**라는 것인데요, 여러분은 위에서 유리수와 무리수의 합이 무리수가 되는 것을 증명한 것과 유사한 방법으로 증명할 수 있겠지요? 이처럼 우리는 무리수를 무한히 만들 수 있을 것입니다. 앞서 선생님은 무리수가 유리수보다 훨씬 많이 존재한다고 했지요? 어떤가요? 엄밀하게는 아니지만 무리수가 유리수보다 그 수가 더 많이 존재할 수 있을 것 같은 생각이 들지 않나요? 각각의 유리수에 각각의 무리수를 더하면 다시 무리수가 되니 무리수는 유리수보다 많겠지요? 게다가 원주율 π와 같이 제곱근과는 성질이 다른 또 다른 무리수마저 존재하니 그 양이 유리수보다 많다는 것을 직감할 수 있을 것입니다.

수직선과 실수 ──────────

선생님이 앞에서 "수직선은 실수로 모두 채워져 있다"고 말했습니다. 게다가 "무리수가 유리수보다 훨씬 많다"고 말했는데요, 그럼 실수를 수직선에 어떻게 나타낼 수 있을까요? 이번에는 수직선 위에 무리수를 나타내는 방법에 대하여 알아보겠습니다. 먼저 수직선에 대해서 정리해봅시다. **수직선**이란 [그림2]와 같이 일정한 간격으로 눈금을 표시하여 수를 대응시킨 직선을 말합니다. 수직선 위에 0을 나타내는 점을 기준으로 왼쪽은 음수, 오른쪽은 양수를 나타내며, 오른쪽으로 갈수록 수가 커지고 왼쪽으로 갈수록 수가 작아집니다.

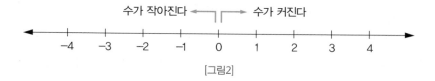

[그림2]

유리수를 수직선 위에 어떻게 나타내나요? 예를 들어 $\frac{1}{3}$은 0과 1 사이를 3등분했을 때 0에서부터 첫 번째 위치에 나타낼 수 있습니다. 또한 $\frac{12}{5}$는 $2 + \frac{2}{5}$이므로 2와 3 사이를 5등분했을 때 2에서부터 두 번째 위치에 나타낼 수 있습니다. 이와 같은 방법을 사용하면 수직선 위의 모든 점은 유리수에 대응될 것으로 여겨집니다. 그러나 수직선은 유리수에 대응하는 점들만으로 이루어지지 않습니다. 간단한 예를 들어보겠습니다. 수직선 위에 0을 나타내는 점을 O, 1을 나타내는 점을 I라 하겠습니다. 이때 [그림3]과 같이 선분 OI를 한 변으로 갖는 정사각형을 이 직선 위에 그렸을 때, 이 정사각형의 대각선 OP의 길이인 $\sqrt{2}$를 생각해봅시다.

이 수직선에 $\sqrt{2}$에 해당하는 점은 [그림3]과 같이 점 O를 중심으로 하고 반지름의 길이가 선분 OP의 길이와 같은 원을 그렸을 때 이 원이 직선과 만나는 점 P'일 것입니다. 즉, 수직선 위에 $\sqrt{2}$인 점이 표시될 수 있다는 것입니다.

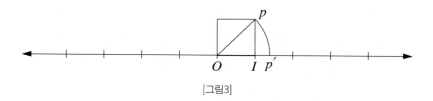

[그림3]

$2-\sqrt{10}$ 과 같은 무리수도 수직선 위에 나타낼 수 있습니다. $\sqrt{10}$ 은 두 변의 길이가 각각 1, 3인 직사각형의 대각선의 길이와 같다는 것을 학생들은 알 것입니다. 그러면 [그림4]와 같이 각각 1과 2를 나타낸 점 P, Q를 잇는 선분을 한 변으로 하고 나머지 한 변의 길이가 3인 직사각형을 이 수직선 위에 그릴 때 대각선 QR의 길이는 $\sqrt{10}$ 입니다. 이제 점 Q를 중심으로 하고 반지름의 길이가 $\sqrt{10}$ 인 원이 수직선과 만나는 점을 Q' 라고 하면 $\overline{QQ'}$ 의 길이가 $\sqrt{10}$ 이 되지요? 따라서 점 Q' 의 좌표는 $2-\sqrt{10}$ 이 되는 것입니다.

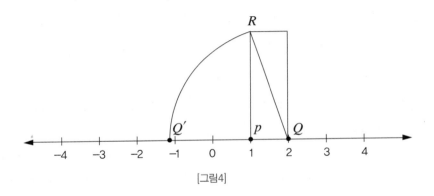

[그림4]

이처럼 수직선 위의 모든 점은 유리수 혹은 무리수만으로 일대일대응이 되게 할 수 없습니다. 유리수와 무리수를 모두 사용해야만 수직선 위의 점과 일대일대응을 시킬 수 있습니다. 이런 성질을 **실수의 완비성, 혹은 연속성**이라고도 합니다. '완비성'이라든가 '연속성' 같은 말을 꼭 기억할 필요는 없습니다. 다만 여러분은 **수직선은 실수로 가득 채울 수 있으며 실수는 유리수와 무리수로 이루어졌다**는 사실을 기억하고 있으면 됩니다. 우리가 여태껏 무리수의 존재성과 그 성질을 파악한 것은 바로 이런 실수의 '완비성'의 성질을 알고자 한 것이었어요. 그럼 이제 실수의 또 다른 성질에 대해서 알아보도록 하겠습니다.

실수의 대소 관계 ─────────

실수의 중요한 성질은 서로 다른 두 실수는 항상 두 수의 대소 관계를 알 수 있다는 것입니다. 이를 **실수의 순서성**이라고 하는데요, 마찬가지로 그 용어는 중요하지 않지만 내용은 잊지 말고 기억해야 합니다. 그러면 서로 다른 두 수, 특히 무리수의 대소 관계를 어떻게 비교할 수 있는지 살펴보겠습니다.

수직선 위에 나타난 수는 오른쪽으로 갈수록 점점 커진다는 사실을 앞에서 말했지요? 이 말은 다시 말해 **실수는 항상 크기를 비교할 수 있다는 뜻**입니다. 서로 다른 두 실수가 있다면 이 두 실수는 수직선에 표시될 것이고, 이때 상대적으로 오른쪽에 표시된 수가 더 큰 수라 할 수 있어요. 예를 들어 $\sqrt{5}$과 3을 비교해보겠습니다. $\sqrt{5}$는 두 변의 길이가 각각 1, 2인 직사각형의 대각선의 길이와 같으므로 수직선 위에 $\sqrt{5}$인 점은 [그림5]와 같이 2와 3 사이에 놓이게 됩니다. 따라서 $\sqrt{5} < 3$인 것이지요.

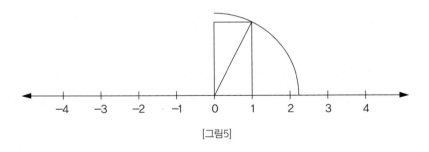

[그림5]

그런데 모든 실수를 이렇게 수직선에 표시하여 크기 비교를 하는 것이 쉬운 일만은 아닙니다. 가령, $\sqrt{6}$과 3의 크기를 비교해볼까요? $\sqrt{6}$은 수직선 위에 나타내기 곤란한 수입니다. 이런 경우의 크기 비교를 위해서 다른 방법을 생각해보겠습니다.

먼저 두 양수 a, b에 대하여 $a > b$일 때 $\sqrt{a}$와 $\sqrt{b}$의 크기를 비교해보겠습니다. $\sqrt{a}$와 $\sqrt{b}$는 각각 a와 b의 양의 제곱근입니다. 또한 이것은 각각 넓이가 a, b인 두 정사각형의 한 변의 길이라고 생각할 수도 있지요? 그렇다면 넓이가 더 넓은 정사각형의 한 변의 길이가 더 크다는 것을 여러분은 쉽게 이해할 수 있을 것입니다. 따라서 이 경우 $\sqrt{a} > \sqrt{b}$인 것입니다. 이 사실을 정리하면 다음과 같습니다.

두 양수 a, b에 대하여 $a > b$이면 $\sqrt{a} > \sqrt{b}$이고, 반대로 $\sqrt{a} > \sqrt{b}$이면 $a > b$이다.

그러면 다시 $\sqrt{6}$과 3의 크기를 비교해봅시다. $3 = \sqrt{9}$이고 $6 < 9$이므로 $\sqrt{6} < 3$인 것입니다.

어려운가요? 하지만 두 실수의 대소 비교가 아직 끝난 것이 아닙니다. 예를 들어 이번에는 2와 $\sqrt{8} - 1$의 대소 관계를 비교해보도록 하겠습니다. 이 경우는 위에서 살펴본 두 가지 방법 모두 대소 관계를 비교하기 어렵습니다.

이제 실수의 대소 관계에 대한 정의를 살펴볼 때가 된 것 같습니다. 수학에서는 두 실수의 대소 관계에 대한 정의를 다음과 같이 하고 있습니다.

ATTENTION

> **두 실수의 대소 관계**
>
> 두 실수 a, b에 대하여 $a - b$가
>
> (1) 0보다 크면 $a > b$
>
> (2) 0이면 $a = b$
>
> (3) 0보다 작으면 $a < b$

다시 문제로 돌아가 2와 $\sqrt{8} - 1$의 대소 관계를 비교해봅시다. $2 - (\sqrt{8} - 1) = 3 - \sqrt{8}$ 입니다. 이때, $3 = \sqrt{9}$ 이므로 $\sqrt{8}$ 보다 크고 따라서 $3 - \sqrt{8} > 0$입니다. 즉, $2 - (\sqrt{8} - 1) > 0$이고 $2 > (\sqrt{8} - 1)$입니다.

자, 이제 마지막 방법을 소개하겠습니다. 이번에는 $\sqrt{7} + 2$ 와 $\sqrt{30}$ 의 대소 관계를 비교해보도록 하겠습니다. 이 경우는 위에서 소개한 세 가지 방법 모두를 사용해도 대소 관계를 이해하는 데 어려움이 있습니다. 이 경우 우리는 무리수의 근삿값을 이용하여 대소 관계를 비교하기도 합니다. **근삿값**이란 참값은 아니지만 참값에 가까운 값을 말하는 것입니다. 문제에서 $\sqrt{7}$ 의 7은 **제곱수**★ 4와 9 사이의 수이지요? 즉, $4 < 7 < 9$입니다. 따라서 $2 = \sqrt{4} < \sqrt{7} < \sqrt{9} = 3$이고 이것은 $\sqrt{7}$ 은 2보다는 크고 3보다는 작은 수임을 나타낸다는 것을 알 수 있습니다. 같은 방법으로 $25 < 30 < 36$이므로 $5 < \sqrt{30} < 6$이고 $\sqrt{30}$ 은 5보다 크고 6보다 작은 수입니다. 즉, $4 < \sqrt{7} + 2 < 5$이고 $5 < \sqrt{30} < 6$이므로 $\sqrt{7} + 2 < \sqrt{30}$ 인 것입니다.

Reminder ★

외워두면 편리한 제곱수

어떤 수 x를 제곱하여 어떤 수 a가 되었을 때, a를 x의 제곱수라고 한다.
다음과 같은 제곱수를 외워두면 문제를 풀거나 계산할 때 시간을 아낄
수 있다.

$2^2 = 4$, $3^2 = 9$, $4^2 = 16$, $5^2 = 25$, $6^2 = 36$, $7^2 = 49$, $8^2 = 64$, $9^2 = 81$, 10^2 $= 100$, $11^2 = 121$, $12^2 = 144$, $13^2 = 169$, $14^2 = 196$, $15^2 = 225$, $16^2 = 256$, $17^2 = 289$, $18^2 = 324$, $19^2 = 361$, $20^2 = 400$

◎ 중학교 3학년 〈실수와 그 계산〉

실수의 대소 관계를 비교하는 네 가지 방법

(1) 수직선 위에 두 실수를 표시해본다.

(2) 두 양수 a, b에 대하여 $a > b$이면 $\sqrt{a} > \sqrt{b}$ 이고, 반대로 $\sqrt{a} > \sqrt{b}$ 이면 $a > b$이다.

(3) 두 실수 a, b에 대하여 $a - b > 0$이면 $a > b$, $a - b = 0$이면 $a = b$, $a - b < 0$이면 $a < b$이다.

(4) 두 실수 a와 b의 근삿값을 비교한다.

무리수의 연산 ───────

지금까지 실수의 대소 관계, 특히 무리수의 대소 관계에 대한 성질을 살펴보았습니다. 이제 마지막으로 실수의 사칙 연산에 대하여 알아보겠습니다. 유리수의 사칙연산은 여러분이 모두 이해하고 있을 테니 여기에서는 무리수의 사칙연산에 대한 개념을 살펴보도록 하겠습니다. 먼저 **제곱근의 덧셈과 뺄셈**★부터 알아보겠습니다. 제곱근의 덧셈과 뺄셈은 다항식의 계산과 비슷합니다.

Reminder ★

제곱근의 덧셈과 뺄셈

제곱근의 덧셈과 뺄셈은 분모를 유리수로 만들어서 계산한다.

◎ 중학교 3학년 〈실수〉

$2a+3a=5a$ 임을 여러분은 잘 알고 있지요? $2a=a+a$의 의미이고 $3a=a+a+a$이므로 $2a+3a=(a+a)+(a+a+a)=5a$인 것입니다. 이번에는 $2a+3b$ 를 계산해보도록 하겠습니다. 여러분, $2a+3b$를 더 계산할 수 있을까요? $2a+3b=(a+a)+(b+b+b)$이므로 더 이상 계산할 수 없습니다. 무리수의 덧셈과 뺄셈도 이와 같습니다. $2\sqrt{2}+3\sqrt{2}$ 는 얼마일까요? $2\sqrt{2}=\sqrt{2}+\sqrt{2}$ 이고 $3\sqrt{2}=\sqrt{2}+\sqrt{2}+\sqrt{2}$ 이므로 $2\sqrt{2}+3\sqrt{2}=5\sqrt{2}$ 가 됩니다. 어떻습니까? $2a+3a=5a$와 비슷하지요? 그럼 $\sqrt{2}+\sqrt{3}=\sqrt{5}$ 인가요? 아니지요. 이것은

마치 2a + 3b를 더 이상 계산할 수 없는 것과 같은 이유로 $\sqrt{2} + \sqrt{3} \neq \sqrt{5}$ 가 되어 $\sqrt{2} + \sqrt{3}$는 더 이상 계산할 수 없는 것입니다. $\sqrt{2} + \sqrt{3} \neq \sqrt{5}$ 임은 근삿값을 통해서도 확인할 수 있습니다. $\sqrt{3} \fallingdotseq 1.732$이고 $\sqrt{2} \fallingdotseq 1.414$로 $\sqrt{2} + \sqrt{3} \fallingdotseq 3.146$입니다. 그러나 $\sqrt{5} \fallingdotseq 2.236$으로 $\sqrt{2} + \sqrt{3} \neq \sqrt{5}$ 이지요. 이상의 내용을 정리하면 다음과 같습니다.

$$a > 0 일\ 때\ \ p\sqrt{a} \pm q\sqrt{a} = (p \pm q)\sqrt{a}$$

제곱근이 아닌 무리수에 대한 덧셈과 뺄셈도 이와 비슷합니다. 예를 들어 $\frac{1}{3}\pi + \frac{1}{2}\pi = \frac{5}{6}\pi$이며 $\pi - \frac{5}{4}\pi = -\frac{1}{4}\pi$입니다. 조금 어렵게 이야기하자면 무리수의 덧셈과 뺄셈은 같은 단위의 수끼리만 가능하다는 것입니다. 위에서 말했듯이 무리수를 마치 문자처럼 생각해서 다항식의 계산처럼 이해하면 빠를 것입니다.

이번에는 **제곱근의 곱셈**★과 나눗셈에 대해 공부하겠습니다. **제곱근끼리 곱할 때에는 근호 안의 수끼리 곱합니다.** 즉, $\sqrt{a} \times \sqrt{b} = \sqrt{a}\sqrt{b} = \sqrt{ab}$입니다. 이때 근호($\sqrt{\ }$) 안의 수는 당연히 0 이상의 유리수이겠지요? 근호($\sqrt{\ }$) 안의 수가 음수일 때 즉, $a < 0$일 때, $\sqrt{a}$를 허수라고 합니다(289쪽 참조). 이때는 위에서 말한 $\sqrt{a} \times \sqrt{b} = \sqrt{a}\sqrt{b} = \sqrt{ab}$의 규칙이 잘 성립하지 않는 경우가 있습니다. 허수와 마찬가지로 이 경우의 제곱근에 대한 곱셈도 '음수의 제곱근(289쪽)'에서 공부하도록 하겠습니다. 그런데 왜 $\sqrt{a} \times \sqrt{b} = \sqrt{a}\sqrt{b} = \sqrt{ab}$인지 설명하지 않았군요. 사실 이것은 제곱근의 곱셈에 대한 정의이지만 이치를 따져보면 매우 당연한 것이기도 합니다.

제곱근의 곱셈

(1) 제곱근 안의 수끼리 곱해서 하나의 근호 안에 그 값을 써넣는다.

(2) 근호 안에 두 수가 곱해져 있으면 각각의 수에 근호를 씌워 분리해서 계산한다.

◎ 중학교 3학년 〈실수〉

$(\sqrt{a}\sqrt{b})^2$은 얼마일까요?

우선 $(\sqrt{a}\sqrt{b})^2 = (\sqrt{a} \times \sqrt{b}) \times (\sqrt{a} \times \sqrt{b})$이고 이것은 결론적으로 $\sqrt{a}$, $\sqrt{b}$가 각각 두 번씩 곱해졌으니 $(\sqrt{a}\sqrt{b})^2 = (\sqrt{a})^2 \times (\sqrt{b})^2 = ab$입니다. 따라서 $\sqrt{a}\sqrt{b}$는 ab의 양의 제곱근입니다. 그런데 $(\sqrt{ab})^2 = ab$이므로 $\sqrt{ab}$도 ab의 양의 제곱근이지요? 따라서 $\sqrt{a} \times \sqrt{b} = \sqrt{a}\sqrt{b} = \sqrt{ab}$라고 정의하는 게 자연스럽습니다.

구체적인 예를 들어보지요. $\sqrt{3}\sqrt{5} = \sqrt{15}$이고요, $\sqrt{6}\sqrt{8} = \sqrt{48}$입니다. 그런데 여기서 한 가지 더 알아두어야 할 게 있습니다. 보통 **근호 안의 숫자가 제곱수의 곱이 곱해져 있으면 이 수는 가급적 근호 밖으로 빼는 것이 일반적입니다.** 즉, **가급적 근호 안의 숫자는 완전제곱수가 없는 간단한 수가 되도록 하는 것이 보통입니다.** $\sqrt{6}\sqrt{8} = \sqrt{48}$에서 48을 소인수분해하면 $48 = 4^2 \times 3$이지요? 이때 $\sqrt{48} = \sqrt{16 \times 3} = \sqrt{16}\sqrt{3} = 4\sqrt{3}$이므로 $\sqrt{6}\sqrt{8} = 4\sqrt{3}$인 것입니다. 이해가 되나요? 이 사실을 정리하면 다음과 같습니다.

$$a > 0, b > 0일 때 \sqrt{a^2 b} = a\sqrt{b}$$

이제는 **제곱근의 나눗셈**★을 알아봅시다. 제곱근의 나눗셈은 곱셈과 비슷하며 다음과 같습니다.

$$a > 0, b > 0일 때 \frac{\sqrt{b}}{\sqrt{a}} = \sqrt{\frac{b}{a}}$$

곱셈에서와 마찬가지로 양변을 제곱하면 같아진다는 것을 확인함으로 써 두 수는 모두 $\frac{b}{a}$의 양의 제곱근으로서 같은 것임을 알 수 있습니다. 제 곱근의 나눗셈도 곱셈에서와 마찬가지로 근호 안의 수가 0보다 작을 때는 이 식이 성립하지 않는 경우가 있습니다. 이런 사실도 '음수의 제곱근(289 쪽)'에서 공부할 것입니다.

Reminder★

제곱근의 나눗셈

(1) 제곱근 안의 수끼리 나누어서 하나의 근호 안에 그 값을 써넣는다.

(2) 근호 안의 분수는 각각의 수에 근호를 씌워 분리해서 계산한다.

◎ 중학교 3학년 〈실수〉

예를 들어보겠습니다. $\sqrt{6} \div \sqrt{2} = \frac{\sqrt{6}}{\sqrt{2}} = \sqrt{\frac{6}{2}} = \sqrt{3}$ 입니다.

또한 $4\sqrt{6} \div 2\sqrt{3} = \frac{4\sqrt{6}}{2\sqrt{3}}$ 으로 근호 안의 수는 안의 수끼리 근호 밖의 수는

밖의 수끼리 계산하면 됩니다.

즉, $4\sqrt{6} \div 2\sqrt{3} = \dfrac{4\sqrt{6}}{2\sqrt{3}} = \dfrac{4}{2}\sqrt{\dfrac{6}{3}} = 2\sqrt{2}$ 입니다.

제곱근의 곱셈에서와 마찬가지로 나눗셈에서도 근호 안의 제곱수는 근호 밖으로 빼기도 하고 반대로 근호 밖의 수는 근호 안에 제곱수로 바꿔 넣기도 합니다. 정리하면 다음과 같지요.

$$a > 0,\, b > 0\text{일 때}\quad \frac{\sqrt{b}}{\sqrt{a^2}} = \frac{\sqrt{b}}{a}\ \text{혹은}\ \sqrt{\frac{b^2}{a}} = \frac{b}{\sqrt{a}}$$

이제 조금 어려운 문제를 풀어볼까요? $\dfrac{\sqrt{3}}{\sqrt{2}} + \dfrac{\sqrt{2}}{\sqrt{3}}$ 를 계산하면 얼마일까요?

지금까지 배운 대로 생각하면 $\dfrac{\sqrt{3}}{\sqrt{2}} + \dfrac{\sqrt{2}}{\sqrt{3}} = \sqrt{\dfrac{3}{2}} + \sqrt{\dfrac{2}{3}}$ 이고 근호 안의 두 수 $\dfrac{3}{2}$ 와 $\dfrac{2}{3}$ 는 서로 다른 수이니 더 이상 계산이 되지 않는 수일까요? 음……

만약 이렇게 생각한다면 이 경우는 계산을 '못한 것'이 됩니다. 왜냐하면 $\dfrac{\sqrt{3}}{\sqrt{2}} + \dfrac{\sqrt{2}}{\sqrt{3}}$ 은 다음과 같이 생각할 수 있기 때문이지요.

$\dfrac{\sqrt{3}}{\sqrt{2}}$ 와 $\dfrac{\sqrt{2}}{\sqrt{3}}$ 는

각각 $\dfrac{\sqrt{3}}{\sqrt{2}} = \dfrac{\sqrt{3}}{\sqrt{2}} \times 1 = \dfrac{\sqrt{3}}{\sqrt{2}} \times \dfrac{\sqrt{2}}{\sqrt{2}} = \dfrac{\sqrt{6}}{2}$, $\dfrac{\sqrt{2}}{\sqrt{3}} = \dfrac{\sqrt{2}}{\sqrt{3}} \times 1 = \dfrac{\sqrt{2}}{\sqrt{3}} \times \dfrac{\sqrt{3}}{\sqrt{3}} = \dfrac{\sqrt{6}}{3}$ 과 같이 생각할 수 있습니다. 눈치가 빠른 학생들은 이미 이해하셨지요? 같은 1인데 왜 앞에서는 $1 = \dfrac{\sqrt{2}}{\sqrt{2}}$ 로 계산했고 뒤에서는 $1 = \dfrac{\sqrt{3}}{\sqrt{3}}$ 으로 계산했을까요?

그렇습니다. 두 수 $\dfrac{\sqrt{3}}{\sqrt{2}}$ 와 $\dfrac{\sqrt{2}}{\sqrt{3}}$ 의 분모에 따라서 달라진 것입니다. 그리고 분모의 수와 같은 수를 각각 분모와 분자에 곱했더니 분모의 근호가 없어지는 것을 확인할 수 있습니다. 즉 분모가 유리수가 된 것이지요. 이러한 과

정을 **분모의 유리화**라고 부릅니다. 다시 말해 분모에 무리수가 있을 때, 분모를 유리수로 고치기 위해서 분모와 분자에 같은 무리수를 곱하는 것을 '분모를 유리화'한다고 합니다. 위의 과정을 일반적인 문자를 사용한 식으로 나타내면 다음과 같습니다.

$$a > 0일 \ 때, \quad \frac{b}{\sqrt{a}} = \frac{b}{\sqrt{a}} \times 1 = \frac{b}{\sqrt{a}} \times \frac{\sqrt{a}}{\sqrt{a}} = \frac{b\sqrt{a}}{a}$$

다시 $\frac{\sqrt{3}}{\sqrt{2}} + \frac{\sqrt{2}}{\sqrt{3}}$ 의 계산으로 돌아가봅시다. $\frac{\sqrt{3}}{\sqrt{2}} = \frac{\sqrt{6}}{2}$, $\frac{\sqrt{2}}{\sqrt{3}} = \frac{\sqrt{6}}{3}$ 임을 위에서 확인했으니 $\frac{\sqrt{3}}{\sqrt{2}} + \frac{\sqrt{2}}{\sqrt{3}} = \frac{\sqrt{6}}{2} + \frac{\sqrt{6}}{3} = \frac{1}{2}\sqrt{6} + \frac{1}{3}\sqrt{6} = \left(\frac{1}{2} + \frac{1}{3}\right)\sqrt{6} = \frac{5}{6}\sqrt{6}$ 과 같이 계산할 수 있습니다. 너무 복잡한가요? 하지만 어떻습니까? 이렇게 분모를 유리화해서 $\frac{\sqrt{3}}{\sqrt{2}} + \frac{\sqrt{2}}{\sqrt{3}} = \sqrt{\frac{3}{2}} + \sqrt{\frac{2}{3}}$ 와 같이 생각하여 더 이상 계산할 수 없을 것 같던 식을 계산할 수 있게 되었지요?

다른 방법을 생각해볼 수도 있습니다. 우리가 분수의 덧셈, 뺄셈에서는 제일 먼저 어떻게 하죠? 예, 분모를 같은 수로 만들어주지요? 즉 분모의 **최소공배수**006★를 구하여 각각의 분모를 최소공배수로 만들어줍니다. 분모의 두 수가 서로소이면 두 수를 서로 서로 곱하지요? 이 경우에도 분수의 덧셈과 뺄셈과 같은 방식으로 생각해보면 어떨까요? 즉, $\frac{\sqrt{3}}{\sqrt{2}} + \frac{\sqrt{2}}{\sqrt{3}} = \frac{\sqrt{3} \times \sqrt{3}}{\sqrt{2} \times \sqrt{3}} + \frac{\sqrt{2} \times \sqrt{2}}{\sqrt{3} \times \sqrt{2}} = \frac{3}{\sqrt{6}} + \frac{2}{\sqrt{6}}$ 입니다. 그런데 이 과정에서도 분

---

006 약수 : 세 정수 a, b, c에 대하여 $a = bc$가 성립할 때, b를 a의 인수 또는 약수라고 한다.
공약수 : 정수 d가 두 정수 a, b의 약수일 때, d를 a와 b의 공약수라고 한다.
최소공배수 : 공배수 중에서 가장 작은 공배수를 최소공배수라고 한다.

모를 유리화하는 과정이 필요하겠군요. 즉, $\dfrac{3}{\sqrt{6}} + \dfrac{2}{\sqrt{6}} = \dfrac{3\sqrt{6}}{6} + \dfrac{2\sqrt{6}}{6}$ 이니 결론적으로 $\dfrac{\sqrt{3}}{\sqrt{2}} + \dfrac{\sqrt{2}}{\sqrt{3}} = \dfrac{3\sqrt{6}}{6} + \dfrac{2\sqrt{6}}{6} = \dfrac{5\sqrt{6}}{6}$ 입니다.

Reminder ★

최소공배수 구하기

예) 12와 18의 최소공배수를 구해보자.

12의 배수는 12, 24, 36, 48, 60, 72이고, 18의 배수는 18, 36, 54, 72, 90이므로 12와 18의 최소공배수는 36이다.

◎ 중학교 1학년 〈자연수의 성질〉

여러분, 선생님이 너무 많은 이야기를 해서 머릿속이 복잡하지요? 무리수, 특히 제곱근에 관한 복잡한 내용들을 학습함으로써 여러분은 이제 실수의 모든 구성 요소를 알게 되었고 실수의 성질에 대해 모두 알게 되었습니다. 이번 단원은 이로써 마무리하고 다음 단원에서 방정식과 함수에 대하여 알아보도록 하겠습니다.

① 실수체계

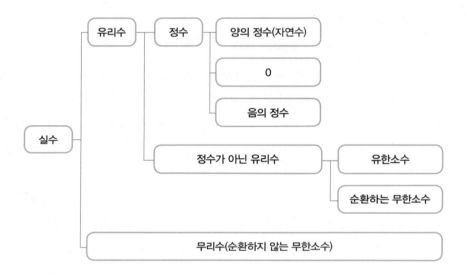

② 제곱근과 그 성질

가. 양수 a의 제곱근은 $\pm\sqrt{a}$ 이며 2개 존재한다.

나. 0의 제곱근은 0으로 1개 존재한다.

다. 0이 아닌 모든 실수의 제곱은 양수이므로 음수의 제곱근은 없다.

라. $a > 0$인 a에 대하여

(1) $(\sqrt{a})^2 = a$, $(-\sqrt{a})^2 = a$

(2) $(\sqrt{a^2}) = a$, $\sqrt{(-a)^2} = a$

③ 수직선 위의 모든 점은 실수와 일대일대응하며 따라서 임의의 두 실수는 항상 대소 관계를 갖는다.

④ 실수의 대소 관계를 비교하는 네 가지 방법

(1) 수직선 위에 두 실수를 표시해본다.

(2) 두 양수 a, b에 대하여 $a > b$이면 $\sqrt{a} > \sqrt{b}$ 이고, 반대로 $\sqrt{a} > \sqrt{b}$ 이면 $a > b$이다.

(3) 두 실수 a, b에 대하여 $a - b > 0$이면 $a > b$, $a - b = 0$이면 $a = b$, $a - b < 0$이면 $a < b$이다.

(4) 두 실수 a와 b의 근삿값을 비교한다.

⑤ 제곱근의 사칙연산

(1) $a > 0$일 때 $p\sqrt{a} \pm q\sqrt{a} = (p \pm q)\sqrt{a}$

(2) $a > 0$, $b > 0$일 때 $\sqrt{a} \times \sqrt{b} = \sqrt{a}\sqrt{b} = \sqrt{ab}$, $\sqrt{a^2 b} = a\sqrt{b}$

(3) $a > 0$, $b > 0$일 때 $\dfrac{\sqrt{b}}{\sqrt{a}} = \sqrt{\dfrac{b}{a}}$, $\dfrac{\sqrt{b}}{\sqrt{a^2}} = \dfrac{\sqrt{b}}{a}$ 혹은 $\sqrt{\dfrac{b^2}{a}} = \dfrac{b}{\sqrt{a}}$

❶ 다음의 설명에서 옳지 <u>않은</u> 것은?

① $\sqrt{5}^2$ 은 5이다.   ② $(-\sqrt{5})^2$은 -5이다.   ③ 0의 제곱근은 0이다.

④ 2는 4의 양의 제곱근이다.   ⑤ 5의 음의 제곱근은 $-\sqrt{5}$ 이다.

풀이 ②에서 $(-\sqrt{5})^2 = (-\sqrt{5}) \times (-\sqrt{5}) = 5$ 이다.

❷ 두 수 $4 - \sqrt{3}$ 과 2의 대소를 비교하여라.

풀이 $(4 - \sqrt{3}) - 2 = 2 - \sqrt{3} = \sqrt{4} - \sqrt{3} > 0$ 이므로 $(4 - \sqrt{3}) - 2 > 0$

$\therefore (4 - \sqrt{3}) > 2$

❸ $\sqrt{6} + \dfrac{\sqrt{2}}{\sqrt{3}}$ 의 값을 계산하여라.

풀이 $\sqrt{6} + \dfrac{\sqrt{2}}{\sqrt{3}} = \sqrt{6} + \dfrac{\sqrt{2} \times \sqrt{3}}{\sqrt{3} \times \sqrt{3}} = \sqrt{6} + \dfrac{\sqrt{6}}{3} = \dfrac{4\sqrt{6}}{3}$

❹ 그림에서 사각형 ABCD는 한 변의 길이가 1인 정사각형이고, 선분 BD 의 길이와 선분 BP의 길이는 같다. 수직선 위의 점 P에 대응하는 수를 구 하여라.

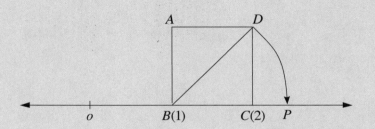

풀이 $\overline{BD} = \sqrt{2}$ 이므로 $\overline{BP} = \sqrt{2}$ 이다. 따라서, 점 P에 대응하는 수는 $1 + \sqrt{2}$ 이다.

❺ 두 실수 a, b에 대하여 $a > b$일 때, 다음 두 수의 대소를 비교하여라.

(1) $a + 3, b + 3$ (2) $-3a, -3b$

풀이 (1) 부등식의 양변에 어떤 수를 더하여도 부등호의 방향은 변하지 않으므로 $a + 3 > b + 3$

(2) 부등식의 양변에 음수를 곱하면 부등호의 방향이 바뀌므로 $-3a < -3b$

❻ $a = \sqrt{5}$ 일 때, 다음 식의 값을 구하여라.

$$|a-1| + |a-2| + |a-3| + |a-4|$$

풀이 $2 = \sqrt{4} < \sqrt{5} < \sqrt{9} = 3$이므로 $2 < a < 3$이다. 따라서, $a - 1 > 0$, $a - 2 > 0$, $a - 3 < 0$, $a - 4 < 0$ 이다. 그러므로 $|a-1| + |a-2| + |a-3| + |a-4| = (a-1) + (a-2) + (-a+3) + (-a+4) = 4$

정답 1. ②   2. $(4 - \sqrt{3}) > 2$ 3. $\dfrac{4\sqrt{6}}{3}$

4. $1 + \sqrt{2}$ 5. (1) $a + 3 > b + 3$ (2) $-3a < -3b$ 6. 4

2강

문자의 사용과
식의 연산

Intro

앞 장에서 우리는 실수, 특히 무리수에 대해 살펴보았습니다. 우리에게 익숙한 수, 가령 자연수인 1, 2, 3, 4…라든지 '0', −1, −2, −3… 등의 정수는 인간이 수를 인지하기 시작한 시점부터 사용되었던 기호가 아닙니다. '0'의 경우('0'은 처음 인도인들이 생각했다고 주장하기도 하고, 최근에는 마야 인들이 최초로 현대적인 의미의 '0'의 개념을 사용했다는 주장도 있습니다) 인도의 수학자들은 "아무것도 없다"는 뜻과는 다른 뜻으로 이해되어야 하는(예를 들어, 온도에서 0 *CENTIGRADE*는 아무것도 없다는 뜻이 아닙니다) 사실을 받아들이기가 쉽지 않았다고 합니다.

▲ 브라마굽타 Brahmagupta

그래서 브라마굽타(Brahmagupta, 598~665)[007]라는 수학자는 0 ÷ 0 = 1과 같은 주장을 하기도 했다지요. 음수의 개념 또한 17세기 데카르트(René Descartes, 1596~1650)[008]와 같은 유명한 수학자에게도 '아무것도 없는 수'보다 작은 수이기 때문에 '잘못된 수'로 생각되는 등 받아들이기 힘든 개념이었습니다. 여러분의 기

---

[007] 인도의 천문학자·수학자. 천문 서적 『우주의 창조』는 인도와 이슬람의 천문학에 큰 영향을 끼쳤는데, 특히 이 책에서 0을 포함한 연산과 이차방정식의 일반적 해법을 보여주었다.

억을 더듬어보아도 마찬가지일 거예요. 음의 정수에 대한 덧셈, 뺄셈처럼 음수의 개념을 정확히 이해하기란 쉽지 않았을 테지요? 1770년경 오일러(Leonhard Euler, 1707~1783)[009]의 저서 『대수학 입문*Anleitung zur Algebra*』을 통해 비로소 '0'과 음수들이 양수들과 함께 논리적으로 모순이 없는 구조를 갖는 지금과 같은 수 체계의 기초가 만들어지기 시작했습니다.

▲ 데카르트 René Descartes

이와 비슷하게 수학에서 많이 사용하는 기호의 개념이 확립된 것도 그리 오래된 일이 아닙니다. 옛날 사람들도 우리가 사용하는 것과 같은 기호로 수학을 했을 것 같지만 그렇지 않습니다. 16세기 비에트(François Viète, 1540~1603)[010]에 이르러서 오늘날 우리가 사용하는 대수학적 기호 체계(방정식의 계수라든가, 미지수를 나타내기 위해 알파벳 소문자를 사용한다든가, 거듭제곱의 표현, 소수 표기법, 덧셈 뺄셈, 분수 표기법 등)의 기틀을 세웠으며, 페르마(Pierre de Fermat, 1601~1665)[011]와 데카르트 같은 위대한 수학자들도 큰 영향을 미칩니다.

▲ 오일러 Leonhard Euler

---

008 프랑스의 수학자·철학자. 근대 철학의 아버지라 불리며, 해석 기하학의 창시자이다. 그는 모든 것을 회의한 다음, 이처럼 회의하고 있는 자기 존재는 명석하고 분명한 진리라고 보고, "나는 생각한다. 고로 나는 존재한다"라는 명제를 자신의 철학적 기초로 삼았다. 저서에 『방법서설*Discours de la méthode*』, 『성찰*Meditationes de prima philosophia*』, 『철학원리*Principia philosophiae*』 등이 있다.

009 스위스의 수학자·물리학자. 미적분학을 발전시켜 변분학을 창시하였다. 그 밖에 해석학의 체계를 세우고, 터빈 이론을 정립했다.

010 프랑스의 수학자. 대수학에 기여하였으며, 미지수를 알파벳 문자로 나타낸 최초의 수학자다.

▲ 비에트 François Viète

이후 많은 학자들에 의해 다듬어져서 오늘날과 같은 기호를 사용하고 있습니다.

이번 단원에서는 이렇게 오랜 역사를 거쳐 다듬어진 '기호(숫자를 포함한)와 문자를 사용하여 수학적으로 뜻을 갖도록 한 식'과 그 계산에 대하여 생각해볼 것입니다. 이러한 식은 마치 '수학적 언어'와 같습니다. 외국어를 처음 배울 때 많이 힘들고 어렵지요? 하지만 그 나름대로의 규칙과 용법이 있듯이 '수학적 언어'도 마찬가지입니다. 식에 관련된 규칙과 절차를 학습하며 그 유용성과 필요성을 함께 느껴보도록 합시다.

▲ 페르마 Pierre de Fermat

식의 필요성 ——————

수학의 역사는 인류 문명의 탄생과 더불어 시작되었습니다. 그리고 각 문명권에 따라 서로 다른 특징을 갖는 수학을 발전시켰지요. 인도와 중국을 중심으로 한 동양에서는 주로 산술과 대수적인 성격이 강한 수학이 발전했으며 그리스를 중심으로 한 서양에서는 기하학이 발전했습니다. 동양

---

011 프랑스의 변호사·수학자. 해석 및 무한소 계산·확률론을 연구하였으며, '페르마의 정리'로 유명하다. 광선의 통로에 관한 페르마의 원리를 발견하는 등 기하 광학(光學) 분야의 발전에도 공헌했다.

의 수학을 대표하는 것은 중국 한(漢)나라 시절에 쓰인 『구장산술九章算術』[012]이라는 책이고, 서양의 수학을 대표하는 것은 『원론Elements』[013]입니다. 이들 책에서 나타나는 특징을 살펴보면 동양의 수학은 비교적 직관적이고 엄밀하지 못하며 증명과 유도 과정이 생략되어 다소 모호한 면이 있는 반면, 서양의 수학은 논증을 바탕으로 하여 명료하고 논리적인 성격이 강했습니다.

▲ 구장산술

그렇다고 정교한 서양의 수학이 더 우월했다고 단정할 수만은 없습니다. 『구장산술』은 당시 서양인들은 알지 못했던 '음수'에 대한 개념을 사용하고 있었고, 원주율 π값을 가장 근접하게 계산하고 있었으니까요. 동서양 초기 수학에서 드러나는 이러한 차이는 서로 다른 지역적인 특성을 반영한 인간의 생존 조건 및 성향에 기인한 것으로 보입니다. 학문이란 결국 인간에 의해 인간을 위해 발달하기 때문이지요. 즉, 강이 자주 범람하여 자연재해 발생이 잦았던 서양에서는 측량이 중요한 역할을 했으므로 자연스레 기하학적 연구가 활발했을 것이고, 비교적 비옥한 땅에서 풍성

▲ 『유클리드 원론』의 첫 번째 영어판 표지

---

012 중국 최고(最古)의 수학서. 저자는 미상이다. 다룬 소재가 다양하고 내용의 수학적 수준이 높아 당나라 이전의 가장 훌륭한 수학서로 간주된다.

013 고대 그리스의 수학자 유클리드(에우클레이데스)가 기원전 3세기에 집필한 책으로, 총 13권으로 구성되어 있다.

▲ 유클리드 동상

한 수확을 통해 국가의 힘을 키우는 데 관심이 많았던 동양에서는 토지 및 생산물의 정확한 계산과 이에 대한 세금을 걷는 문제와 같은 대수적 연구가 활발했다고 미루어 짐작할 수 있습니다.

'구장산술'은 작자 미상의 책으로 중국 한(漢)나라 시절 이전부터 내려오던 수학적 사실을 집대성한 것으로 후에 중국인 수학자 유휘(劉徽)에 의해 개정·보완되었습니다. 이 책에 나와 있는 다음과 같은 문제를 생각해봅시다.

> 벼 상품 3단, 중품 2단, 하품 1단의 알곡은 39말이고, 벼 상품 2단, 중품 3단, 하품 1단의 알곡은 34말이고, 벼 상품 1단, 중품 2단, 하품 3단의 알곡은 26말이다. 상·중·하품 1단의 알곡은 얼마인가(沈康身, 1997, p.535)

2,000여 년 전의 문제이지만 지금 보아도 쉽지 않지요? 앞서 말했듯이 현대적인 기호가 사용되기 시작한 것이 그리 오래전이 아닌 것을 생각하면 이 문제를 푼 사람들의 재능이 얼마나 뛰어났는지 상상할 수 있습니다. 먼저 용어가 낯설어 문제를 이해하지 못하는 학생이 있을까봐 잠시 설명하겠습니다. '벼'는 쌀을 수확할 수 있는 식물이지요? 벼에 매달린 알곡의 상태에 따라 상품·중품·하품으로 구분했으며 그 상황에 따라 알곡의 수를 나타내고 있습니다. 이때 상·중·하품 각각 1단의 알곡의 수를 구하는 문제입니다.

이 문제를 풀기 위해서는 '수학적인 언어'로 번역하는 과정이 필요합니다. 즉, 식을 만들어 문제를 해결해야 하지요. 먼저 구하고자 하는 값을 나타내는 문자를 설정합니다. 상품 1단의 알곡의 수를 x, 중품 1단의 알곡의 수를 y, 하품 1단의 알곡의 수를 z라고 합시다. 그러면 '상품 3단, 중품 2단, 하품 1단의 알곡은 39말'에서 $3x + 2y + z = 39$ 라는 식을 얻을 수 있을 것입니다. 같은 방법으로 '상품 2단, 중품 3단, 하품 1단의 알곡은 34말'에서 $2x + 3y + z = 34$, '상품 1단, 중품 2단, 하품 3단의 알곡은 26말'에서 $x + 2y + 3z = 26$이라는 식을 얻을 수 있습니다.

즉, 위의 문제는
$$3x + 2y + z = 39$$
$$2x + 3y + z = 34$$
$$x + 2y + 3z = 26$$
과 같은 복잡한 모양의 연립방정식이 되는 것을 알 수 있습니다. 이를 풀면 상품 1단의 알곡은 $\dfrac{37}{4}$말, 중품 1단의 알곡은 $\dfrac{17}{4}$말, 하품 1단의 알곡은 $\dfrac{11}{4}$말입니다. 이에 대한 구체적인 풀이는 뒤에 나오는 '10강 부정방식과 연립방정식' 단원에서 구체적으로 배우기로 하겠습니다. 이처럼 **실생활 문제를 풀기 위해서는 먼저 문자를 사용하여 식을 만들어야 합니다.** 또한 이 복잡한 식을 계산하는 과정을 거쳐야 하는데요, 이제 이런 식의 연산에 대한 규칙을 좀 더 살펴보겠습니다.

다항식의 덧셈과 뺄셈

지금부터 선생님은 수학의 용어, 즉 외국어로 치자면 단어와도 같은 몇몇 가지의 수학적 용어를 소개할 것입니다. 외국어를 잘하려면 필수적인 단어를 암기해야 하듯, 수학에서도 가장 기본적인 용어 즉, 수학적 용어에 대한 암기가 필요합니다. 때론 이해를 바탕으로 하는 암기를 요구하기도 하지만 그냥 외워야 할 때가 있습니다. 힘들더라도 다음에 나오는 필수적인 용어들은 꼭 암기하기 바랍니다.

우리가 수학에서 사용하는 식 중에서 가장 기본적이고 중요한 것은 다항식입니다. 다항식을 이야기하기 위해서는 먼저 단항식을 알아야 합니다. **단항식**이란 $2ax$, $3y^3$, 5 등과 같이 수 및 문자를 곱하여 결합한 식을 말합니다. 이때 $2ax$의 경우 2, a, x를 이 단항식의 **인수**라고 하는데, 숫자는 수인수, 문자는 문자인수라고 말합니다. 이것은 마치 자연수의 소인수분해에서 소인수와 비슷한 개념입니다.

이러한 단항식을 덧셈 또는 뺄셈으로 연결한 $2ax + 3y^3 + 5$과 같은 식을 **다항식**이라고 합니다. 다항식 $2ax + 3y^3 + 5$에서 $2ax$, $3y^3$, 5인 각 단항식을 그 다항식의 **항**이라고 합니다. 다항식에서 항의 수에 따라 단항식, 2항식, 3항식, $\cdots$, n**항식**이라고 부릅니다. 이때, 단항식에서 모든 문자들이 곱해진 개수의 합을 **그 단항식의 차수**라고 합니다. 그러면 $2ax$는 몇 차 단항식인가요? 예, 그렇습니다. '문자인수' a와 x가 하나씩 총 2개 곱해져 있으므로 2차 단항식입니다. 또한 $3y^3$은 y가 총 3개 곱해져 있으므로 3차 단항식입니다. 그러면 5는 몇 차 단항식인가요? 예, 문자가 하나도 곱해져 있지 않으므로 0차 단항식 입니다. 그런데 0차항인 경우 조금 특별하게 부릅니다. 차수가 0차인 항을 **상수항**이라고 부릅니다.

다항식에서는 그 속에 포함되어 있는 최고차수의 항의 차수를 **그 다항식의 차수**라고 합니다. 그러니까 정리해보면 $2ax + 3y^3 + 5$은 3항 3차 다항식이 되는 것입니다. 그런데 우리가 주의할 점이 한 가지 있습니다. 다항식 $2ax + 3y^3 + 5$의 경우 $2ax$는 문자인수 y가 하나도 곱해져 있지 않으므로 y입장에서 보면 0차가 되지요? 이 경우 항 $2ax$는 y에 관한 0차항이라고 합니다. 즉, $2ax$도 상수항이 되는 것입니다. 그렇다면 다항식 $2ax + 3y^3 + 5$는 x에 관한 몇 차 다항식이며 상수항은 무엇일까요? 예, 다항식 $2ax + 3y^3 + 5$는 x에 관한 1차 다항식이며 상수항은 $3y^3 + 5$입니다. 이처럼 **다항식에서는 어떤 '문자인수' 관점으로 보느냐에 따라 다항식의 차수와 상수항이 결정된다**는 것을 알아야 합니다. 우리는 또한 각각의 항에서 정해진 '문자인수'를 제외한 문자와 수를 모두 **다항식의 계수**라고 합니다. 예를 들어, x에 관한 다항식 $2ax + 3y^3 + 5$에서 $2ax$항의 계수는 $2a$가 되는 것입니다. 이 경우 '다항식 $2ax + 3y^3 + 5$의 x에 관한 1차항의 계수는 $2a$'라고 말하는 것입니다.

너무 복잡하지요? 하지만 지금까지 선생님이 이야기한 사실을 이해하지 못하면 다항식의 연산에 대한 오류를 범하게 되고 결국 그릇된 계산을 하게 됩니다. 그러니 잘 이해해두어야 합니다. **가장 중요한 것은 주어진 다항식의 변수가 무엇이냐는 것입니다. 즉, 어떤 문자에 관한 다항식인지 파악하는 것이 제일 중요하다는 뜻입니다.** 그리고 나서 해당 '문자인수'를 중심으로 차수, 상수항, 계수를 파악하면 되는 것입니다.

그러면 이제 **다항식의 덧셈과 뺄셈**★부터 살펴보도록 하겠습니다. 이를 위해서는 먼저 동류항에 대한 개념을 알아야 합니다. 우리는 앞에서 $2x + 3x = 5x$임을 말한 적이 있지요? 또한 $2x + 3y$는 더 이상 계산할 수 없다는 것도 말한 적 있습니다. 이때, 단항식 $2x$의 의미가 무엇이지요? 예, 이것은 $x + x$의 의미입니다. $2x + 3x$는 계산할 수 있었지만 $2x + 3y$를 더 이상 계산할 수 없는 이유는 무엇인가요? 그렇습니다. 문자인수가 서로 다르기 때문입니다. 두 개 이상의 단항식 중에서 계수는 다르더라도 문자인수가 똑같은 것을 **동류항**이라고 합니다. 그러니까 $2x + 3x$에서 $2x$와 $3x$는 동류항입니다. 하지만 $2x + 3y$에서 $2x$와 $3y$는 동류항이 아닙니다. $2xy$와 $3ay$는 어떨까요? 물론 이 경우도 동류항이 아닙니다. 그런데 문자인수를 y만으로 인정하면 이 경우는 동류항입니다. 이때 $2xy$는 y가 $2x$개 더해진 것이고, $3ay$는 y가 $3a$개만큼 더해진 것으로 생각할 수 있습니다. 이처럼 **문자인수를 어떤 것으로 생각하느냐에 따라 차수나 계수, 상수항처럼 동류항도 다르게 해석될 수 있습니다.** 이번에는 $3x^2y$와 $2xy^2$을 생각해봅시다. 이 경우에는 문자인수를 어떤 것으로 생각하든 두 단항식은 동류항으로 생각할 수 없습니다. 이제 동류항에 대한 개념이 명확해졌나요? 그럼 이제 다항식의 덧셈과 뺄셈을 할 준비가 된 것입니다.

Reminder ★

다항식의 덧셈과 뺄셈

연산하고자 하는 두 다항식의 동류항끼리 계산한다. 실수의 사칙연산과 같이 괄호의 계산을 먼저 한다. 뺄셈의 경우, 부호에 유념하여 계산한다.

◎ 중학교 2학년 〈식의 계산〉

예를 들어보겠습니다. $(5x + 2) + \{2y - (2x - 4y)\}$를 계산하면 무엇일까요?

먼저 중괄호 { } 안의 식을 먼저 계산합니다. 그러면

$\{2y - (2x - 4y)\} = \{2y - 2x + 4y\} = \{6y - 2x\}$ 가 됩니다. 따라서,

$(5x + 2) + \{2y - (2x - 4y)\} = (5x + 2) + (6y - 2x)$ 입니다. 이제 괄호를 풀어 동류항을 정리하면

$(5x + 2) + \{2y - (2x - 4y)\} = (5x + 2) + (6y - 2x) = (5x - 2x) + 6y + 2$
$= 3x + 6y + 2$가 됩니다.

계수, 차수, 상수를 파악할 때처럼 다항식의 덧셈과 뺄셈에서는 문자인수를 특별히 지정하면 다른 문자는 상수처럼 취급하여 연산합니다.

예를 들어보겠습니다. x에 관한 두 다항식 $6x^2 + 2xy^2$와 $3ax - by^2$의 덧셈을 생각해봅시다. 두 다항식의 동류항은 없지요? 하지만 x에 관한 두 다항식이라 했으므로 $2xy^2$과 $3ax$는 x에 관한 1차 단항식으로 동류항인 것입니다.

따라서, $(6x^2 + 2xy^2) + (3ax - by^2) = 6x^2 + (2y^2 + 3a)x - by^2$으로 계산됩니다. 어떻습니까, 어려운가요? 다시 한 번 결론 내리자면 **다항식의 덧셈과 뺄셈은 동류항끼리의 연산인 것이고, 이때 문자인수가 무엇인지를 판단하여 계산하면 되는 것입니다.**

ATTENTION

단항식(單項式) 한 개의 항으로 이루어진 식. 숫자와 몇 개의 문자의 곱으로만 이루어진다. $3ab$, $3y^3$ 등이 있다.

다항식(多項式) 두 개 이상의 항을 '+', '−'로 결합한 식. 예를 들어 $a + b$, $2ax + 3by - 4cz$ 등이 있다.

항(項) 다항식을 이루는 각각의 단항식.

차수(次數) 단항식 안에 포함된 문자 인수(因數)의 개수. 즉 문자가 곱해진 횟수. x^2y^3의 차수는 x에 대하여서는 2, y에 대하여서는 3이고, x, y에 대하여서는 5이다.

계수(係數) 기호 문자와 숫자를 곱한 식에서 문자 앞에 쓰는 숫자를 이르는 말. $3x^2 + 2x + 7$에서 3, 2, 7 따위이다.

상수항(常數項) 방정식이나 다항식에서 변수를 포함하지 아니하는 항.

변수(變數) 어떤 관계나 범위 안에서 여러 가지 값으로 변할 수 있는 수.

다항식의 곱셈 ───────

자, 이번에는 다항식의 곱셈에 대해 공부하도록 하겠습니다. 다항식의 곱셈을 이해하려면 먼저 다음과 같은 사실을 알고 있어야 합니다.

실수 집합의 임의의 세 원소 a, b, c에 대하여 $a \times (b + c) = a \times b + a \times c$

여러분은 중학교에서 이미 '**분배법칙**'★이라는 이름으로 이 사실을 배웠을 것입니다. 구체적으로 설명하자면,

$5 \times (7 + 11) = 5 \times 18 = 90$인데 $5 \times 7 + 5 \times 11 = 35 + 55 = 90$이므로

$5 \times (7 + 11) = 5 \times 7 + 5 \times 11$이 성립한다는 뜻입니다.

Reminder ★

분배법칙(分配法則) 말 그대로 나누어주는 법칙이라는 뜻. 두 수의 합에 다른 한 수를 곱한 것이 그것을 각각 곱한 것의 합과 같다는 법칙이다. 곧 $a(b+c) = ab + ac$, $(a+b)c = ac + bc$, $a(b + c + d) = ab + ac + ad$인 법칙을 이른다.

◎ 중학교 2학년 〈식의 계산〉

이것은 다음 그림과 같이 설명할 수 있겠습니다. 가로와 세로의 길이가 각각 a, b인 직사각형과 가로와 세로의 길이가 각각 a, c인 두 직사각형이 한 변을 공유하여 평면 위에 붙어 있다고 해봅시다. 그러면 이 두 사각형의 넓이의 합은 $a \times (b + c)$ 이므로 $a \times (b + c) = ab + ac$가 성립하는 것입니다.

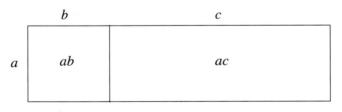

[그림1]

그러면 이러한 사실을 조금 더 확장하여 생각해보겠습니다. 이번에는 다음 그림과 같은 네 개의 직사각형으로 알아봅시다.

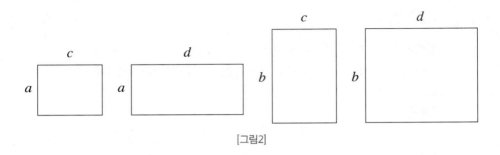

[그림2]

이 네 직사각형의 넓이의 합은 $ac + ad + bc + bd$ 입니다. 그런데 이 도형을 같은 길이의 변을 공유하도록 그리면 그림과 같은 직사각형이 되는 것을 알 수 있습니다.

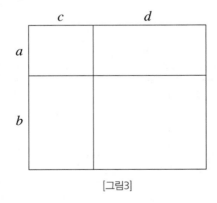

[그림3]

이때 이 직사각형의 넓이의 합이 $(a + b) \times (c + d)$이고 이것은 위의 네 직사각형의 넓이의 합과 같으므로 결론적으로 $(a + b) \times (c + d) = ac + ad + bc + bd$인 것입니다. 이것은 $a \times (c + d) + b \times (c + d) = ac + ad + bc + bd$와 같은 것으로 분배법칙을 두 번 연속하여 사용한 것임을 알 수 있지요?

$(a + b) \times (c + d)$는 두 다항식의 곱셈을 의미하는 것이며 이로써 다항식의 곱셈*은 한마디로 말해 분배법칙을 여러 번 적용하여 두 다항식을 하나의 다항식으로 나타내는 것이라 할 수 있습니다. 이러한 과정을 **전개한다**라고 하며, 전개하여 나타낸 식을 **전개식**이라고 합니다.

Reminder ★

다항식의 곱셈 분배법칙을 이용한다. (단항식)×(다항식)의 경우에는 단항식을 다항식의 각 항에 곱하고, (다항식)×(다항식)에서는 분배법칙을 여러 번 적용하여 계산한다.

전개식(展開式) 다항식의 곱을 전개하여 얻은 식. 예를 들어 $3a(x+y) = 3ax+3ay$ 에서 우변은 좌변의 전개식이다.

전개식 전개하여 얻은 다항식

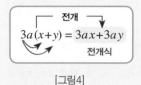

[그림4]

◎ 중학교 2학년 〈식의 계산〉

여러분은 구구단을 다 알고 있지요? 자연수의 곱셈에서 구구단은 복잡한 계산을 편리하게 해줍니다. 다항식의 곱셈도 구구단처럼 '곱셈공식'이라는 것이 있습니다. 다항식의 곱셈에서 자주 쓰이는 것을 정리한 것인데요, 외워두면 복잡한 식을 계산하는 데 요긴하게 쓸 수 있습니다. 마치 구구단처럼요. 먼저 여러분이 중학교에서 배운 곱셈공식을 살펴봅시다.

ATTENTION

곱셈공식(1)

(1) $(a+b)^2 = a^2 + 2ab + b^2$

(2) $(a-b)^2 = a^2 - 2ab + b^2$

(3) $(a+b)(a-b) = a^2 - b^2$

(4) $(x+a)(x+b) = x^2 + (a+b)x + ab$

(5) $(ax+b)(cx+d) = acx^2 + (ad+bc)x + bd$

어때요? 많이 익숙한 내용들이지요?

이 공식들은 직접 전개함으로써 얻을 수 있지만 위에서 한 것과 같이 아래 그림처럼 사각형의 넓이의 합으로써 이해할 수도 있습니다.

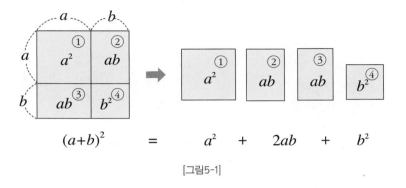

$$(a+b)^2 \quad = \quad a^2 \quad + \quad 2ab \quad + \quad b^2$$

[그림5-1]

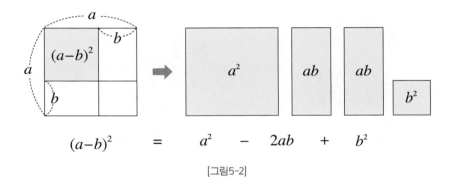

$$(a-b)^2 \quad = \quad a^2 \quad - \quad 2ab \quad + \quad b^2$$

[그림5-2]

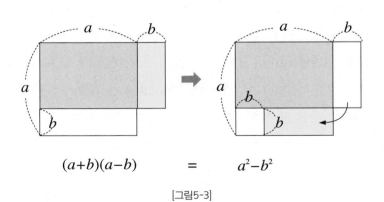

$$(a+b)(a-b) \quad = \quad a^2-b^2$$

[그림5-3]

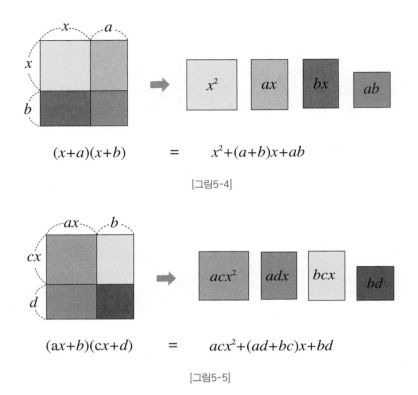

$$(x+a)(x+b) \qquad = \qquad x^2+(a+b)x+ab$$

[그림5-4]

$$(ax+b)(cx+d) \qquad = \qquad acx^2+(ad+bc)x+bd$$

[그림5-5]

　이러한 곱셈공식은 큰 수나 복잡한 수의 연산에 응용되기도 합니다. 예를 들어보겠습니다. 103^2을 계산하기 위해서 103을 두 번 직접 곱해도 되지만 $(100+3)^2 = 10000 + 6 \times 100 + 9 = 10609$와 같이 쉽게 계산할 수 있다는 것입니다. $32 \times 28 = (30+2)(30-2) = 900 - 4 = 896$와 같이 계산하는 것도 곱셈공식을 활용한 예라고 할 수 있겠습니다. 앞의 수와 연산 단원에서 배운 분모의 유리화에서도 곱셈공식을 활용한 예를 찾을 수 있겠는데요, $\dfrac{1}{\sqrt{2}+\sqrt{3}}$과 같은 무리수의 분모의 유리화를 곱셈공식을 활용하여 해결할 수 있습니다. 즉,

$\dfrac{1}{\sqrt{2}+\sqrt{3}} = \dfrac{\sqrt{3}-\sqrt{2}}{(\sqrt{3}+\sqrt{2})(\sqrt{3}-\sqrt{2})} = \dfrac{\sqrt{3}-\sqrt{2}}{3-2} = \sqrt{3}-\sqrt{2}$ 와 같이 분모가 무리수
인 경우 유리화할 수 있습니다.

이제 조금 더 복잡한 식의 곱셈에 대해서 알아볼까요? 두려워할 필요
없습니다. 아무리 복잡한 다항식의 곱셈이라 하더라도 **다항식의 곱셈은 '분
배법칙을 활용하여 식을 전개하고 동류항을 정리하는 것'**이라는 사실만 잘 기
억하고 있으면 됩니다. 그런데 차수가 높고 좀 더 복잡한 다항식의 곱셈을
하려면 먼저 단항식의 특별한 곱셈공식인 '지수법칙'을 알아야 합니다.

임의의 실수 a와 자연수 m에 대하여 a^m은 a를 m번 곱한다는 약속입니
다. 이것은 즉, $a^2 = a \times a$, $a^3 = a \times a \times a$, $\cdots$, $a^m = a \times a \times \cdots \times a$입니다. 이
때 a^m을 a의 m**거듭제곱이라고 하며** a**를 밑,** m**을 지수**라고 합니다. 이런 규칙
을 잘 생각해보면 다음과 같은 지수법칙을 쉽게 이해할 수 있을 것입니다.

ATTENTION

지수법칙(1)

실수 a, b와 자연수 m, n에 대하여,

(1) $a^m \times a^n = a^{m+n}$

(2) $(a^m)^n = a^{mn}$

(3) $(ab)^n = a^n b^n$

(4) $\left(\dfrac{b}{a}\right)^n = \dfrac{b^n}{a^n}$(단, $a \neq 0$)

$$(5)\ a^m \div a^n = \frac{a^m}{a^n} \begin{cases} a^{m-n}\ (m > n) \\ 1\ (m = n) \\ \dfrac{1}{a^{n-m}}\ (m < n) \end{cases}$$

(1)에서 $a^m \times a^n$은 a를 m번 곱한 것과 a를 n번 곱한 것을 곱하는 것이니 a를 모두 $m + n$번 곱했다는 의미입니다. (2)는 조금 복잡한데요, $(a^m)^n$은 a^m을 n번 곱한 것입니다. 즉, $(a^m)^n = \underbrace{a^m \times a^m \times \cdots \times a^m}_{n개}$ 입니다. 그런데 a^m은 a를 m번 곱한 것이니 $a^m \times a^m \times \cdots \times a^m = (a \times a \times \cdots \times a) \times (a \times a \times \cdots \times a) \times \cdots \times (a \times a \times \cdots \times a)$ 입니다. 그러므로 a를 모두 mn번 곱한 것이지요. (3)과 (4)도 모두 이와 같은 이치로 생각하면 지수법칙을 쉽게 이해할 수 있을 것입니다. (5)는 조금 복잡하지요? 예를 들어 $a^5 \div a^2$을 생각해봅시다. $A \div B = A \times \dfrac{1}{B}$ 이므로 $a^5 \div a^2 = a^5 \times \dfrac{1}{a^2}$ 입니다. 그런데 a^5, a^2의 거듭제곱의 의미를 생각해보면 $a^5 \div a^2 = a^5 \times \dfrac{1}{a^2} = \dfrac{a \times a \times a \times a \times a}{a \times a} = a \times a \times a = a^3$ 이지요. 같은 방법으로 $a^2 \times \dfrac{1}{a^5} = \dfrac{a \times a}{a \times a \times a \times a \times a} = \dfrac{1}{a \times a \times a} = \dfrac{1}{a^3}$ 입니다. 따라서 m과 n의 값의 크기에 따라 (5)와 같이 정리할 수 있을 것입니다.

자, 그러면 이제 지수법칙과 분배법칙을 이용하여 조금 더 복잡한 다항식의 곱셈공식을 알아보겠습니다.

ATTENTION

곱셈공식(2)

(1) $(a+b)^3 = a^3 + 3a^2b + 3ab^2 + b^3$, $(a-b)^3 = a^3 - 3a^2b + 3ab^2 - b^3$

(2) $(a+b)(a^2 - ab + b^2) = a^3 + b^3$, $(a-b)(a^2 + ab + b^2) = a^3 - b^3$

(3) $(a+b+c)^2 = a^2 + b^2 + c^2 + 2ab + 2bc + 2ca$

(4) $(a^2 + ab + b^2)(a^2 - ab + b^2) = a^4 + a^2b^2 + b^4$

이 경우는 곱셈공식(1)과 같이 평면 위의 그림으로 쉽게 파악하기는 어려울 것 같습니다. 어떤 이들은 이것을 직육면체 그림을 이용하여 설명하기도 하나 이것은 오히려 더 혼란스러우므로 우리는 직접 다항식을 전개함으로써 얻은 결과로 기억하기로 합니다.

즉, (1)에서 $(a+b)^3 = (a+b)(a+b)(a+b)$이므로 $(a+b)^3 = (a+b)^2(a+b)$ $= (a^2 + 2ab + b^2)(a+b) = a^2a + a^2b + (2ab)a + (2ab)b + b^2a + b^2b$에서 동류항을 정리하면 $(a+b)^3 = a^3 + 3a^2b + 3ab^2 + b^3$가 되는 것입니다. (2)~(4)는 모두 이와 같이 분배법칙과 지수법칙을 이용하여 전개함으로써 결과를 얻을 수 있습니다. 여러분이 직접 계산해보기 바랍니다.

이 이외에도 우리는 다양한 다항식의 곱셈공식을 만들 수 있습니다. 하지만 이 이상의 것은 고등학교 교육과정에서 다루기에는 의미가 없으므로 더 이상 언급하지 않겠습니다. **어떠한 곱셈공식이든 분배법칙과 지수법칙을 적절히 사용하여 전개하는 것이 기본**이라는 것을 명심하기 바랍니다.

다항식의 나눗셈 ——————

이번에는 다항식의 나눗셈에 대해 이야기해볼까요? 숫자도 아닌 문자로 된 식을 나눈다니…. 당황스럽고 어렵게 느껴지지요? 차근차근 생각해보겠습니다. 다항식의 나눗셈은 마치 정수의 나눗셈과 비슷합니다. 10개의 빵을 세 명의 학생이 똑같이 나누는 경우를 생각해봅시다. 한 사람이 3개씩 받으면 1개의 빵이 남게 됩니다. 이 1개의 빵마저 똑같이 나누고자 한다면 칼로 3등분하면 되겠지요? 하지만 빵이 아니라 신발이라면 어떻게 될까요? 남은 한 켤레를 3등분하면 아무짝에도 쓸모없는 물건이 될 것입니다. 이처럼 **정수에서는 나눗셈 연산이 자유롭지 못합니다.** 자유롭지 못하다는 표현이 다소 어려운데요, 위에서 이야기한 빵 문제의 경우 답이 $3 + \frac{1}{3}$로 정수가 아니며, 신발의 경우에서는 아예 계산을 할 수 없는 일이 벌어질 수 있다는 뜻입니다. 이런 문제를 해결하기 위해 **정수에서는 나눗셈을 할 때 몫과 나머지의 개념을 도입**했습니다. 그래서 10을 3으로 나눈 몫은 3, 나머지는 1이라고 계산하지요. 즉, 일반적으로 정수 A를 정수 B로 나눈 몫이 Q, 나머지가 R일 때 $A = BQ + R(0 \leq R < B)$이 성립하는 것입니다. 여기서 주의할 점은 R의 값의 범위가 $0 \leq R < B$이라는 사실입니다. 특히 0 또는 양수인 점을 주의하여야 하는데요, 이것은 특히 A가 음의 정수인 경우 그 혼란을 피하기 위한 일종의 약속과도 같은 것입니다. 만일 -10을 3으로 나누는 경우를 생각해보겠습니다. $-10 = 3 \times (-3) + (-1)$과 같이 표현할 수 있으므로 몫은 -3, 나머지는 -1이라고 말할 수도 있고, $-10 = 3 \times (-4) + 2$와 같이 표현할 수 있으므로 몫은 -4, 나머지는 2라고 말할 수도 있는 것입니다. 이런 혼란을 피하기 위해서 **나머지 R은 0 또는 나누는 값 B보다 작**

은 양의 정수로 약속한 것입니다. 그러니까 −10을 3으로 나눈 몫은 −4, 나머지는 2가 되는 것입니다.

다항식의 나눗셈★도 이와 비슷합니다. 다항식의 덧셈, 뺄셈, 곱셈은 정수에서처럼 그 연산 결과가 다시 다항식이 되지만 나눗셈은 그렇지 않습니다. 그래서 나눗셈의 경우는 정수의 나눗셈에서처럼 몫과 나머지의 개념을 도입하여야 합니다. 즉, 다항식 A를 다항식 B로 나눈 몫을 Q, 나머지를 R 이라 하면 $A = BQ + R$이 성립하며, 다항식의 경우에는 정수에서처럼 R의 값의 범위를 정할 수 없으므로 차수 관계를 정했는데, **R의 차수는 B의 차수보다 작아야** 합니다. 이것 역시 음의 정수의 나눗셈에서처럼 다항식의 나눗셈에서 나머지가 여러 가지로 해석될 수 있기 때문에 유일하게 정해지는 경우에 대한 수학자들의 약속입니다.

Reminder ★

다항식의 나눗셈

(1) 나누는 식의 역수를 곱한 뒤 분배법칙을 이용한다.

(2) 나누는 수를 분모, 나눠지는 수를 분자로 만든 뒤, 분자의 모든 항을 분모로 약분하여 계산한다.

◎ 중학교 2학년 〈식의 계산〉

이런, 구체적인 나눗셈 과정을 보여주지도 않고 이론적인 설명만 해서 너무 뜬구름 잡는 이야기가 되어버렸군요. 그러면 이제 직접 식의 나눗셈을 계산하면서 이해해보도록 하겠습니다.

먼저 (다항식) ÷ (단항식)을 계산해볼까요?

다항식 $4x^3 + 2x^2 + 6x$을 단항식 $2x$로 나누는 계산을 생각해봅시다. 즉, $(4x^3 + 2x^2 + 6x) ÷ (2x)$를 계산하는 것입니다.

$A ÷ B = A × \dfrac{1}{B}$ 이므로 $(4x^3 + 2x^2 + 6x) ÷ (2x) = (4x^3 + 2x^2 + 6x) × \dfrac{1}{2x} = \dfrac{4x^3}{2x} + \dfrac{2x^2}{2x} + \dfrac{6x}{2x} = 2x^2 + x + 3$ 입니다. 어떤가요? 간단하죠?

이번에는 (다항식) ÷ (다항식)을 계산해보겠습니다. 우선, 다항식 $x^2 + 3x + 2$를 다항식 $x + 1$로 나누면 어떻게 될까요? 즉, $(x^2 + 3x + 2) ÷ (x + 1) = (x^2 + 3x + 2) × \dfrac{1}{(x+1)}$ 을 계산하는 것입니다. 그런데 다항식 $x^2 + 3x + 2 = (x + 1)(x + 2)$입니다(이런 과정을 '인수분해'라고 하는데 이는 다음 단원에서 바로 학습할 것입니다). 따라서, $(x^2 + 3x + 2) ÷ (x + 1) = (x^2 + 3x + 2) × \dfrac{1}{(x+1)} = \dfrac{(x+1)(x+2)}{(x+1)} = (x + 2)$가 성립하는 것입니다. 여기에서 분모와 분자의 $(x + 1)$을 서로 지운 것은 마치 분수에서의 약분과 같은 개념으로 이해하면 됩니다($(x + 1)$을 하나의 식으로 보면 넓은 의미의 지수법칙으로 이해해도 될 것입니다).

$(x^2 + 3x + 2) ÷ (x + 1) = x + 2$와 같은 경우는 매우 특별한 경우로, 이때 다항식 $x^2 + 3x + 2$는 다항식 $x + 1$로 "나누어떨어진다"고 말합니다. 또한 $x + 1$을 $x^2 + 3x + 2$의 '인수'라고 합니다. 이 부분은 뒤에서 다시 공부하겠습니다.

이번에는 다항식 $2x^3 + 3x^2 + 3x + 8$을 다항식 $x^2 + 2$로 나누는 경우를 생각해봅시다. 이 경우는 위와 같이 나누어떨어지지 않는데요, 이를 계산하는 방법은 다음과 같습니다.

먼저 두 다항식의 최고차항을 비교합니다. 두 다항식의 최고차항[014]이 같아질 수 있는 방법을 생각해보세요. 다항식 $x^2 + 2$에 $2x$를 곱하면 되겠지요? 그럼 이 사실로부터 아래와 같이 마치 정수의 나눗셈을 계산하듯 다항식을 계산할 수 있을 것입니다.

$$
\begin{array}{r}
2x \\
x^2 + 2 \overline{)\, 2x^3 + 3x^2 + 3x + 8} \\
2x^3 \qquad\ + 4x \\
\hline
3x^2 - x + 8
\end{array}
$$

이것은 $2x^3 + 3x^2 + 3x + 8 = (x^2 + 2)(2x) + (3x^2 - x + 8)$ …㉠임을 말하는 것입니다.

그런데 $3x^2 - x + 8$의 차수는 2이고 $x^2 + 2$의 차수도 2이니 아직 $2x$를 몫, $3x^2 - x + 8$을 나머지라고 말할 수 없습니다. 그렇다면 $3x^2 - x + 8$을 $x^2 + 2$로 더 나누어주면 되겠네요. 위 과정을 다시 반복해봅시다. 최고차항을 비교해보니 $x^2 + 2$에 3을 곱해주면 되겠지요? 따라서 아래와 같이 계산할 수 있겠습니다.

$$
\begin{array}{r}
3 \\
x^2 + 2 \overline{)\, 3x^2 - x + 8} \\
3x^2 \qquad\ + 6 \\
\hline
- x + 2
\end{array}
$$

---

014 다항식에서 차수가 가장 높은 항.

이것은 $3x^2 - x + 8 = (x^2 + 2)(3) + (-x + 2)$임을 말하는 것이니 ㉠의 식에다 이를 대입하면 $2x^3 + 3x^2 + 3x + 8 = (x^2 + 2)(2x) + (3x^2 - x + 8) = \underline{(x^2 + 2)(2x) + (x^2 + 2)(3)} + (-x + 2)$이 됩니다.

그런데 밑줄 그은 부분은 분배법칙을 적용하면 $(x^2 + 2)(2x + 3)$이 되므로 $2x^3 + 3x^2 + 3x + 8 = (x^2 + 2)(2x + 3) + (-x + 2)$ ⋯㉡이 됩니다. 이제 다항식 $-x + 2$의 차수는 $x^2 + 2$의 차수보다 낮으니 다항식 $2x^3 + 3x^2 + 3x + 8$을 다항식 $x^2 + 2$로 나눈 몫을 $2x + 3$, 나머지는 $-x + 2$이라고 말할 수 있겠습니다. 이 과정을 한꺼번에 나타내보면 다음과 같습니다.

$$
\begin{array}{r}
2x + 3 \\
x^2 + 2 \,\overline{)\,2x^3 + 3x^2 + 3x + 8 } \\
\underline{2x^3 + 4x } \\
3x^2 - x + 8 \\
\underline{3x^2 + 6} \\
-x + 2 \quad \cdots ㉡
\end{array}
$$

어떤가요? 어려운가요? 연습을 많이 하여 다항식의 나눗셈에 익숙해지도록 노력합시다. 위의 계산 과정을 살펴보면 다항식의 나눗셈은 결국 ㉢과 같은 과정을 통하여 ㉡과 같은 등식을 얻는 것입니다. ㉡의 등식은 좌변을 변형하여 우변과 같이 표현한 것이니 좌변과 우변은 항상 같은 것이지요. 따라서 x의 값에 관계없이 항상 등식이 성립하는 식입니다. 이러한 식을 우리는 **항등식**★이라고 부릅니다. 즉, 문자를 포함한 등식에서 문자에 어떠한 값을 대입하여도 항상 성립하는 등식을 그 문자에 대한 항등식이라고 합니다. 따라서 **어떤 식이 항등식이라면 그 식의 문자에 어떤 값을 대입해도**

성립하여야 하는 것입니다.

Reminder ★

항등식(恒等式) 식에 포함된 문자에 어떤 값을 넣어도 언제나 성립하는 등식. $a+b = b+a$, $(a+b)(a-b) = a^2 - b^2$ 등이 있다.

방정식(方程式) 어떤 문자가 특정한 값을 취할 때에만 성립하는 등식.

◎ 중학교 1학년 〈문자와 식〉

이러한 사실을 이용하면 다항식을 일차다항식으로 나누는 특별한 경우에 나눗셈의 나머지를 구하는 문제를 쉽게 해결할 수 있습니다. 이것을 **나머지 정리**라고 하는데요, 다음과 같습니다.

ATTENTION

나머지 정리

다항식 $f(x)$를 일차식 $ax + b\,(a, b$는 상수$)$로 나누었을 때 나머지는 $f\!\left(-\dfrac{b}{a}\right)$이다.

이것은 너무도 당연한 사실입니다. $f(x)$를 $ax + b$로 나눈 몫을 Q, 나머지를 R이라 하면 R의 차수는 $ax+b$의 차수보다 낮아야 하므로 0차이어야 합니다. 즉, 상수인 것입니다. 이를 등식으로 표현해보면 $f(x) = (ax + b)Q$ $+ R$입니다. 그런데 이 식은 x에 대한 항등식이므로 $x = -\dfrac{b}{a}$를 주어진 등식에 대입하면 $f\left(-\dfrac{b}{a}\right) = 0 \times Q + R$이고 따라서 나머지가 $f\left(-\dfrac{b}{a}\right)$가 되는 것입니다.

그런데 다항식 $f(x)$를 $ax + b$로 나누었을 때 나누어떨어지는 경우는 조금 특별한 경우가 됩니다. 다항식 $f(x)$를 다항식 $g(x)$로 나눈 나머지가 $f\left(-\dfrac{b}{a}\right) \neq 0$라고 한다면 $g(x) = ax + b$라고 말할 수 있을까요? 예를 들어, 다항식 $f(x) = x^3 - 2x^2 + x - 1$을 $g(x) = x^2 + 1$로 나누는 경우를 생각해봅시다. $x^3 - 2x^2 + x - 1 = (x^2 + 1)(x - 2) + (\,+ 1)$이므로 $f(x)$를 $g(x)$로 나눈 몫은 $x - 2$, 나머지는 $+ 1$입니다. 그런데 $f(1) = -1$이고, $g(x) = x^2 + 1$입니다. 즉, 다항식 $f(x)$를 $g(x)$로 나눈 나머지가 $f\left(-\dfrac{b}{a}\right) \neq 0$라 해서 반드시 $g(x) = ax + b$일 필요는 없는 것입니다. 하지만 $f\left(-\dfrac{b}{a}\right) = 0$인 경우는 이와는 조금 다릅니다. 다항식 $f(x)$가 $ax + b$로 나누어떨어지면 $f\left(-\dfrac{b}{a}\right) = 0$이며 거꾸로 $f\left(-\dfrac{b}{a}\right) = 0$이면 $f(x)$는 $ax + b$로 나누어떨어집니다. 우리는 이것을 **인수정리**라고 부릅니다.

ATTENTION

인수정리

다항식 $f(x)$가 일차식 $x - a$로 나누어떨어지기 위한 필요충분조건은 $f(a) = 0$이다.

나머지정리와 인수정리를 이용해서 다음 문제를 풀어볼까요?

예제 다항식 $f(x) = x^3 + ax^2 - 7x + b$가 $x^2 - 3x + 2$로 나누어떨어질 때, 이 다항식을 $x + 1$로 나누었을 때의 나머지를 구하시오.

풀이 $f(x)$를 $x^2 - 3x + 2 = (x-1)(x-2)$로 나누었을 때의 몫을 Q라 하면 $f(x) = x^3 + ax^2 - 7x + b = (x-1)(x-2)Q$입니다. 즉, $f(x)$는 $x - 1$로 나누어떨어짐과 동시에 $x - 2$로 나누어떨어집니다. 그러므로 인수정리에 의하여 $f(1) = 1 + a - 7 + b = 0$, $f(2) = 8 + 4a - 14 + b = 0$이고 이를 연립하여 풀면 $a = 0$, $b = 6$이 됩니다. 즉, $f(x) = x^3 - 7x + 6$입니다. 그러므로 $f(x)$를 $x + 1$로 나눈 나머지는 나머지정리에 의하여 $f(-1) = 12$입니다.

문제를 풀어보니 나머지정리와 인수정리에 대한 이해가 명확해지나요? 여러분이 앞으로 어떠한 개념을 학습하더라도 항상 개념을 배우고 나면 반드시 관련 문제를 풀어 명확히 이해하는 습관을 들여야 할 것입니다.

조립제법 ━━━━━━

나머지 정리는 나누는 다항식이 일차식일 때만 의미가 있고 더욱이 나머지만 구할 수 있습니다. 나머지 정리를 이용해서는 몫을 계산할 수 없어요. 그렇다면 몫을 구하기 위해서는 어떻게 해야 할까요? 이 경우도 특별한 공식이 있었으면 좋겠으나 아쉽게도 그렇지 않습니다. ㉢과 같이 직접 나눗셈을 계산해야 합니다. 그런데 **1차식으로 나누는 경우는 나누어지는 다항식과 나누는 다항식의 계수만으로 간단하게 계산하는 방법이 있습니다. 이런 방법을 '조립제법'이라고 합니다.** 조립제법은 다음에 배울 인수분해와도 매우 깊은 연관이 있으니 그 방법을 잘 익혀두기 바랍니다. 그럼 조립제법을 살펴보겠습니다.

조립제법은 다항식의 나눗셈 과정에서 일어나는 계수 관계를 정리해 놓은 것입니다. 이때, 나누는 다항식은 일차항의 계수를 1로 만들어두어야 합니다. ㉢과 같은 다항식의 나눗셈 과정을 살펴보면 두 다항식의 최고차항의 차수와 계수를 비교하면서 적절히 차수와 계수를 조절하는 것이니 나누는 다항식의 계수를 1로 만들어두면 차수가 낮아짐에 따라서 차례로 영향을 미치게 됩니다. 그럼 구체적인 예를 통하여 일반적인 나눗셈과 조립제법을 비교해보도록 하겠습니다.

$x^3 - 2x^2 + 2x - 1$을 $x - 3$으로 나누는 경우를 생각해보겠습니다.

먼저 [과정1]과 같이 몫의 최고차항을 x^2으로 파악할 수 있습니다. 그런데 이것을 $x - 3$과 곱하면서 $x^3 - 3x^2$이라는 항을 만들게 되지요? 이런 계수의 관계를 [과정2]와 같이 나타낼 수 있습니다.

$$
\begin{array}{r}
x^2 \phantom{{}+2x-1} \\
x-3\,\overline{\big)\,x^3-2x^2+2x-1} \\
\underline{x^3-3x^2} \\
x^2+2x-1
\end{array}
$$

[과정1]

$$
\begin{array}{c|rrrr}
 & 1 & -2 & 2 & -1 \\
 & & + & & \\
 & \downarrow & & & \\
3 & & 3 & & \\
\hline
 & 1 & 1 & &
\end{array}
$$

[과정2]

[과정1]에서 계산된 x^2+2x-1과 $x-3$의 최고차항을 비교하면 $x-3$에 x를 곱하면 되므로 [과정3]과 같이 계산할 수 있습니다. 이 계수 관계를 [과정4]와 같이 나타낼 수 있습니다.

$$
\begin{array}{r}
x^2+x \phantom{{}-1} \\
x-3\,\overline{\big)\,x^3-2x^2+2x-1} \\
\underline{x^3-3x^2} \\
x^2+2x-1 \\
\underline{x^2-3x} \\
5x-1
\end{array}
$$

[과정3]

$$
\begin{array}{c|rrrr}
 & 1 & -2 & 2 & -1 \\
 & & + & + & \\
 & \downarrow & & & \\
3 & & 3 & 3 & \\
\hline
 & 1 & 1 & 5 &
\end{array}
$$

[과정4]

같은 방법으로 [과정5], [과정6]과 같이 마무리할 수 있습니다.

$$
\begin{array}{r}
x^2+x+5 \\
x-3\,\overline{\big)\,x^3-2x^2+2x-1} \\
\underline{x^3-3x^2} \\
x^2+2x-1 \\
\underline{x^2-3x} \\
5x-1 \\
\underline{5x-15} \\
14
\end{array}
$$

[과정5]

$$
\begin{array}{c|rrrr}
 & 1 & -2 & 2 & -1 \\
 & & + & + & \\
 & \downarrow & & & \\
3 & & 3 & 3 & 15 \\
\hline
 & 1 & 1 & 5 & \big|\ 14
\end{array}
$$

[과정6]

83

즉, $x^3 - 2x^2 + 2x - 1$을 $x - 3$으로 나누었을 때 몫은 $x^2 + x + 5$이고 나머지는 14입니다. [과정1], [과정3], [과정5]와 [과정2], [과정4], [과정6]을 비교해보면 나누는 다항식과 나누어지는 다항식의 계수 사이의 관계를 이해할 수 있을 것입니다. 그리고 [과정6]과 같이 계산이 마무리 되었을 때 오른쪽 맨 마지막의 숫자가 나머지이고, 그 앞에 있는 숫자가 몫의 계수를 왼쪽부터 높은 차수에 맞춰서 차례로 나타내는 것입니다.

조립제법으로 다항식의 나눗셈을 계산할 때는 나누는 다항식의 최고차항 즉, 1차항의 계수를 1로 만들어야 한다고 했습니다. 이제, 나누는 다항식의 최고차항의 계수가 1이 아닌 경우의 문제를 풀어보겠습니다.

다항식 $x^3 - 2x^2 + 2x - 1$을 $3x - 9$로 나눈 몫 $Q(x)$와 나머지 R를 조립제법으로 구해봅시다. 이 관계를 식으로 나타내면 $x^3 - 2x^2 + 2x - 1 = (3x - 9)Q(x) + R$와 같습니다. 그런데,

$x^3 - 2x^2 + 2x - 1 = (3x - 9)Q(x) + R = (x - 3)3Q(x) + R$이라 할 수 있으므로 다항식 $x^3 - 2x^2 + 2x - 1$을 $x - 3$로 나누었을 때의 몫인 $x^2 + x + 5$가 바로 $3Q(x)$이며 나머지 R는 [그림6]에서 구한 것과 같이 14가 되는 것입니다. 따라서 다항식 $x^3 - 2x^2 + 2x - 1$을 $3x - 9$로 나눈 몫은 $\frac{1}{3}x^2 + \frac{1}{3}x + \frac{5}{3}$이고 나머지는 14가 됩니다.

이로써 여러분은 다항식의 덧셈, 뺄셈, 곱셈, 나눗셈을 모두 학습했습니다. 앞서 말했듯이 이러한 다항식의 사칙연산 결과는 정수의 사칙연산과 매우 비슷합니다. 그래서 대학에서는 다항식의 집합을 마치 정수의 집합인 것처럼 생각하여 정수에서 유리수, 무리수의 집합을 확장하듯이 다항

식으로 유리식, 무리식의 집합을 확장하여 연구하기도
합니다. 아벨(Niels Henrik Abel, 1802~1829)[015]과 갈루아
(Évariste Galois, 1811~1832)[016]라는 두 수학자는 다항
식 및 방정식과 관련된 분야에서 비슷한 시기에 매
우 훌륭한 업적을 남겼으며 특히 둘은 독립적으로
"5차방정식의 일반 해법은 없다"는 수학적 사실을 발
견했습니다. 이것은 **5차 이상의 대수방정식에는 제곱근
연산과 사칙연산만으로 쓸 수 있는 일반적인 근의 공식
이 존재하지 않는다**[017]는 사실을 증명한 것으로 이들의
수학적 천재성을 드러내는 연구 결과였습니다. 이들의
연구과정에서 다항식의 여러 가지 성질에 대한 이야
기가 나오는데 아벨과 갈루아에 대한 자세한 이야
기는 방정식을 공부할 때 다시 한 번 알아볼 것입
니다.

▲ 아벨 Niels Henrik Abel

▲ 갈루아 Évariste Galois

---

015 노르웨이의 수학자. 5차 이상의 방정식은 대수적으로 풀 수 없음을 증명했고, '타원 함수론' '아벨
     적분론' 등을 발표했다.
016 프랑스의 수학자. 군(群)의 개념을 도입한, 대수 방정식에 관한 '갈루아 이론'을 창안하여 기하학,
     물리학 등에 영향을 끼쳤다.
017 한마디로 5차 이상의 방정식은 이차방정식처럼 근의 공식이 존재하지 않는다는 뜻이다.

인수분해 ————————

선생님이 앞에서 "다항식은 정수와 비슷하다"고 이야기했던 것, 기억나지요? 특히 다항식의 곱셈에서는 구구단과 비슷한 곱셈공식이 있었습니다. 이제 자연수의 소인수분해와 비슷한 성질을 갖는 다항식의 인수분해에 관해 공부하겠습니다. 본격적으로 인수분해를 학습하기 전에 먼저 다음 문제를 풀어보겠습니다. 이 문제는 과거 대학수학능력시험에 출제되었던 문항입니다.

예제 $\dfrac{1004^3 + 1}{1004^2 - 1004 + 1}$의 값은?

풀이 이 문제를 해결하지 못하는 고등학생은 아마 거의 없을 것입니다. 하지만 이 문제를 단 10초 만에 해결하는 학생은 그리 많지 않을 것입니다. 1004^2 또는 1004^3과 같은 1004의 거듭제곱의 계산을 하지 않고도 이 문제는 쉽게 해결이 가능합니다. 이를 인수분해를 이용하여 계산해볼 것입니다. 또한 다음과 같은 문제도 생각해볼 수 있습니다.

예제 삼차방정식 $x^3 + x^2 - 5x + 3 = 0$의 해를 구하여라.

풀이 이 방정식의 좌변이 $(x - \alpha)(x - \beta)(x - \gamma)$과 같이 일차

식의 곱으로 표현된다면 주어진 방정식은 $(x-\alpha)(x-\beta)(x-\gamma)$ $=0$이 되고 결국 이 방정식의 근은 $x=\alpha$ 또는 $x=\beta$ 또는 $x=$ γ가 될 것입니다.

이처럼 어떠한 복잡한 계산을 편리하게 하기 위해서, 또는 방정식의 해를 구하기 위해서 주어진 다항식을 보다 간단한 형태의 다항식들의 곱으로 표현하는 방법에 대해 알아보겠습니다.

어떤 수가 두 수의 곱으로 이루어졌을 때, 예를 들어 $10 = 2 \times 5$인 경우 우리는 2를 10의 약수(혹은 인수)라고 부르고 10을 2의 **배수**라고 합니다. 5의 경우도 마찬가지여서 5를 10의 약수(혹은 인수)라고 하고, 10은 5의 배수라고 부릅니다. 이러한 사실을 일반적으로 말해서 $ab=c$**일 때** a(혹은 b)**를** c**의 약수**(혹은 인수), c**는** a(혹은 b)**의 배수**라고 합니다.

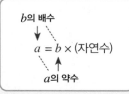

Reminder

b의 배수
↓
$a = b \times$ (자연수)
↑
a의 약수

주의: 약수, 배수는 자연수에서만 생각하기로 한다.

◎ 중학교 1학년 〈자연수의 성질〉

1보다 큰 자연수 중에서 1과 자기 자신만을 약수로 갖는 수를 **소수**★라고 합니다. 또 1보다 큰 자연수 중 1과 자기 자신 이외에 약수를 갖는 수를 **합성수**라고 부르지요. 따라서 합성수는 1과 자기 자신 이외의 인수를 이용하여 곱셈 형태로 표현이 가능합니다. 위에서 예를 든 10의 경우가 그렇습니다. 특히 합성수를 소수인 인수들만의 곱으로 표현했을 때 우리는 **소인수분해** 한다고 합니다. 그러니까 $10 = 2 \times 5$로 소인수분해된 것이며 $45 = 3^2 \times 5$로 소인수분해한 것입니다. 이렇게 **소인수분해를 하면 그 수의 모든 약수와 약수의 개수를 파악하기 쉬워집니다.** 예를 들어 $100 = 2^2 \times 5^2$으로 소인수분해되므로 아래 표와 같이 분석하여 모든 약수와 약수의 개수를 알 수 있는 것이지요.

$\times$	2^0	2^1	2^2
5^0	1	2	4
5^1	5	10	20
5^2	25	50	100

Reminder★

소수(素數) 1보다 큰 자연수 중에서 1과 그 수 자신만을 약수로 가지는 수. 즉 약수가 2개인 자연수. 2, 3, 5, 7, 11, 13, 17, 19, 23, 29, 31, 37, 41, 43, 47….

합성수(合成數) 소수도 아니고, 1도 아닌 자연수. 약수가 3개 이상인 자연수. 4, 6, 8, 9, 10, 12, 14, 15, 16, 18, 20, 21, 22, 24, 25….

◎ 중학교 1학년 〈자연수의 성질〉

정수와 성질이 비슷한 다항식도 두 개 이상의 단항식이나 다항식의 곱의 꼴로 고칠 수 있습니다. 이것을 "다항식을 인수분해한다"고 하며 이때 곱의 꼴로 표현된 각각의 식을 정수에서와 마찬가지로 처음 식의 인수라고 합니다. 그러면 결국 인수분해는 다항식의 전개의 역과정이라고 할 수 있겠지요? 다항식 $(x+1)(x+2)$를 전개하면 x^2+3x+2가 되므로 결국 다항식 x^2+3x+2를 인수분해하면 $(x+1)(x+2)$이라고 말할 수 있는 것입니다.

그렇다면 다항식의 곱셈에서 배웠던 여러 가지 공식들은 그대로 다 인수분해 공식이 된다고 할 수 있겠지요? 자, 그럼 이제부터 인수분해를 하는 과정에 대해서 차근차근 살펴보겠습니다.

◎ 공통인수를 이용하여 인수분해하기

두 개 이상의 수에 공통인 약수를 우리는 **공약수**라고 하지요? 가령 예를 들어 6의 약수는 1, 2, 3, 6이며, 8의 약수는 1, 2, 4, 8이므로 6과 8의 공약수는 1, 2입니다. 다항식에서도 이와 비슷하게, **두 개 이상의 단항식 또는 다항식에서의 공통인 인수를 공통인수**라고 합니다. 예를 들어 두 단항식 $2xy$와 x^2의 공통인수는 1과 x입니다. 정수에서와 마찬가지로 1은 모든 식의 공통인수이므로 생략하고 x를 두 단항식의 공통인수라고 합니다.

인수분해의 가장 기본적인 방법은 이 공통인수를 이용하는 것입니다. 이것은 **다항식의 곱셈에서 분배법칙의 역과정으로 공통인수로 묶어내어 다항식을 정리하는 것**☆입니다. 예를 들어, 다항식 x^2+2xy를 생각해봅시다. 이 다항식의 두 항에 공통으로 들어 있는 공통인수가 x이므로 분배법칙의 역과정으로 다항식 $x^2+2xy=x(x+2y)$와 같이 나타낼 수 있습니다. 이 과정이 바로 다항식의 인수분해인 것입니다. **다항식의 곱셈의 핵심은 분배법칙**

이었습니다. 이와 마찬가지로 **다항식의 인수분해의 핵심은 바로 공통인수**인 것입니다. 여러분은 이 사실을 꼭 명심하기 바랍니다.

Reminder ★

다항식 전개의 기본 규칙은 분배법칙이고, 분배법칙을 거꾸로 사용하여 공통인수를 묶으면 인수분해가 된다.

◎ 중학교 3학년 〈수의 계산〉

이제 조금 더 복잡한 다항식의 인수분해를 시도해볼까요? 다항식 $2x^2 - 8x^2y + 6xz^2$ 을 인수분해하면 어떻게 될까요? 먼저 각 항의 공통인수가 있나요? 그렇습니다. $2x$가 공통인수이지요? 그러므로 $2x^2 - 8x^2y + 6xz^2 = 2x(x - 4xy + 3z^2)$과 같이 인수분해되는 것입니다.

◎ 곱셈공식을 이용하여 인수분해하기

앞서 말했듯이 인수분해는 다항식의 곱셈의 역과정입니다. 따라서 다항식의 곱셈공식은 그대로 인수분해공식이 됩니다. 그러면 앞서 공부했던 여러 가지 곱셈공식으로부터 나오는 인수분해공식을 살펴봅시다.

ATTENTION

곱셈공식

(1) $(a+b)^2 = a^2 + 2ab + b^2$

(2) $(a-b)^2 = a^2 - 2ab + b^2$

(3) $(a+b)(a-b) = a^2 - b^2$

(4) $(x+a)(x+b) = x^2 + (a+b)x + ab$

(5) $(ax+b)(cx+d) = acx^2 + (ad+bc)x + bd$

(6) $(a+b)^3 = a^3 + 3a^2b + 3ab^2 + b^3$

$(a-b)^3 = a^3 - 3a^2b + 3ab^2 - b^3$

(7) $(a+b)(a^2 - ab + b^2) = a^3 + b^3$

$(a-b)(a^2 + ab + b^2) = a^3 - b^3$

(8) $(a+b+c)^2 = a^2 + b^2 + c^2 + 2ab + 2bc + 2ca$

(9) $(a^2 + ab + b^2)(a^2 - ab + b^2) = a^4 + a^2b^2 + b^4$

인수분해공식

(1) $a^2 + 2ab + b^2 = (a+b)^2$

(2) $a^2 - 2ab + b^2 = (a-b)^2$

(3) $a^2 - b^2 = (a+b)(a-b)$

(4) $x^2 + (a+b)x + ab = (x+a)(x+b)$

(5) $acx^2 + (ad+bc)x + bd = (ax+b)(cx+d)$

(6) $a^3 + 3a^2b + 3ab^2 + b^3 = (a+b)^3$

$$a^3 - 3a^2b + 3ab^2 - b^3 = (a-b)^3$$

(7) $a^3 + b^3 = (a+b)(a^2 - ab + b^2)$

$\quad\;\; a^3 - b^3 = (a-b)(a^2 + ab + b^2)$

(8) $a^2 + b^2 + c^2 + 2ab + 2bc + 2ca = (a+b+c)^2$

(9) $a^4 + a^2b^2 + b^4 = (a^2 + ab + b^2)(a^2 - ab + b^2)$

공식이 너무 많아 외우기 힘들다고요? 곱셈공식과 인수분해공식은 본질적으로 같은 것입니다. 다항식의 곱셈을 많이 연습하면 자연스럽게 인수분해가 익혀질 것입니다. 부지런히 훈련하기 바랍니다. 이제 인수분해공식을 이용하여 문제를 풀어볼게요. 앞에서 제시했던 대학수학능력시험 문제입니다.

예제 $\dfrac{1004^3 + 1}{1004^2 - 1004 + 1}$ 의 값은?

풀이 이 문제는 1004를 거듭제곱하여 값을 찾는 것보다 인수분해를 이용하여 풀면 쉽게 해결할 수 있습니다.

$1004^3 + 1 = 1004^3 + 1^3$이므로 인수분해공식 (7)을 활용하면

$1004^3 + 1 = (1004 + 1)(1004^2 - 1004 + 1)$입니다. 따라서

$\dfrac{1004^3 + 1}{1004^2 - 1004 + 1} = \dfrac{(1004 + 1)(1004^2 - 1004 + 1)}{1004^2 - 1004 + 1} = 1004 + 1 = 1005$가

되는 것입니다.

어떻습니까? 인수분해는 이와 같이 복잡한 식의 계산을 편리하게 해주는데요, 이때 인수분해공식이 아주 중요하게 쓰이니 여러분도 잘 기억해두길 바랍니다.

인수분해공식 (4)와 (5)는 사실 같은 것입니다. (4)의 공식은 (5)에서 $ac = 1$인 경우에 해당하는 것이지요. 인수분해공식 (5)를 활용하여 인수분해하는 예를 들어보겠습니다. 다항식 $6x^2 + 7x + 2$를 인수분해하여 풀어봅시다. 인수분해공식 (1)~(4)에 있는 다항식의 꼴에 해당되지 않으니 (5)번 공식의 꼴이라 생각해볼까요? 즉, $6x^2 + 7x + 2 = acx^2 + (ad + bc)x + bd$입니다. 그러면 항등식의 개념을 이용하여 x에 관한 각 차수의 계수는 모두 같아야 하므로 $ac = 6$, $ad + bc = 7$, $bd = 2$인 a, b, c, d를 찾을 수 있다면 인수분해가 가능한 것입니다. 이 과정은 다음과 같은 방법으로 찾습니다.

$$6x^2 + 7x + 2 = acx^2 + (ad + bc)x + bd$$

$$
\begin{array}{ccccc}
2 & \searrow & 1 & \longrightarrow & 3 \\
3 & \nearrow & 2 & \longrightarrow & 4 \\
& & & & \overline{} \\
& & & & 3 + 4 = 7
\end{array}
$$

즉, $a = 2$, $b = 1$, $c = 3$, $d = 2$인 것을 확인했고 인수분해공식 (5)에 의하여 $6x^2 + 7x + 2 = (2x + 1)(3x + 2)$로 인수분해되는 것입니다. 계수가 정수

인 일반적인 다항식의 인수분해는 대개 위와 같은 형태로 인수분해할 수 있습니다. 하지만 위의 다항식과 비슷한 $6x^2 + 7x + 3$의 인수분해를 생각해 봅시다. 이 경우는 인수분해공식 (5)에 해당하는 a, b, c, d를 찾기 어렵지요? 이런 경우는 이차방정식의 근의 공식을 이용하여 인수분해를 해야 합니다. 이 경우 인수분해된 다항식의 인수들의 계수는 정수가 아닙니다(이에 대한 구체적인 해결방법은 '이차방정식의 풀이(300쪽)'에서 공부할 것입니다).

◎ 인수정리를 이용하여 인수분해하기

인수정리에 대해서 앞에서 배웠지요? 다항식 $f(x)$에 대해서 $f(a) = 0$이 성립한다면 $f(x)$는 $x - a$를 인수로 갖는다는 것입니다. 이것은 **주로 고차다항식의 인수분해에 자주 사용**됩니다. 또한 조립제법과 함께 사용하기도 하지요. 예를 들어보겠습니다. 다항식 $f(x) = x^3 + x^2 - 5x + 3$을 생각해봅시다. $f(1) = 1 + 1 - 5 + 3 = 0$이지요? 그렇다면 $f(x)$는 $x - 1$로 나누어떨어지는 것입니다. 즉, $x - 1$을 인수로 갖는 것입니다. 그러면 $f(x)$를 $x - 1$로 나누면 되겠지요? 이때 조립제법을 이용하면 되겠습니다.

$$
\begin{array}{r|rrrr}
 & 1 & 1 & -5 & 3 \\
 & & + & + & + \\
1 & \downarrow & 1 & 2 & -3 \\
\hline
 & 1 & 2 & -3 & \boxed{0} \\
\end{array}
$$

따라서 $x^3 + x^2 - 5x + 3 = (x - 1)(x^2 + 2x - 3)$이 됩니다. 그런데 $x^2 + 2x - 3 = (x - 1)(x + 3)$임을 인수분해공식으로 쉽게 해결할 수 있으니 $x^3 + x^2 - 5x + 3 = (x - 1)^2(x + 3)$과 같이 인수분해가 되는 것입니다. $x^2 + 2x - 3$을

인수분해하는 과정을 조립제법을 이용하여 한꺼번에 써보면 다음과 같습니다.

		1	1	−5	3
			+	+	+
1		↓	1	2	−3
		1	2	−3	0
			+	+	
1		↓	1	3	
		1	3	0	

조립제법을 이용하니까 간단하게 인수분해가 되는 것을 확인할 수 있지요? 그런데 어떻게 $f(a) = 0$이 되는 a를 쉽게 찾을 수 있을까요? **항상 그런 것은 아니지만 $f(a) = 0$이 되는 a의 값이 존재한다면 이는 상수항의 약수이거나 혹은 최고차항의 계수의 약수를 분모로 하고 상수항의 약수를 분자로 하는 분수 중 하나입니다.** 그 이유는 다음과 같습니다.

다항식 $ax^3 + bx^2 + cx + d$가 인수분해되어 $ax^3 + bx^2 + cx + d = a(x − \alpha)(x − \beta)(x − \gamma)$라고 해보겠습니다. (다항식을 인수분해하더라도 전개하면 다시 원래의 다항식이 나와야 하니 최고차항의 계수는 그대로일 것입니다.) 그러면 다시 $a(x − \alpha)(x − \beta)(x − \gamma)$을 전개하면 다항식 $ax^3 + bx^2 + cx + d$가 되어야 하는데 이때 $a(x − \alpha)(x − \beta)(x − \gamma)$를 전개한 식의 상수항은 $a\alpha\beta\gamma$입니다. 이 값은 원래 주어진 다항식의 상수항 d와 같아야 합니다. 즉, $a\alpha\beta\gamma = d$가 성립해야 합니다. 따라서 $\alpha\beta\gamma = \dfrac{d}{a}$이고 α, β, γ는 $\dfrac{d}{a}$의 약수임을 말하는 것입니다. 이것은 주어진 다항식이 4차 이상의 다항식에서도 똑같은 이유로 성립합니다. 또한 주어진 다항식의 계수의 합이 0이 된다면 이것은 x의 값에 1을 대입하여 계산한 결과와 같은 것이니 이 경우 주어진 다항식은 $x -$ 1을 인수로 갖는다는 사실을 알 수 있을 것입니다. 위의 예로 제시된 다항식 $f(x) = x^3 + x^2 - 5x + 3$에서도 모든 계수의 합은 0이 되는 사실을 확인할 수 있지요? 그래서 $f(1) = 0$이고 $x - 1$이라는 인수를 쉽게 찾을 수 있었습니다.

이제 인수분해를 이용하여 제시한 문제를 풀 수 있을 거예요. 문제는 다음과 같습니다.

예제 삼차방정식 $x^3 + x^2 - 5x + 3 = 0$의 해를 구하여라.

풀이 좌변의 다항식이 $x^3 + x^2 - 5x + 3 = (x - 1)^2(x + 3)$와 같이 인수분해되니 결국 주어진 방정식은 $(x - 1)^2(x + 3) = 0$의 해를 찾는 것입니다. 따라서 이 방정식의 해는 $x = 1$ 또는 $x = -3$입니다. 어떻습니까? 어렵게 보이는 3차방정식이 인수분해 과정을 거치면서 아주 쉽게 해결되는 과정을 알 수 있었지요? 4차 이상의 고차방정식에서도 주어진 식이 인수분해된다면 방정식의 해를 구하는 것은 그렇게 어렵지 않겠지요? 따라서 여러분들은 인수분해 방법을 철저히 알고 있어야 하겠습니다.

그렇다면 인수분해가 되지 않는 3차 이상의 고차방정식은 어떻게 풀 수

있을까요? 중세 시대에도 이와 같은 고민을 했다고 합니다. 그래서 이탈리
아의 수학자 카르다노(Girolamo Cardano, 1501~1576)[018], 타르
탈리아(Niccoló Tartaglia, 1499~1557)[019]라는 수학자는 인
수분해되지 않는 일반적인 3차, 4차 방정식의 해의
공식을 발견하기도 했지요. 이후에 사람들은 5차방
정식도 이와 같은 해법이 있을 것으로 생각하여 그
해법을 찾기 위해 노력합니다. 하지만, 앞서 말했듯
이 거의 비슷한 시기에 아벨과 갈루아라는 두 천재
수학자는 독립적으로 "5차 이상의 방정식의 일반해
는 없다"는 사실을 알게 되지요. 이에 대한 이해는 여
러분에게 너무 어려운 주제이므로 여기에서는 다루
지 않겠습니다. 수학공부를 열심히 하여 대학에서 이
에 대한 궁금증을 해결해보세요.

▲ 카르다노 Girolamo Cardano

　이러한 복잡한 식이나 큰 수에 대한 인수분해는
실생활에서 어떻게 활용되고 있을까요? 앞서 이야
기한 복잡한 식의 계산을 손쉽게 해결할 수도 있지만
**가장 유용하게 활용되는 분야는 현대인의 생활에서 너
무도 중요한 개인정보 보호와 같은 '암호학'입니다.** 현

▲ 타르탈리아 Niccoló Tartaglia

018　이탈리아 르네상스 시대의 수학자·의사·철학자. 3차 및 4차 방정식의 이론을 개척하였으며, 철학자
　　로서는 물활론적 자연관에 의한 인식론을 주장했다. 저서에 『대수(代數) 방정식론』 등이 있다.
019　이탈리아의 수학자. 독학으로 수학을 공부하여 최초로 삼차방정식의 일반적 해법을 발견하였다.
　　저서에 『수(數)와 계측에 대한 일반론』 등이 있다.

대의 암호는 '공개키 암호' 방식을 사용하는데 이것은 어떠한 메시지를 암호화할 때 아주 큰 수의 소인수분해를 필요로 하도록 암호체계를 만드는 것입니다. 아주 큰 수는 그 수가 소수인지 아닌지 판단하기도 어려울 뿐만 아니라 그 수의 소인수를 찾는 것은 더더욱 어려운 일이니 거의 암호 해독이 어렵게 되는 것입니다. 이런 방식은 신용카드, 은행의 전산 업무, 이메일의 암호, 기업이나 국가적인 안보를 요구하는 일에 많이 활용되고 있습니다. 하지만 '공개키 암호' 방식은 해독하는 데 오랜 시간이 걸린다는 것이지 해결하지 못한다는 것이 아니라고 합니다. 누군가 소수를 쉽게 찾아내는 알고리즘(algorism)[020]을 개발한다면 이러한 암호 체계는 다시 무용지물이 될 것입니다. 그렇다면 사람들은 또 다른 암호체계를 만들어내야겠지요? 여러분이 공부를 열심히 하여 아주 큰 수의 소수를 판단하는 알고리즘을 만들던가 아니면 이론적으로 해독이 불가능한 암호 체계를 만든다면 여러분은 아마 부와 명예를 동시에 얻게 될 것입니다. 그런 훌륭한 수학자가 이 책을 읽은 여러분 가운데서 나오기를 기대하겠습니다.

이번 단원에서 선생님은 인수분해에 대한 여러 가지 이야기를 했습니다. 다음 단원에서는 방정식에 대한 여러 가지 이야기를 살펴보겠습니다. 방정식의 풀이는 인수분해와 깊은 연관이 있으니 이 단원의 내용을 잘 이해하고 다음 단원을 학습하시길 바랍니다.

---

[020] 어떤 문제의 해결을 위하여, 입력된 자료를 토대로 하여 원하는 출력을 유도하여 내는 규칙의 집합. 여러 단계의 유한 집합으로 구성되는데, 각 단계는 하나 또는 그 이상의 연산을 필요로 한다.

1. 다항식의 덧셈과 뺄셈

연산하고자 하는 두 다항식의 동류항끼리 계산한다. 실수의 사칙연산
과 같이 괄호의 계산을 먼저 한다. 뺄셈의 경우, 부호에 유념하여 계산
한다.

2. 곱셈공식(1)

(1) $(a+b)^2 = a^2 + 2ab + b^2$

(2) $(a-b)^2 = a^2 - 2ab + b^2$

(3) $(a+b)(a-b) = a^2 - b^2$

(4) $(x+a)(x+b) = x^2 + (a+b)x + ab$

(5) $(ax+b)(cx+d) = acx^2 + (ad+bc)x + bd$

3. 지수법칙(1)

실수 a, b와 자연수 m, n에 대하여,

(1) $a^m \times a^n = a^{m+n}$

(2) $(a^m)^n = a^{mn}$

(3) $(ab)^n = a^n b^n$

(4) $\left(\dfrac{b}{a}\right)^n = \dfrac{b^n}{a^n}$ (단, $a \neq 0$)

(5) $a^m \div a^n = \dfrac{a^m}{a^n}\begin{cases} a^{m-n} \ (m > n) \\ 1 \ (m = n) \\ \dfrac{1}{a^{n-m}} \ (m < n) \end{cases}$ (단, $a \neq 0$)

4. 곱셈공식(2)

(1) $(a+b)^3 = a^3 + 3a^2b + 3ab^2 + b^3,\ (a-b)^3 = a^3 - 3a^2b + 3ab^2 - b^3$

(2) $(a+b)(a^2 - ab + b^2) = a^3 + b^3,\ (a-b)(a^2 + ab + b^2) = a^3 - b^3$

(3) $(a+b+c)^2 = a^2 + b^2 + c^2 + 2ab + 2bc + 2ca$

(4) $(a^2 + ab + b^2)(a^2 - ab + b^2) = a^4 + a^2b^2 + b^4$

5. 나머지 정리

다항식 $f(x)$를 일차식 $ax + b$(a, b는 상수)로 나누었을 때 나머지는 $f\left(-\dfrac{b}{a}\right)$ 이다.

6. 인수정리

다항식 $f(x)$가 일차식 $x - a$로 나누어떨어지기 위한 필요충분조건은 $f(a) = 0$ 이다.

7. 인수분해공식

(1) $a^2 + 2ab + b^2 = (a + b)^2$

(2) $a^2 - 2ab + b^2 = (a - b)^2$

(3) $a^2 - b^2 = (a + b)(a - b)$

(4) $x^2 + (a+b)x + ab = (x+a)(x+b)$

(5) $acx^2 + (ad+bc)x + bd = (ax+b)(cx+d)$

(6) $a^3 + 3a^2b + 3ab^2 + b^3 = (a+b)^3$

$\quad a^3 - 3a^2b + 3ab^2 - b^3 = (a-b)^3$

(7) $a^3 + b^3 = (a+b)(a^2 - ab + b^2)$

$\quad a^3 - b^3 = (a-b)(a^2 + ab + b^2)$

(8) $a^2 + b^2 + c^2 + 2ab + 2bc + 2ca = (a+b+c)^2$

(9) $a^4 + a^2b^2 + b^4 = (a^2 + ab + b^2)(a^2 - ab + b^2)$

❶ 이차식 $x^2 - 6x + 9$를 인수분해하여라.

풀이 $x^2 - 6x + 9 = x^2 - 2 \times 3 \times x + 3^2 = (x - 3)^2$

❷ 다음 나눗셈에서 몫과 나머지를 구하여라.

$(x^2 - 4x + 2) \div (x - 2)$

풀이

$$
\begin{array}{r}
x - 2 \longleftarrow \text{몫} \\
x - 2 \overline{\smash{\big)}\, x^2 - 4x + 2} \\
\underline{x^2 - 2x } \\
-2x + 2 \\
\underline{-2x + 4} \\
-2 \quad \longleftarrow \text{나머지}
\end{array}
$$

∴ 몫 : $x - 2$, 나머지 : -2

❸ 다항식 $f(x) = 2x^3 - x^2 + 3x + k$가 $x - 1$로 나누어 떨어지도록 상수 k의 값을 정하여라.

풀이 $f(x) = (x - 1)Q(x)$ 의 꼴이어야 하므로
$$f(1) = 0$$

$$2 - 1 + 3 + k = 0 \quad \therefore \ k = -4$$

❹ $(x + y)(x + y - 2) - 15$를 인수분해하여라.

풀이 $x + y = A$라 하면

$(x + y)(x + y - 2) - 15 = A(A - 2) - 15 = A^2 - 2A - 15$

$= (A - 5)(A + 3) = (x + y - 5)(x + y + 3)$

❺ x에 관한 이차식 $x^2 + 9x + k$가 $(x + a)(x + b)$로 인수분해 될 때, k의 최댓값을 구하여라. (단, a, b는 정수)

풀이 $x^2 + 9x + k$와 $(x + a)(x + b)$는 같으므로 $a + b = 9$, $ab = k$

a, b는 정수이므로 $(x + 1)(x + 8)$, $(x + 2)(x + 7)$, $(x + 3)(x + 6)$, $(x + 4)$
$(x + 5)$로 인수분해된다. 이때, k의 값은 8, 14, 18, 20이다. 따라서, k의
최댓값은 20

❻ 다항식 $f(x)$를 $x - 2$로 나눌 때의 나머지가 3이다. 이때, $xf(x)$를 $x - 2$로
나눈 나머지를 구하여라.

풀이 $f(x)$를 $x - 2$로 나눌 때의 나머지가 3이므로 나머지정리에 의
하여 $f(2) = 3$

$g(x) = xf(x)$라고 하면 $g(x)$를 $x - 2$로 나눈 나머지는 $g(2) = 2f(2) = 2 \times$
$3 = 6$

정답 1. 풀이참고   2. 몫 : $x - 2$, 나머지 : -2 3. -4
     4. 풀이참고   5. 20   6. 6

피타고라스의
정리

 **Intro**

그리스의 사모스 섬에 한 수학자가 있었습니다. 그는 수학자이기도 하지만 철학자로서 자신의 종교철학을 전파하는 데도 힘을 기울였지요. 그는 영혼의 윤회를 믿었습니다. 그래서 인간이 죽음으로 끝나는 것이 아니라 다시 다른 동물로 태어난다고 주장했지요. 그리고 "콩은 가장 신성한 물건이므로 절대 먹으면 안 된다"라든지 "빵을 덩어리째로 뜯어 먹지 말라"와 같은 이해하기 어려운 교리도 강조했어요. 이 이상한 수학자가 누구일까요? 바

▲ 사모스섬

로 여러분이 잘 알고 있는 피타고라스입니다.

피타고라스에 얽힌 일화 가운데 한 가지를 소개할게요. 어느 날, 피타고라스는 대장간 앞을 지나가다가 쇠를 두드리는 여러 종류의 망치소리를 들었습니다. 그 소리를 듣고 아이디어가 떠오른 그는 현을 이용한 몇 번의 실험을 거쳐서 현의 길이와 그 현이 내는 음의 높이 사이의 관계가 조화수열 [021]임을 발견했어요. 즉, 현의 길이를 두 배로 했더니 음의 높이가 한 옥타브 낮아진다는 것을 알게 된 것이지요. 그 후 20세가 된 피타고라스는 밀레토스로 가서 탈레스를 만나게 되고 탈레스의 권고대로 이집트로 가지만 그때까지는 수학에 대해서 별로 흥미를 느끼지 못했다고 합니다.

▲ 직각삼각형 모양의 조형물과 함께 있는 피타고라스

---

[021] 조화수열(harmonic progression): 그 역수로 이루어진 수열이 등차수열이 되는 수열로서 다음과 같은 형태의 수열을 말한다.

$$\frac{1}{a},\ \frac{1}{a+d},\ \frac{1}{a+2d},\ \frac{1}{a+3d}\ \cdots$$

이때, 등차수열이란 연속하는 두 수의 차이가 일정한 수열로서 예를 들면 다음과 같다.

$$1,\ 2,\ 3,\ \cdots,\ n,\ \cdots$$

과 같은 수열이다. 따라서 다음의 수열 $\{a_n\}$은 조화수열이다.

$$\{a_n\} = 1,\ \frac{1}{2},\ \frac{1}{3},\ \frac{1}{4},\ \cdots,\ \frac{1}{n},\ \cdots$$

피타고라스 종교 결사의 규칙

- 콩을 멀리할 것
- 떨어진 것을 줍지 말 것
- 흰 수탉을 만지지 말 것
- 빵을 쪼개지 말 것
- 빗장을 넣지 말 것
- 철로 물을 젓지 말 것
- 한 덩어리 빵을 전부 다 먹지 말 것
- 화환의 꽃을 뜯지 말 것
- 말 위에 앉지 말 것
- 심장을 먹지 말 것
- 공로를 다니지 말 것
- 제비로 하여금 사람의 지붕을 나누어 쓰지 못하게 할 것
- 냄비를 불에서 꺼냈을 때, 재 속에 냄비 자리를 남겨 두지 말고 그 자리를 저어서 없앨 것
- 불빛 곁에서 거울을 보지 말 것
- 침상에서 일어날 때는 침구를 말고, 주름을 펴 잠자리의 흔적을 남기지 말 것

피타고라스는 자신의 추종자들과 학파를 구성하여 활동했습니다. 이 학파를 '피타고라스학파'라고 하는데요, 규율이 매우 엄격했다고 합니다. 그런데 이들은 약간의 종교적 특성을 가지고 있었다고 해요. 후세 사람들 가운데는 그 원인을 "피타고라스의 삼촌이 열여덟 살 된 피타고라스를 사모스 섬 근처 레스보스 섬에 사는 철학자 페레시데스에게 보내어 종교철학을 배우게 한 탓"이라고 여기는 사람도 있어요. 피타고라스 종교의 교리는 두 가지로 간추려지는데요, 하나는 영혼의 윤회를 믿는 것이고, 다른 하나는 콩 먹는 것을 죄악시하는 것이었다고 합니다. 윤회설을 믿는 것이야 그

렇다 쳐도 대체 왜 "콩을 먹지 말라"고 했을까요? 여기엔 여러 가지 설이 있는데요, 그중 하나는 콩을 셈하는 도구로 사용했기 때문이라는 것입니다. 여러분도 재미 삼아 하나씩 찾아보기 바랍니다.

어떤 사람들은 '피타고라스의 정리'를 두고 "피타고라스 혼자 발견한 것이 아닐지도 모른다"고 이야기합니다. 왜냐하면, 피타고라스학파의 규칙 중에는 "학파 내에서 발견한 모든 사실은 피타고라스의 이름으로 발표해야 한다"는 규정이 있었기 때문입니다. 사실 피타고라스의 정리라는 이름이 붙여지기 이전부터 이와 관련된 내용의 기록이 전해져왔다고 합니다. 예를 들어 고대 이집트에서는 끈에 일정하게 12개의 매듭을 만들어 끈의 길이의 비가 3 : 4 : 5가 되도록 삼각형을 만들어서 직각이 되는 것을 확인했다고 해요. 한편, 메소포타미아 유적에서 나온 플림프톤322(Plimpton322)[022]에서는 설형문자로 된 '피타고라스의 세 수'가 발견되었습니다. '119, 120, 169'와 '4601, 4800, 6649' 그리고 '12709, 13500, 18541' 등 15개의 직각삼각형을 만족하는 세 변의 길이가

▲ 플림프톤 322

022 바빌로니아의 점토판으로 기원전 1900에서 기원전 1600년 사이로 연대가 추정된다. 미국 콜롬비아 대학 플림프톤 소장품 목록번호 중 322번이기 때문에 이런 이름이 붙었다. 이라크 남쪽 센케레 유적지에서 발견된 것으로 크기는 가로 13cm, 세로 9cm, 높이 2cm이다. 당시 사람들은 이 점토판을 계산할 때 사용한 것으로 추측하고 있다.

점토판에 표기되어 있었지요. 이것으로 당시 사람들이 피타고라스의 정리를 알고 있었던 것으로 추측할 수 있습니다. 따라서 피타고라스의 정리란 새로 발견된 것이 아니라 피타고라스학파가 기존의 것을 논리적으로 증명했기 때문에 붙은 이름이라는 설이 유력합니다.

이 장에서는 피타고라스의 정리가 무엇인지 알아본 다음, 이를 증명해 볼 것입니다. 또한 이 정리를 수학적으로 어떻게 활용할 수 있는지도 살펴보겠습니다.

피타고라스의 정리란? —————

오른쪽 사진은 국보 제31호인 첨성대(瞻星臺)입니다. 신라시대 국립 관상대라 할 수 있는 첨성대는 신라 27대 선덕여왕(632~646)대에 만들어졌어요. 첨성대의 기단이 정사각형이고 몸체는 원으로 되어 있는 사실은 옛날 사람들이 천원지방(天圓地方) 즉, 하늘은 둥글고 땅은 네모나다는 생각을 가지고 있었기 때문이지요. 그런데 여러분, 우리나라의 첨성대에 피타고라스의 수가 사용되었다는 사실을 알고 있나요?

첨성대의 천장석 대각선의 길이, 기단석 대각선의 길이, 첨성대의 높이의 비는 3 : 4 : 5로 **피타고라스 수**★인 3 : 4 : 5가 이용된 것입니다. 어떻게 이런 일이? 글쎄요, 궁금증을 잠시 접어두고 다음 사진을 봅시다.

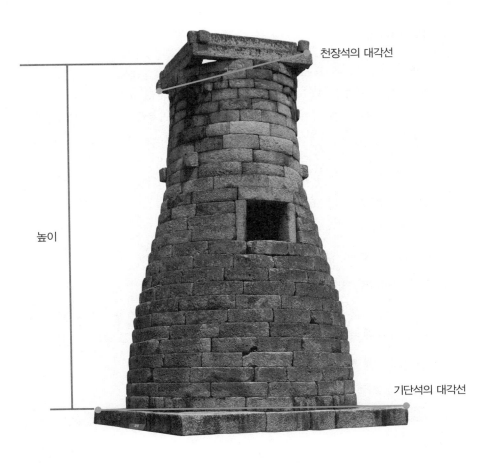

천장석의 대각선

높이

기단석의 대각선

위에서 보았을 때,

천장석의
대각선의 길이 = 3

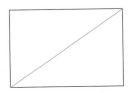

기단석의
대각선의 길이 = 4

첨성대의 높이 = 5

피타고라스 수(Pythagoras 數, pythagorean triple) 피타고라스의 정리 $a^2 +$ $b^2 = c^2$을 만족하는 세 자연수 쌍(a, b, c)을 말한다. $(3, 4, 5)$는 가장 잘 알려진 피타고라스 수이다. (a, b, c)가 피타고라스 수라면 임의의 자연수 k에 대해 (ka, kb, kc) 역시 피타고라스 수가 된다. a, b, c 세 수가 서로소 인 피타고라스 수를 '원시 피타고라스 수'라고 한다. c가 100보다 작은 원 시 피타고라스 수는 모두 16쌍이 있다.

$(3, 4, 5)$ $(11, 60, 61)$ $(16, 63, 65)$ $(33, 56, 65)$

$(5, 12, 13)$ $(13, 84, 85)$ $(20, 21, 29)$ $(39, 80, 89)$

$(7, 24, 25)$ $(8, 15, 17)$ $(28, 45, 53)$ $(48, 55, 73)$

$(9, 40, 41)$ $(12, 35, 37)$ $(36, 77, 85)$ $(65, 72, 97)$

특히, 임의의 홀수와 그 수를 제곱한 수를 차이가 1이 되도록 둘로 나눈 두 수, 이렇게 세 개의 수는 피타고라스 수가 된다. 예를 들어,

3의 제곱 9를 차이가 1 이 되게 둘로 나눈 4 와 5,

5의 제곱 25를 차이가 1 이 되게 둘로 나눈 12 와 13,

7의 제곱 49를 차이가 1 이 되게 둘로 나눈 24 와 25는 각각 피타고라스 수가 된다.

피타고라스의 정리 직각삼각형의 빗변의 길이의 제곱은 빗변이 아닌 나 머지 두 변의 길이의 제곱의 합과 같다.

◎ 중학교 3학년 〈피타고라스의 정리〉

▲ 경복궁 근정문

위의 사진은 조선시대에 건축된 다섯 개의 궁궐 중 첫 번째로 만들어진 경복궁입니다. 경복궁과 같이 거대한 건축물을 만들려면 지면과 수직으로 기둥을 세워야 하지요? 이때 필요한 것이 무엇일까요? 예, 맞아요. 바로 피타고라스의 정리입니다. 그렇다면 우리의 선조들은 피타고라스의 정리를 이미 알고 있었을까요? 놀랍게도 신라시대 선조들은 다음과 같은 사실을 알고 있었다고 합니다.

구를 3, 고를 4라고 할 때, 현은 5가 된다.

옛날에는 직각삼각형에서 직각을 낀 두 변 가운데 짧은 변을 '구', 긴 변을 '고', 그리고 빗변을 '현'이라고 불렀다고 합니다.

이 내용을 [그림1]과 비교해보면 위의 정리가 곧 피타고라스의 정리와 같음을 알 수 있습니다. 이 정리는 중국에서 약 3000년 전에 진자라는 사람에 의해 발견되었다고 해서 **진자의 정리**라고 부릅니다. 다른 말로는 **구고현의 정리**[023]라고도 합니다.

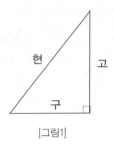

[그림1]

이제 피타고라스의 정리를 살펴봅시다. 물론 여러분이 이미 중학교 때 배운 내용이지만, 환기하는 의미에서 선생님과 함께 복습해보겠습니다. 잘 알려진 바대로 **피타고라스의 정리**란 모든 직각삼각형은 그 빗변의 길이의 제곱이 나머지 두 변의 길이의 제곱의 합과 같다는 내용입니다. 오른쪽 [그림2]를 봅시다.

023　신라시대 때 천문학 교육의 기본 교재로 『주비산경周髀算經』이란 책이 사용되었다. 『주비산경』은 조선 시대 천문학에도 매우 큰 영향을 주었는데, 제1편에 "구를 3, 고를 4라고 할 때, 현은 5가 된다"라는 말이 나온다. 이것은 바로 "밑변이 3, 높이가 4인 직각삼각형의 빗변의 길이는 5가 된다"는 피타고라스의 정리와 같다.

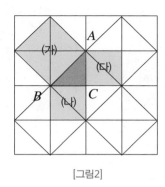

[그림2]

　그림은 가운데 직각이등변삼각형 *ABC*와 그 직각이등변삼각형 *ABC* 의 변을 각각 한 변으로 하는 정사각형 (가), (나), (다)로 이루어져 있습 니다. 여기서 직각이등변삼각형 *ABC* 넓이를 1이라 합시다. 그러면 정사각 형 (가)의 넓이는 $\overline{AB}$를 한 변의 길이로 하는 정사각형의 넓이이므로 4개 의 직각이등변삼각형의 넓이와 같습니다. 따라서 그 넓이는 4이지요. 같은 방법으로 정사각형 (나)의 넓이는 $\overline{BC}$를 한 변으로 하는 정사각형의 넓이 가 되어 2개의 직각이등변삼각형의 넓이와 같습니다. 같은 방법으로 정사 각형 (다)의 넓이는 $\overline{AC}$를 한 변으로 하는 정사각형의 넓이가 되어 2개의 직각이등변삼각형의 넓이와 같습니다. 따라서 (빗변의 길이)^2 = (한 변의 길 이)^2 + (다른 한 변의 길이)^{2}이 성립하는 것입니다. 우리는 이러한 성질을 다음 그림을 통해서도 쉽게 알 수 있답니다.

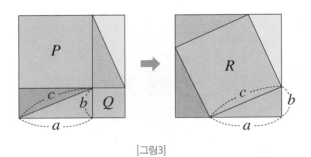

[그림3]

[그림3]의 왼쪽 정사각형 안에 있는 네 개의 합동인 직각삼각형을 오른쪽 그림과 같이 놓이도록 재배열합니다. 사각형 P, Q, R은 모두 정사각형이므로 P의 넓이는 a^2, Q의 넓이는 b^2, R의 넓이는 c^2이지요. 이때, P와 Q의 넓이의 합은 R과 같으므로 $a^2 + b^2 = c^2$이라는 관계식이 성립합니다. 즉, **직각삼각형에서 빗변의 길이의 제곱은 직각을 낀 두 변의 길이의 제곱의 합과 같음**을 추측할 수 있습니다. 피타고라스는 이러한 성질이 모든 직각삼각형에서 성립한다는 사실을 발견했습니다.

피타고라스의 정리

모든 직각삼각형은 그 빗변의 길이의 제곱이 나머지 두 변의 길이의 제곱의 합과 같다. 아래 직각삼각형의 세 변을 각각 a, b, c라고 할 때 다음과 같은 식이 성립한다.

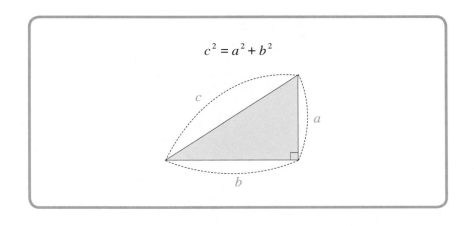

$$c^2 = a^2 + b^2$$

피타고라스의 정리 증명 방법 ─────────

이제 선생님과 함께 피타고라스의 정리를 증명하는 방법을 몇 가지 알아 보겠습니다. 피타고라스의 정리를 증명하는 방법은 현재까지 알려진 것만 해도 300가지가 넘는대요. 어쩌면 여러분 중 누군가도 피타고라스의 정리를 남다르게 증명해낼 수 있을지 몰라요. 우리가 함께 살펴볼 첫 번째 방법은 **고대 그리스의 수학자 유클리드가 증명한 방법**인데요, 많은 교과서에 소개되고 있는 내용입니다.

▲ 라파엘로의 〈아테네 학당〉(부분). 유클리드가 컴퍼스를 잡고 있다.

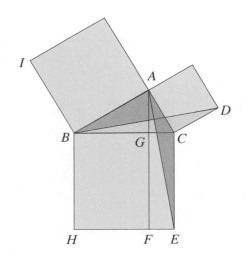

$\triangle CAE$와 $\triangle CDB$의 넓이는 같으므로 $\frac{1}{2}(\overline{CE} \times \overline{FE}) = \frac{1}{2}(\overline{CD} \times \overline{AC})$

따라서 직사각형 $GFEC$의 넓이는 $\overline{AC}^2$ ………… ①

$\triangle BCI$와 $\triangle BHA$의 넓이는 같으므로 $\frac{1}{2}(\overline{BI} \times \overline{AB}) = \frac{1}{2}(\overline{BH} \times \overline{FH})$

따라서 직사각형 $BHFG$의 넓이는 $\overline{AB}^2$ ………… ②

①과 ②에 의해서 정사각형 $BHFC$의 넓이는 $\overline{AC}^2 + \overline{AB}^2$

그러므로 $\overline{BC}^2 = \overline{AC}^2 + \overline{AB}^2$

두 번째 방법은 미국의 20대 대통령 **가필드** (**James Abram Garfield, 1831~1881**)[024]의 증명입니다. 그는 1876년 상원의원 시절에 아래 그림과 같은 사다리꼴을 이용하여 피타고라스의 정리를 설명했습니다. 수학을 잘하는 대통령이라니, 참으로 놀랍지 않나요?

▲ 가필드 James Abram Garfield

▲ 저격당하는 가필드

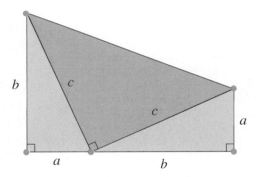

　먼저 세 변의 길이가 각각 a, b, c인 직각삼각형을 위 그림과 같이 놓고 사다리꼴이 되도록 꼭짓점을 연결하여 선분을 그리면 사다리꼴의 넓이는

024　공화당 소속으로 1881년 취임한 후 4개월 만에 암살당했다. 가필드의 당선을 위해 선거활동을 열심히 했던 변호사 기토(Charles Julius Guiteau)는 그 보상으로 외교관의 자리를 요구했지만 거절당하자 이에 앙심을 품고 가필드를 저격한 것으로 알려졌다.

$\frac{1}{2}(a+b)^2$입니다. 그런데 이 사다리꼴의 넓이는 직각삼각형 두 개에 주황색 직각이등변삼각형을 더한 것과 같습니다. 직각이등변삼각형의 밑변과 높이는 각각 c이므로 넓이는 $\frac{1}{2}c^2$이고, 직각삼각형의 넓이는 $\frac{1}{2}ab$이므로 등식을 세워보면 $\frac{1}{2}c^2 + 2 \times \frac{1}{2}ab = \frac{1}{2}(a+b)^2$이고, 좌변과 우변에 2를 곱한 후 전개하면 피타고라스 정리인 $a^2 + b^2 = c^2$가 됩니다.

세 번째 방법은 인도의 유명한 수학자 **바스카라**(Bhaskara, 1114~1184)[025]의 **증명**입니다. 그는 다음과 같은 그림을 그려놓고 "Behold(봐라)"라고만 써놓았다고 해요. 여러분도 이 그림을 보고 피타고라스의 정리를 증명해보세요.

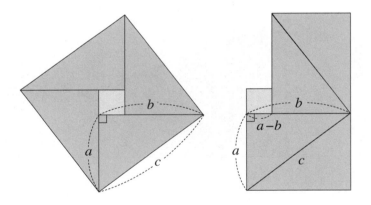

---

025 12세기를 주도한 인도의 수학자. 처음으로 10진법을 완전하고 체계적으로 사용했다. 근대 대수학에서와 같이 미지의 값을 나타내기 위해 문자를 빌려 썼고, 1·2차 부정방정식을 풀었다. 또한 2차 방정식을 단일한 형태로 바꾸어 풀었고, 384변의 정다각형까지 조사해 π=3.141666이라는 훌륭한 근삿값을 얻기도 했다.(출처: 한국 브리태니커 온라인 <http://preview.britannica.co.kr/bol/topic.asp?article_id=b08b2980a>)

증명이 잘 되던가요? 이제 선생님과 함께 생각해봅시다. 왼쪽 도형은 한 변의 길이가 c인 정사각형이므로 넓이는 c^2입니다. 오른쪽 도형은 한 변이 $a - b$인 정사각형 1개와 두 변이 a, b인 직사각형 2개 이므로 넓이는 $(a - b)^2 + ab + ab$입니다. 그러므로 $c^2 = (a - b)^2 + ab + ab$에서 $c^2 = a^2 + b^2$이지요.

피타고라스 정리의 활용

이번에는 피타고라스의 정리가 어떻게 활용되는지 살펴봅시다. 여러분, 간단한 퀴즈 한번 풀어보실래요?

> **예제** 가로의 길이가 $1m$, 세로의 길이가 $2.4m$인 직사각형 모양의 출입문이 있습니다. 이 출입문을 통과할 수 있는 정사각형 모양의 액자의 최대 크기는 얼마일까요?
>
> **풀이** 세로의 길이가 $2.4m$이니 그 정도 크기의 액자만 통과할 수 있는 것처럼 보이나요? 당연히 아니지요. 조금만 기울인다면 좀 더 큰 액자도 통과할 수 있을 것입니다. 그렇다면 그 최대 크기는 얼마일까요?

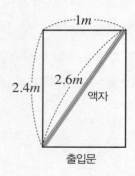

피타고라스의 정리를 이용하면 쉽게 계산할 수 있어요. 여러분은 피타고라스의 수 3, 4, 5를 잘 알고 있죠? 또한, $5^2 + 12^2 = 13^2$가 성립하기 때문에 5, 12, 13도 피타고라스의 수입니다. 따라서 10, 24, 26도 피타고라스의 수가 되고, 1, 2.4, 2.6도 피타고라스의 수가 되므로 정사각형 액자의 최대 크기는 한 변의 길이가 2.6m가 되겠지요.

피타고라스의 정리를 이용하면 여러 가지 수학적 사실을 증명하거나 이해하는데 도움이 된답니다. 이제부터 선생님과 함께 몇 가지 예를 살펴봅시다.

◎ 직사각형의 대각선의 길이를 구하기

직사각형에서 대각선을 그으면 두 개의 직각삼각형으로 나눠지고, 대각선은 직각삼각형의 빗변이 됩니다. (빗변의 길이) = (대각선의 길이)이므로 피타고라스의 정리를 이용하면 바로 구할 수 있답니다.

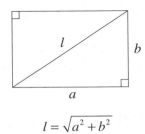 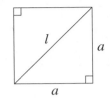

$$l = \sqrt{a^2 + b^2}$$ 　　　$$l = \sqrt{a^2 + b^2} = \sqrt{2a^2} = \sqrt{2}a$$

따라서 가로의 길이와 세로의 길이가 각각 a, b인 직사각형의 대각선의 길이는 $\sqrt{a^2+b^2}$이고, 한 변의 길이가 a인 정사각형의 대각선의 길이는 $\sqrt{a^2+a^2} = \sqrt{2}a$입니다.

◎ 삼각형의 넓이 구하기

아래 그림과 같은 한 변의 길이가 a인 정삼각형 ABC의 넓이를 구하기 위해서는 높이 h를 알아야 하겠죠?

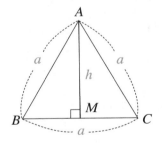

정삼각형 ABC의 한 꼭짓점 A에서 변 BC의 중점에 내린 수선의 발을 M이라 하면, 삼각형 ABM과 삼각형 ACM은 서로 합동인 직각삼각형이 됩니다. 이때, 삼각형 ABM에서 변BM의 길이가 $\frac{1}{2}a$이므로 피타고라스의 정

리에 의해 $a^2 = \left(\dfrac{1}{2}a\right)^2 + h^2$가 됩니다. 따라서 $h^2 = a^2 - \dfrac{a^2}{4} = \dfrac{3}{4}a^2$이므로 $h = \dfrac{\sqrt{3}}{2}a$입니다.

그러므로 정삼각형 ABC의 넓이 S는 $S = \dfrac{1}{2} \times a \times \dfrac{\sqrt{3}}{2}a = \dfrac{\sqrt{3}}{4}a^2$이 됩니다.

◎ 좌표평면에서 두 점 사이의 거리 구하기

먼저 수직선에서는 두 점 사이의 거리를 어떻게 구하지요? 점 $P(1)$와 점 $Q(4)$의 거리는 $|1 - 4| = |-3| = 3$입니다. 그러면 아래 그림처럼 좌표 평면 위의 두 점 $P(2, 1)$, $Q(5, 5)$사이의 거리는 어떻게 구할까요?

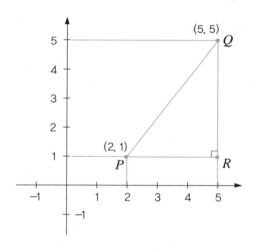

두 점 P, Q를 지나고 x축, y축과 각각 평행한 두 직선이 만나는 점을 R이라 합시다. 그러면 두 점 P, Q 사이의 거리는 직각삼각형 PQR에서 빗변 PQ의 길이와 같아집니다. 직각삼각형의 가로 길이와 세로 길이는 수직선에서 구했던 것처럼 두 좌표의 차로 구할 수 있어요. 가로의 길이는 |5 –

2| = 3, 세로의 길이는 |5 − 1| = 4이므로 두 점 사이의 거리 = 빗변의 길이 = 5가 됩니다.

이제 임의의 두 점 $P(x_1, y_1)$, $Q(x_2, y_2)$사이의 거리도 구할 수 있습니다.

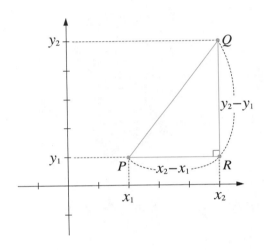

$\overline{PR}$의 길이는 $|x_2 − x_1|$, $\overline{QR}$의 길이는 $|y_2 − y_1|$이므로 두 점 $P(x_1, y_1)$, $Q(x_2, y_2)$사이의 거리는 다음과 같습니다.

$$\overline{PQ}^2 = (|x_2 − x_1|)^2 + (|y_2 − y_1|)^2$$
$$\overline{PQ} = \sqrt{(|x_2 − x_1|)^2 + (|y_2 − y_1|)^2}$$

◎직육면체의 대각선 길이 구하기

밑면의 한 변의 길이가 $10cm$인 정사각형이고 높이가 $20cm$인 직육면체 모양의 우유팩이 있습니다. 이 우유팩에 빨대가 빠지지 않으려면 빨대의 길이는 최소한 얼마 이상이어야 할까요? 단순히 생각하면 $20cm$일 것 같지만 대각선 방향으로도 빠지지 않아야 하므로 $20cm$가 아니라는 것을 쉽게 짐작할 수 있겠지요?

직육면체의 대각선의 길이는 다음과 같은 방법으로 구할 수 있습니다.

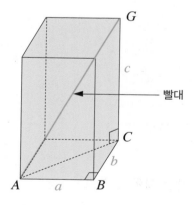

그림과 같이 세 모서리의 길이가 각각 a, b, c인 직육면체에서 삼각형

ABC와 삼각형 ACG는 모두 직각삼각형입니다. 그러므로 피타고라스의 정리에 의해 $\overline{AC}^2 = a^2 + b^2$이므로

$$\overline{AG}^2 = \overline{AC}^2 + \overline{CG}^2 = a^2 + b^2 + c^2$$입니다.

따라서 $\overline{AG} = \sqrt{a^2 + b^2 + c^2}$ 이 됩니다.

◎ 정사각뿔의 높이와 부피 구하기

고대 이집트 쿠푸 왕의 대(大)피라미드는 고대 7대 불가사의로 꼽히는 건축물 중의 하나입니다. 이 거대한 피라미드는 밑면인 정사각형의 한 변의 길이가 약 $230m$이고, 옆면의 모서리의 길이가 약 $218m$라고 합니다. 이때, 이 피라미드의 높이와 부피는 각각 얼마인지 구할 수 있을까요?

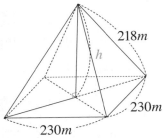

정사각뿔의 꼭짓점에서 밑면에 수선을 내리면 밑면의 대각선의 교점과 만나는데 이 점을 H라 합시다. 그러면 삼각형 OAH는 직각삼각형이 되므로 피타고라스의 정리를 이용하면 되겠지요?

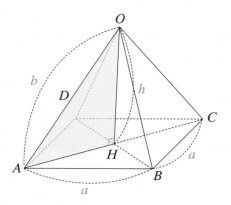

변 AH의 길이는 한 변의 길이가 a인 정사각형의 대각선의 길이의 절반이므로

$$\overline{AH} = \frac{1}{2} \times \sqrt{a^2 + a^2} = \frac{\sqrt{2}}{2} a$$

이때, $\overline{OA}^2 = \overline{AH}^2 + \overline{OH}^2$이므로 $b^2 = \frac{1}{2}a^2 + h^2$에서 $h = \sqrt{b^2 - \frac{1}{2}a^2}$

따라서 밑면의 한 변의 길이가 a이고, 옆면의 모서리의 길이가 b인 정사각뿔의 부피 V는

$$V = \frac{1}{3} \times a^2 \times \sqrt{b^2 - \frac{1}{2}a^2}$$ 입니다.

이제, 쿠푸 왕의 대(大)피라미드의 높이와 부피를 구해볼까요?

$$h = \sqrt{b^2 - \frac{1}{2}a^2} = \sqrt{218^2 - \frac{1}{2} \times 230^2} \fallingdotseq 145(m)$$

$$V = \frac{1}{3} \times a^2 \times \sqrt{b^2 - \frac{1}{2}a^2} = \frac{1}{3} \times 230^2 \times \sqrt{218^2 - \frac{1}{2} \times 230^2} \fallingdotseq 2559811(m^3)$$

피타고라스의 정리 확장 ────────

피타고라스의 정리는 반드시 직각삼각형에만 성립하는 성질입니다. 그러면 일반적인 삼각형*에서도 비슷한 성질이 있지 않을까요? 이것을 알아내기 위하여 많은 수학자들이 연구에 연구를 거듭했어요. 그중 하나가 COS 법칙이라는 것이 있답니다. 그런데 이것은 「심화편」에서 다루기로 하고, 여기서는 피타고라스 정리를 변형시켜보도록 할게요.

고대 그리스의 수학자 파푸스(Pappus, A.D. 290~350)가 발견한 피타고라스의 정리 확장판을 한 번 보시죠.

둔각삼각형 ABC의 각 꼭짓점을 지나면서 서로 평행이며, $\overline{BK}$, $\overline{AG}$, $\overline{CM}$, 의 길이가 같도록 $\overline{IK}$, $\overline{GL}$, $\overline{EM}$을 그립니다. 그리고 $\overline{AC}$의 연장선 위에 사각형 $ABJH$가 평행사변형이 되도록 점 H를 잡고, $\overline{AB}$의 연장선 위에 사각형 $ACDF$가 평행사변형이 되도록 점 F를 잡습니다. 그리고 K와 M을 연결하여 평행사변형 $BKMC$를 그립니다.

Reminder ★

내각의 크기에 따른 삼각형의 종류

예각삼각형 : 내각이 모두 예각(90˚ 보다 작은 각)인 삼각형

직각삼각형 : 세 내각 중 한 내각의 크기가 90˚인 삼각형

둔각삼각형 : 세 내각 중 한 내각의 크기가 둔각(90˚ 보다 큰 각)인 삼각형

◎ 중학교 2학년 〈도형의 성질〉

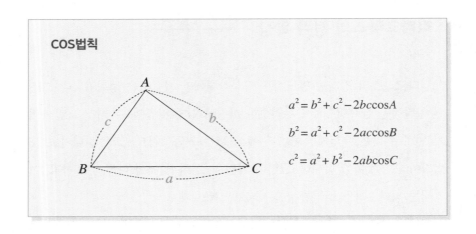

COS법칙

$$a^2 = b^2 + c^2 - 2bc\cos A$$

$$b^2 = a^2 + c^2 - 2ac\cos B$$

$$c^2 = a^2 + b^2 - 2ab\cos C$$

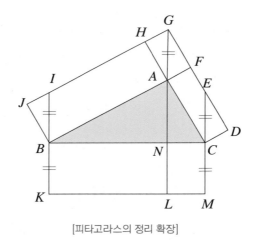

[피타고라스의 정리 확장]

그러면 평행사변형들 사이에 다음과 같은 관계식이 성립합니다.

(평행사변형 *ABJH*의 넓이) = (평행사변형 *ABIG*의 넓이) = (평행사변형 *BKLN*의 넓이)

(평행사변형 *ACDF*의 넓이) = (평행사변형 *ACEG*의 넓이) = (평행사변형 *CNLM*의 넓이)

따라서 (평행사변형 *ABJH*의 넓이) + (평행사변형 *ACDF*의 넓이) = (평행사변형 *BKMC*의 넓이)가 됩니다. 이것은 작은 두 변에 각각 만들어진 평행사변형의 넓이의 합이 가장 긴 변에 만들어진 평행사변형의 넓이와 같아진다는 뜻입니다. 그러면 평행사변형이 아니어도 성립하는지 궁금하지 않나요? 바로 살펴볼게요.

◎ 히포크라테스의 초승달

세 변의 길이가 각각 6*cm*, 8*cm*, 10*cm*인 직각삼각형의 변을 지름으로 하는 반원을 그립니다. 그러면 두 개의 작은 반원의 넓이의 합이 큰 반원의 넓이의 합과 같게 됩니다.

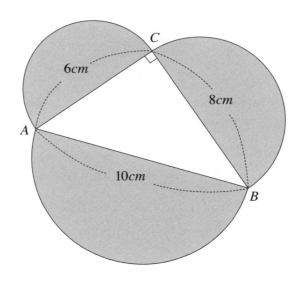

왜냐하면, 작은 반원의 넓이는 각각 $\frac{1}{2} \times \pi \times 3^2 = \frac{9}{2}\pi$, $\frac{1}{2} \times \pi \times 4^2 = 8\pi$ 이므로 넓이의 합은 $\frac{25}{2}\pi$이고, 큰 반원의 넓이는 $\frac{1}{2} \times \pi \times 5^2 = \frac{25}{2}\pi$입니다. 따라서 두 개의 작은 반원의 넓이의 합은 큰 반원의 넓이의 합과 같게 됩니다. 신기하죠? 그러면 이 도형을 조금만 변형하여 아래와 같은 도형에서 어두운 부분의 넓이와 직각삼각형의 넓이 사이에는 어떠한 관계가 있는지 살펴봅시다.

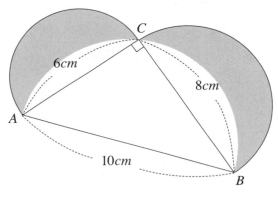

[히포크라테스의 초승달]

전체 도형의 넓이 = 왼쪽 위의 반원의 넓이 + 오른쪽 위에 있는 반원의 넓이 + 직각삼각형의 넓이
색칠한 부분의 넓이 = 전체 도형의 넓이 − 큰 반원의 넓이

이때, 큰 반원의 넓이는 두 개의 작은 반원의 넓이의 합과 같으므로

(색칠한 부분의 넓이) = (직각삼각형의 넓이)가 됩니다. 색칠한 부분이 초승달처럼 생겼지요? 그래서 도형의 이름을 **히포크라테스의 초승달**이라고 합니다.

◎ 드가의 정리(De Gua's theorem)

피타고라스의 정리는 2차원인 평면위의 직각삼각형에서 성립하는 성질인데요, 이것을 3차원인 공간으로 확장시키면 어떻게 될까요? 이것을 수학적으로 증명한 수학자는 장 폴 드 가 드 말브(Jean Paul de Gua de Malves, 1713~1785)[026]인데요, 간단히 드가(De Gua's)라고 합니다.

어떤 사면체 $ABCO$의 한 꼭짓점 O를 포함한 세 면이 점 O를 직각으로 하는 직각삼각형이라면, 면 ABC의 넓이를 $S(ABC)$라 하면 다음이 성립한다는 것입니다. 그림과 같이 직육면체의 한 모퉁이를 생각하면 쉽게 이해되죠?

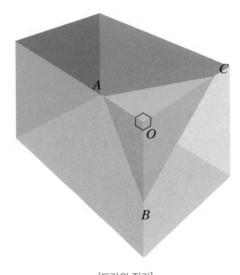

[드가의 정리]

$$S(ABC)^2 = S(ABO)^2 + S(BOC)^2 + S(AOC)^2$$

---

026 프랑스의 수학자. 일반적으로 2차원 유클리드 평면에 적용되는 피타고라스의 정리의 3차원에 대한 유사 형태인 드가의 정리를 증명했다.

그러면 드가의 정리를 증명해봅시다. 조금 복잡하긴 하지만 여러분은 충분히 이해할 수 있답니다. 그림과 같이 $\angle AOB = \angle BOC = \angle COA = 90°$ 인 사면체 $OABC$가 있습니다.

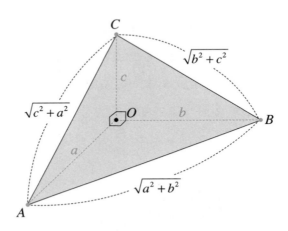

$\overline{OA} = a$, $\overline{OB} = b$, $\overline{OC} = c$라 하면,

$S(AOB)^2 + S(AOC)^2 + S(BOC)^2 = \dfrac{1}{4}(a^2b^2 + b^2c^2 + c^2a^2)$ 입니다.

그럼, $S(ABC)$을 구해봅시다.

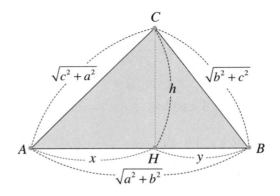

점 C에서 변 AB에 내린 수선의 발을 H라 하고 $\overline{CH} = h$, $\overline{AH} = x$, $\overline{BH} = y$라 하면, 피타고라스 정리에 의해

$$\begin{cases} h^2 = (\sqrt{c^2 + a^2})^2 - x^2 \\ h^2 = (\sqrt{b^2 + c^2})^2 - (\sqrt{a^2 + b^2} - x)^2 \end{cases} \text{ 가 성립하죠?}$$

두 식을 연립하면 $c^2 + a^2 = c^2 - a^2 + 2x\sqrt{a^2 + b^2}$에서 $x = \dfrac{a^2}{\sqrt{a^2 + b^2}}$이므로

$h^2 = c^2 + a^2 - \dfrac{a^4}{a^2 + b^2} = \dfrac{a^2 b^2 + b^2 c^2 + c^2 a^2}{a^2 + b^2}$ 입니다.

즉, $h = \dfrac{\sqrt{a^2 b^2 + b^2 c^2 + c^2 a^2}}{\sqrt{a^2 + b^2}}$

$\therefore S(ABC)^2 = \left(\dfrac{1}{2} \times \overline{AB} \times \overline{CH} \right)^2 = \left(\dfrac{1}{2}\sqrt{a^2 + b^2} \times h \right)^2 = \dfrac{1}{4}(a^2 b^2 + b^2 c^2 + c^2 a^2)$

따라서 $S(ABC)^2 = S(AOB)^2 + S(AOC)^2 + S(BOC)^2$이 성립하고, 이것은 피타고라스의 정리를 3차원으로 확장시킨 것입니다.

1. 피타고라스의 정리

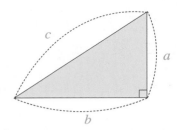

직각삼각형의 세 변의 길이를 각각 a, b, c 라 할 때 다음과 같은 식이 성립한다.

$$c^2 = a^2 + b^2$$

2. 직사각형의 대각선의 길이

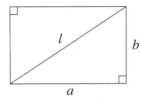

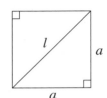

$$l = \sqrt{a^2 + b^2}$$

$$l = \sqrt{a^2 + b^2} = \sqrt{2a^2} = \sqrt{2}a$$

가로의 길이와 세로의 길이가 각각 a, b인 직사각형의 대각선의 길이는 $\sqrt{a^2 + b^2}$

한 변의 길이가 a인 정사각형의 길이는 $\sqrt{a^2 + a^2} = \sqrt{2}a$

3. 삼각형의 넓이

정삼각형 ABC의 넓이 S는

$$S = \frac{1}{2} \times a \times \frac{\sqrt{3}}{2}a = \frac{\sqrt{3}}{4}a^2$$

4. 좌표평면에서 두 점 사이의 거리

두 점 $P(x_1, y_1)$, $Q(x_2, y_2)$ 사이의 거리는

$$\overline{PQ} = \sqrt{(|x_2 - x_1|)^2 + (|y_2 - y_1|)^2}$$

5. 직육면체의 대각선의 길이

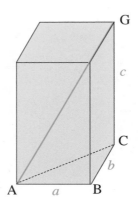

세 모서리의 길이가 각각 a, b, c인 직육면체의 대각선의 길이

$$\sqrt{a^2+b^2+c^2}$$

6. 정사각뿔의 높이와 부피

밑면의 한 변의 길이가 a이고, 옆면의 모서리의 길이가 b인 정사각뿔의 높이 h와 부피 V는

$$h = \sqrt{b^2 - \frac{1}{2}a^2} \ , \ V = \frac{1}{3} \times a^2 \times \sqrt{b^2 - \frac{1}{2}a^2}$$

특히, 모든 변의 길이가 a인 정사각뿔의 높이 h와 부피 V는

$$h = \frac{\sqrt{2}}{2}a, \ V = \frac{\sqrt{2}}{6}a^3$$

7. 드가의 정리

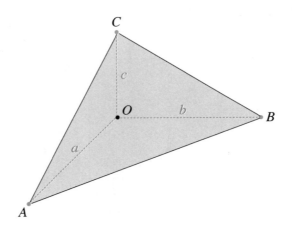

$\angle AOB = \angle BOC = \angle COA = 90°$인 사면체 $OABC$에서

$$(\triangle ABC)^2 = (\triangle OAB)^2 + (\triangle OBC)^2 + (\triangle OCA)^2$$

❶ 그림과 같이 ∠C = 90°인 직각삼각형 ABC가 있다. x의 값은?

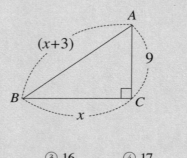

① 12   ② 14   ③ 16   ④ 17   ⑤ 18

풀이 피타고라스 정리에 의해 $(x + 3)^2 = x^2 + 9^2$ 이므로 $x = 12$이다.

❷ 그림과 같이 정사각형 ABCD에서 네 개의 직각삼각형이 서로 합동일 때, 정사각형 PQRS의 한 변의 길이는?

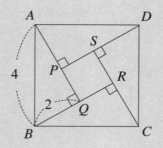

① $2(\sqrt{2}-1)$　② $2(\sqrt{3}-1)$　③ $3(\sqrt{2}-1)$　④ $3(\sqrt{3}-1)$　⑤ 3

풀이 피타고라스 정리에 의해 $\overline{AQ} = \sqrt{4^2 - 2^2} = 2\sqrt{3}$, $\overline{AP} = 2$ 이므로 $\overline{PQ} = \overline{AQ} - \overline{AP} = 2(\sqrt{3}-1)$이다.

❸ 그림과 같이 $\angle A = 90°$인 직각삼각형 ABC에서 세 변 AB, BC, BC를 각각 한 변으로 하는 정사각형을 만들었다. 다음 도형의 넓이 중 $\triangle EBC$ 의 넓이와 같지 **않은** 것은?

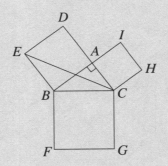

① $\triangle AEB$　② $\triangle ABF$　③ $\dfrac{1}{2}\square BFGC$　④ $\triangle ADE$　⑤ $\dfrac{1}{2}\square ABED$

풀이 ① $\overline{EB}$를 밑변으로 하고 높이가 일정하므로 평행선 성질에 의해 넓이가 같다. (④, ⑤ 도 동일)

② $\triangle ABF = \triangle EBC$($SAS$합동)이므로 넓이가 같다.

③ $\dfrac{1}{2}\square BFGC = \dfrac{1}{2}\square ADEB + \dfrac{1}{2}\square ACHI > \triangle ABE = \triangle EBC$

❹ 직사각형 $ABCD$의 변 AB위에 한 점 P가 있다. 그림과 같이 점 P에서 출발하여 변 BC와 변 AD를 거쳐 변 CD위에 있는 점 Q까지의 최단거리를 구하여라.

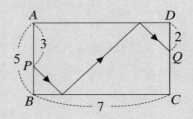

풀이

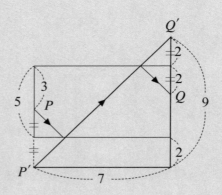

최단 거리는 점 P, Q를 각각 대칭이동한 두 점 P', Q'을 이은 선분의 길이다.

따라서 피타고라스 정리에 의해 $\overline{P'Q'} = \sqrt{7^2 + 9^2} = \sqrt{130}$

❺ 다음 그림과 같이 원점 O에서 직선 $y = \dfrac{3}{4}x + 3$에 내린 수선의 발을 H라고 할 때, $\overline{OH}$의 길이를 구하여라.

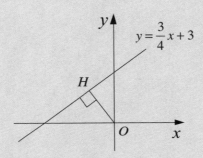

풀이

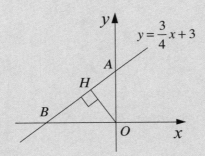

두 점 $A(0, 3)$, $B(-4, 0)$이므로 피타고라스 정리에 의해

$\overline{AB} = \sqrt{(-4-0)^2 + (0-3)^2} = \sqrt{25} = 5$이다.

$\triangle ABO = \dfrac{1}{2} \times \overline{OA} \times \overline{OB} = \dfrac{1}{2} \times \overline{AB} \times \overline{OH}$

$12 = 5\overline{OH}$

$\therefore \overline{OH} = \dfrac{12}{5}$

정답 1. ① 2. ② 3. ③ 4. $\sqrt{130}$ 5. $\dfrac{12}{5}$

4강

삼각비

Intro

여러분, 전 세계에서 가장 높은 산의 이름은 무엇일까요? 맞아요, 에베레스트 산입니다. 얼마나 높을까요? 놀라지 마세요, 무려 8,850m나 된답니다. 사실 에베레스트는 19세기 영국의 한 군인의 이름이라고 합니다. 이 사람이 인도 대륙과 히말라야 산맥의 고도를 측정한 업적을 기념하여 이 산을 에베레스트 산이라고 부르게 된 것이지요. 그런데, 높이가 8,850m인 것을 어떻게 알았을까요? 직접 줄자를 가지고 올라가서 잰 것은 아닐 텐데 말이지요. 궁금하지 않나요?

▲ 에베레스트 산

▲ 슬로프

앞에서 배운 삼각형의 성질들과 피타고라스 정리를 잘 기억하고 있다면 금방 그 비밀을 밝힐 수 있을 거예요. 그리고 그 비밀을 알게 되면 서로 떨어져 있는 두 마을의 거리, 별과 별 사이, 바다 한가운데에 떠 있는 배와 항구의 거리 등을 구할 수도 있어요. 또한, 대형 쇼핑몰 안에서 사람들이 어지러움을 느끼지 않도록 에스컬레이터의 경사를 30도 이하로 낮추기 위해서는 어떻게 해야 하는지, 안전을 위해 스키장의 슬로프를 14도 이하로 맞추기 위해서는 어떻게 해야 하는지도 다 알 수 있습니다. 이제 그 비밀을 함께 밝혀볼까요?

삼각형의 닮음 ─────────

여러분, 삼각형의 **합동**[*]조건을 기억하고 있나요? 바로 **세 변의 길이가 같은 SSS합동, 두 변과 그 끼인각이 같은 SAS합동, 한 변과 양 끝 각이 같은 ASA합동**입니다. **합동**이라는 것은 꼭 같은 것을 의미하고, **닮음**이라는 것은 가지고 있는 성질이 비슷한 것을 의미합니다. 우리 학생들이 가지고 있는 학생증의 크기는 모두 같으므로 합동입니다. 하지만, 여러분이 가지고 있는 교과서나 문제집의 경우는 크기는 같지 않지만 모양은 대개 비슷하지요?

▲ 에스컬레이터

합동과 닮음

합동 : 두 개의 도형이 크기와 모양이 같아 서로 포개었을 때에 꼭 맞는 것. 합동인 두 도형을 나타낼 때는 기호 ≡를 사용한다.

대응 : 합동하는 두 도형의 서로 포개어지는 부분. 또는 닮은꼴인 두 도형에서 확대, 축소에 의하여 포개어지는 부분.

닮음 : 수학에서 말하는 닮음(Similarity)이란 어떤 두 도형이 있을 때, 두 도형이 크기에 관계없이 모양이 같을 때를 말한다. 닮음은 두 도형의 모양과 크기가 같아야 하는 합동의 경우를 포함하며, 두 도형의 크기가 달라도 모양이 같은 경우까지 포함한다. 기호는 S자를 눕힌 ∽로 표현한다.

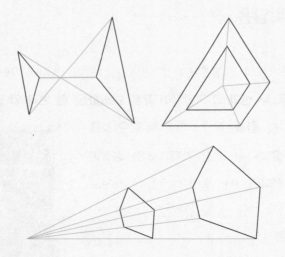

삼각형 ABC와 삼각형 DEF가 닮음일 때, 다음과 같은 기호로 표기한다
: △ABC ∽ △DEF
닮음의 조건은 다음과 같다.

SSS(변–변–변) : 세 변의 길이의 비가 서로 같으면 두 삼각형은 닮음이다.

SAS(변–각–변) : 두 변의 길이의 비와 끼인각의 크기가 서로 같으면 두 삼각형은 닮음이다.

AA(각–각) : 두 각의 크기가 서로 같으면 두 삼각형은 닮음이다.

*문자 S는 '변'을 뜻하는 영어 단어 Side의 첫 글자이고, 문자 A는 각을 뜻하는 영어 단어 Angle의 첫 글자이다.

◎ 중학교 1학년 〈작도와 합동〉

우리가 흔히 접하는 지도는 실제의 땅 모양을 일정한 비율로 줄여서 좁은 지면 위에 나타낸 것이고, 건축물의 설계도는 만들고자 하는 건물의 크기를 축소시켜서 나타낸 것입니다. 이런 경우를 **닮음**★이라고 합니다.

닮음을 수학적으로 어떻게 정의하는지 여러분이 쉽게 볼 수 있는 복사 용지를 예로 들어 설명해볼게요. 우리가 흔히 사용하는 A4용지의 규격은 $297mm \times 210mm$입니다. 왜 이렇게 크기를 정했을까요? 크기가 $300mm \times 200mm$라 하면 더 좋을 텐데 말이죠. 이유가 있겠죠? 그것은 일상생활에서 늘 사용하는 여러 가지 용지들은 제지공장에서 만든 큰 규격의 용지를 절반으로 자르고, 또 다시 절반으로 자르는 과정을 반복해서 만들어냅니다. 그런데 $300 \times 200mm$와 같은 종이는 절반으로 자르면 $150 \times 200mm$가 되어 처음 종이와 가로, 세로의 비율이 다르게 되어 일부분을 잘라서 버려야 하지요. 그러면 부득이하게 많은 종이가 낭비되므로 독일공업규격위원회(Deutsche Industrie Normen)에서 처음 종이를 반으로 자른 종이가 처음 종이 모양과 같게 되도록 종이의 규격을 제안했답니다. 즉, 큰 용지를 적절한 크기로 잘라서 타자용지로 사용하다가 필요하면 그것을 절반으로 잘라서 편지지로 사용하고, 또 그 절반을 잘라서 메모지로 사용한다는 것이죠. 따라서 큰 용지의 긴 변과 짧은 변의 길이의 비를 $\sqrt{2}$ 대 1로 하면 사각형 종이의 긴 변을 반으로 접어서 자른 종이도 처음과 같은 모양이 되므로 버려지는 종이가 없게 됩니다. 그래서 실제로 전지인 A0의 규격을 $1189\,mm \times 841\,mm$로 하게 되었으며, 이것을 그림과 같이 절반으로 자르면 버리는 종이가 없게 된답니다.

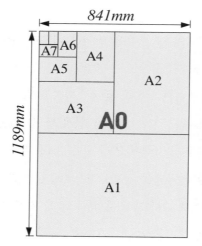

A0	841 × 1189
A1	594 × 841
A2	420 × 594
A3	297 × 420
A4	210 × 297
A5	148 × 210
A6	105 × 148
A7	74 × 105
A8	52 × 74

[용지가 나오는 과정]

이 복사용지들은 가로와 세로의 비율이 같은 직사각형들입니다. 이들은 서로 닮음 관계에 있지요. 그렇다면 사각형이 아니라 다른 도형에서는 어떤 조건을 만족해야 닮음이라고 할까요? 우선 원은 반지름이 원의 크기를 결정하므로, 모든 원은 항상 닮음인 도형이 되겠죠? 삼각형은 어떤 조건을 만족해야 닮음이라고 할 수 있을까요?

만일 두 삼각형이 닮음이라면 변의 길이의 비가 같을 것입니다. 우리는 그 비를 **닮음비**라고 부릅니다. 특히, 두 삼각형의 닮음비가 1 : 1일 때에는 두 삼각형이 서로 합동인 경우이겠지요.

삼각비의 뜻 ─────

삼각비는 직각삼각형의 변의 길이의 비를 의미합니다. 따라서 삼각비는 세 가지가 있습니다. 조금 헷갈릴 수도 있으니까 집중해봅시다. 아래 그림과 같은 직각삼각형 ABC에서 $\dfrac{\overline{BC}}{\overline{AB}} = \dfrac{a}{c}$의 값을 $\angle A$의 '사인'이라 하고 기호로 $\sin A$[027]와 같이 나타냅니다.

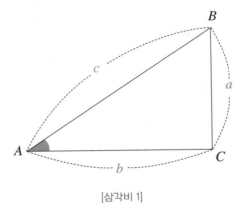

[삼각비 1]

---

027 우리가 쓰고 있는 sin, cos, tan 등의 기호는 각각 'sine, cosine, tangent'의 줄임말이다. 사인의 기호를 'sin'으로 나타낸 사람은 프랑스의 헤리곤(Herihone)이고 코사인의 기호를 cos로 쓴 사람은 무어(Moore), 탄젠트의 기호를 tan을 쓴 사람은 지라드(Girad)라고 한다.

또, $\dfrac{\overline{AC}}{\overline{AB}} = \dfrac{b}{c}$의 값을 $\angle A$의 코사인이라 하고 기호로 $\cos A$와 같이 나타냅니다. 그리고 $\dfrac{\overline{BC}}{\overline{AC}} = \dfrac{a}{b}$의 값을 $\angle A$의 탄젠트라 하고 기호로 $\tan A$와 같이 나타냅니다. 이때, **$\sin A$, $\cos A$, $\tan A$를** $\angle A$의 **삼각비**★라고 합니다. 조금 헷갈리지 않나요? 이를 다음과 같이 "각 삼각비의 시작하는 영어 철자인 s, c, t를 필기체로 쓰는 순서다"라고 기억하면 외우기가 아주 쉬워요.

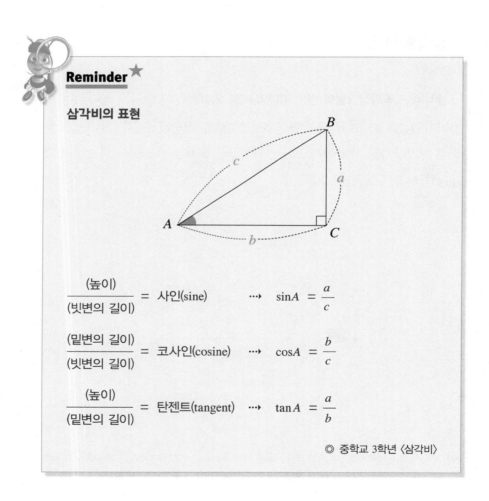

Reminder ★

삼각비의 표현

$$\dfrac{(높이)}{(빗변의 \ 길이)} = \ 사인(sine) \quad \cdots \quad \sin A = \dfrac{a}{c}$$

$$\dfrac{(밑변의 \ 길이)}{(빗변의 \ 길이)} = \ 코사인(cosine) \quad \cdots \quad \cos A = \dfrac{b}{c}$$

$$\dfrac{(높이)}{(밑변의 \ 길이)} = \ 탄젠트(tangent) \quad \cdots \quad \tan A = \dfrac{a}{b}$$

◎ 중학교 3학년 〈삼각비〉

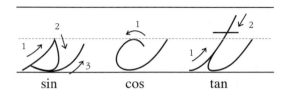

두 직각삼각형이 서로 닮기 위한 조건은 무엇일까요? 직각삼각형은 직각이 아닌 두 내각 중 한 내각의 크기가 정해지면 나머지 한 내각의 크기도 정해집니다. 따라서 **한 예각의 크기가 같은 모든 직각삼각형은 서로 닮은 도형**입니다. 예를 들어 두 직각삼각형 $\triangle ABC$와 $\triangle AB'C'$는 직각이 아닌 $\angle A$를 공통으로 하므로 서로 닮음이겠지요?

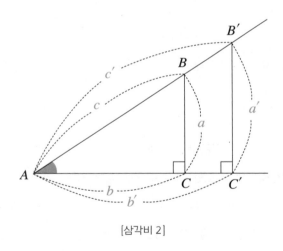

[삼각비 2]

그러면 닮음 도형에서 닮음비는 일정하므로, 대응하는 변의 길이의 비는 각각 같아요. 따라서 다음이 성립합니다.

$$\frac{a'}{a} = \frac{b'}{b} = \frac{c'}{c} = k \ (\text{일정})$$

이때, $a' = ak$, $b' = bk$, $c' = ck$이므로

$$\frac{(높이)}{(빗변의 \ 길이)} = \sin A = \frac{a'}{c'} = \frac{ak}{bk} = \frac{a}{c} \ (\text{일정})$$

$$\frac{(밑변의 \ 길이)}{(빗변의 \ 길이)} = \cos A = \frac{b'}{c'} = \frac{bk}{ck} = \frac{b}{c} \ (\text{일정})$$

$$\frac{(높이)}{(밑변의 \ 길이)} = \tan A = \frac{a'}{b'} = \frac{ak}{bk} = \frac{a}{b} \ (\text{일정})$$

따라서 직각이 아닌 다른 한 각 $\angle A$의 크기가 같고 $\angle C = 90°$인 모든 직각삼각형 ABC는 그 크기에 관계없이 $\dfrac{\overline{BC}}{\overline{AB}}$, $\dfrac{\overline{AC}}{\overline{AB}}$, $\dfrac{\overline{BC}}{\overline{AC}}$의 값은 항상 일정하게 됩니다.

삼각비를 구할 때는 **기준각**을 알아야 합니다. 기준각이란 변의 길이의 비가 같은 직각삼각형을 비교할 때 기준으로 삼는 각을 의미합니다. 기준각을 무엇으로 놓느냐에 따라 삼각비의 값은 달라집니다. **변의 길이나 삼각형의 크기와 상관없이 기준각이 같으면 서로 다른 직각삼각형이라도 삼각비는 같습니다.** 그리고 직각삼각형에서 직각의 대변은 **빗변**, 기준각의 대변을 **높이**로 한 변은 **밑변**으로 부르기로 약속했습니다. 그림으로 확인할까요?

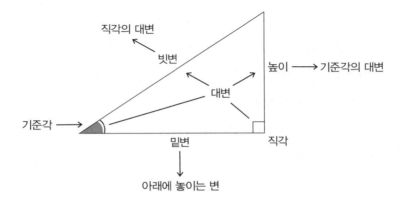

삼각비의 값 ──────

앞 장에서 삼각비의 정의와 닮음인 직각삼각형에서는 삼각비가 일정하다는 사실을 알았습니다. 이제 특별한 몇 개의 각에 대하여 실제 삼각비를 구해봅시다. 먼저 다음과 같은 특별한 두 직각삼각형을 잘 관찰하고 삼각비의 값을 찾아보세요. 왼쪽은 한 변의 길이가 1인 정사각형의 대각선을 빗변으로 하는 직각삼각형이고, 오른쪽은 한 변의 길이가 2인 정삼각형의 한 변을 빗변으로 하는 직각삼각형입니다.

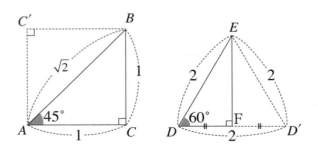

이 직각삼각형들은 피타고라스 정리를 이용하여 길이를 쉽게 구할 수 있고, 삼각형의 내각의 합이 180°인 것을 알고 있으므로 직각삼각형의 다른 예각이 30°, 45°, 60° 임을 금방 알 수 있어요. 그래서 이 예각들과 0°, 90°를 통틀어 **특수각**이라고 합니다.

이 특수각들의 삼각비의 값을 구해봅시다. 먼저 기준각이 45°일 때의 삼각비의 값을 알아봅시다.

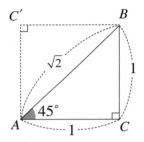

피타고라스 정리에 의해 $\overline{AB} = \sqrt{1^2 + 1^2} = \sqrt{2}$ 이고, 다른 한 예각의 크기는 45°입니다.

따라서 45°의 삼각비의 값은

$$\sin A = \frac{\overline{BC}}{\overline{AB}} = \frac{1}{\sqrt{2}}$$

$$\cos A = \frac{\overline{AC}}{\overline{AB}} = \frac{1}{\sqrt{2}}$$

$$\tan A = \frac{\overline{BC}}{\overline{AC}} = \frac{1}{1} = 1 입니다.$$

이제 30°와 60°의 삼각비의 값을 각각 알아봅시다.

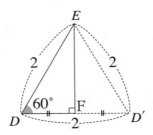

그림에서 $\overline{DF}=1$ 이므로 피타고라스 정리에 의해 $2^2 = 1^2 + \overline{EF}^2$, $\overline{EF} = \sqrt{3}$ 이고, 꼭짓점 E에서 밑변 DD'에 내린 수선의 발을 F라 하면 $\angle D = 60°$, $\angle E = 30°$이지요.

따라서 60°에 대한 삼각비의 값은

$$\sin D = \sin 60° = \frac{\overline{EF}}{\overline{DE}} = \frac{\sqrt{3}}{2}$$

$$\cos D = \cos 60° = \frac{\overline{DF}}{\overline{DE}} = \frac{1}{2}$$

$$\tan D = \tan 60° = \frac{\overline{EF}}{\overline{DF}} = \frac{\sqrt{3}}{1} = \sqrt{3} \text{ 입니다.}$$

또, 30°의 삼각비의 값은 다음과 같습니다.

$$\sin E = \sin 30° = \frac{\overline{DF}}{\overline{DE}} = \frac{1}{2}$$

$$\cos E = \cos 30° = \frac{\overline{EF}}{\overline{DE}} = \frac{\sqrt{3}}{2}$$

$$\tan E = \tan 30° = \frac{\overline{DF}}{\overline{EF}} = \frac{1}{\sqrt{3}} = \frac{\sqrt{3}}{3} \text{ 입니다.}$$

이상을 표로 정리하면 다음과 같습니다.

A 삼각비	$30°$	$45°$	$60°$
$\sin A$	$\dfrac{1}{2}$	$\dfrac{1}{\sqrt{2}}$	$\dfrac{\sqrt{3}}{2}$
$\cos A$	$\dfrac{\sqrt{3}}{2}$	$\dfrac{1}{\sqrt{2}}$	$\dfrac{1}{2}$
$\tan A$	$\dfrac{1}{\sqrt{3}}$	1	$\sqrt{3}$

  그렇다면 특수각이 아닌 예각에 대한 삼각비는 어떻게 될까요? 일단, 다음 그림을 봅시다. 반지름의 길이가 1인 원의 둘레위에 한 점 B가 있습니다. 그리고 반지름을 빗변으로 하는 직각삼각형 ABC와 반지름을 밑변으로 하는 직각삼각형 AED을 그립니다. 이때, 삼각비를 구하면 다음과 같습니다.

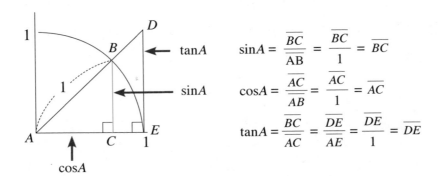

$$\sin A = \frac{\overline{BC}}{\overline{AB}} = \frac{\overline{BC}}{1} = \overline{BC}$$

$$\cos A = \frac{\overline{AC}}{\overline{AB}} = \frac{\overline{AC}}{1} = \overline{AC}$$

$$\tan A = \frac{\overline{BC}}{\overline{AC}} = \frac{\overline{DE}}{\overline{AE}} = \frac{\overline{DE}}{1} = \overline{DE}$$

그러면 점 B가 움직이면 삼각비가 어떻게 될까요? 조금 어렵나요? 다음 그림을 보면 이해하는 데 도움이 될 거예요.

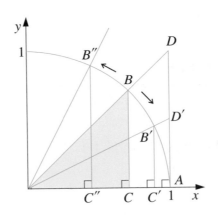

[삼각비 값의 변화]

각의 크기가 0°에서 90°까지 변할 때, 사인의 값($\overline{B'C'} \to \overline{BC} \to \overline{B''C''}$) 는 0에서 1까지 증가하고, 코사인의 값($\overline{O'C'} \to \overline{OC} \to \overline{O''C''}$)는 1에서 0

159

까지 감소합니다. 탄젠트의 값($\overline{AD'} \rightarrow \overline{AD}$)는 0에서 무한대로 한없이 증가하고요. 그래서 특수각에 대한 삼각비를 다음과 같이 다시 한 번 정리해봅시다.

 A / 삼각비	$0°$	$30°$	$45°$	$60°$	$90°$
$\sin A$	0	$\dfrac{1}{2}$	$\dfrac{\sqrt{2}}{2}$	$\dfrac{\sqrt{3}}{2}$	1
$\cos A$	1	$\dfrac{\sqrt{3}}{2}$	$\dfrac{\sqrt{2}}{2}$	$\dfrac{1}{2}$	0
$\tan A$	0	$\dfrac{\sqrt{3}}{3}$	1	$\sqrt{3}$	없다

ATTENTION

삼각비의 뜻

아래 그림의 $\angle C = 90°$인 직각삼각형

ACB에서

$\sin A = \dfrac{a}{c}$

$\cos A = \dfrac{b}{c}$

$\tan A = \dfrac{a}{b}$

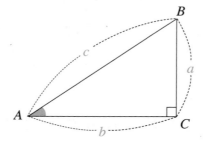

삼각비의 활용 ─────────

지금까지 삼각비의 정의와 특수각의 삼각비는 어떻게 되는지 살펴보았습니다. 특수각이 아닌 예각의 삼각비를 구해 활용할 수는 없을까요? 아닙니다. 사실 구할 수는 있지만 여러분이 직접 구하기에는 쉽지 않기 때문에 아래와 같이 표로 정리해놓고 이를 활용하면 됩니다.

삼각비 ＼ A	$\sin x$	$\cos x$	$\tan x$
⋮	⋮	⋮	⋮
11°	0.1908	0.9816	0.1944
12°	0.2079	0.9781	0.2126
⋮	⋮	⋮	⋮
44°	0.6947	0.7193	0.9657
45°	0.7071	0.7071	1.0000
46°	0.7193	0.6947	1.0355
⋮	⋮	⋮	⋮
78°	0.9781	0.2079	4.7046
79°	0.9816	0.1908	5.1446
⋮	⋮	⋮	⋮

그렇다면, 이러한 삼각비는 우리 실생활에서 어떻게 활용될까요? 지금부터 알아봅시다.

◎ 삼각비를 활용하여 길이 구하기

직각삼각형의 변의 길이를 구할 수 있습니다.

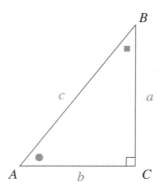

$\angle C = 90°$인 직각삼각형 ABC에서 삼각비를 이용하여 길이를 나타내면

$\sin A = \dfrac{a}{c}$이므로 $a = c\sin A$에서 $c = \dfrac{a}{\sin A}$

$\cos A = \dfrac{b}{c}$이므로 $b = c\cos A$에서 $c = \dfrac{b}{\cos A}$

$\tan A = \dfrac{a}{b}$이므로 $a = b\tan A$에서 $b = \dfrac{a}{\tan A}$ 입니다.

실생활에서는 어떻게 활용되는지 살펴볼까요? 대형 쇼핑몰에 가면 계단을 오르내리는 불편함을 해소하기 위해 에스컬레이터가 설치되어 있습니다. 그런데 그 경사도가 너무 심하면 사람들이 안전하지 않겠죠? 그래서 설치 규정을 정하고 있답니다.

에스컬레이터 설치 규정 : 경사도(θ)는 30° 이하로 되어야 하고, 하부 승강장 바닥에서부터 상부 승강장 바닥까지의 수직높이(h)는 6m 이하이어야 한다.

이 규정대로 에스컬레이터를 설치하려면 수평거리가 최소 얼마만큼이 필요할까요? 우리가 삼각비를 배웠으므로 생각보다 아주 간단합니다.

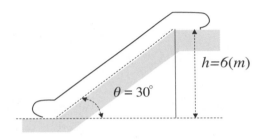

그림에서 경사도를 θ라 하고 수직높이를 h라 하면 $\theta = 30°$, $h = 6$입니다. 이때, 수평거리를 x라 하면 $\tan 30° = \dfrac{6}{x}$ 이므로 $x = \dfrac{6}{\tan 30°} = 6 \times \sqrt{3} = 6\sqrt{3} ≒ 10.39(m)$가 됩니다. 따라서 수평거리는 약 $10.39(m)$ 이상이어야 합니다.

◎ 삼각비를 활용하여 넓이 구하기

삼각비를 활용하면 삼각형의 넓이를 쉽게 구할 수 있습니다. 삼각형의 넓이를 구할 때 밑변의 길이는 알고 있는데 높이를 어떻게 구해야 할지 몰라서 당황스러운 경우가 있지 않았나요? 이젠 그런 걱정은 하지 않아도 됩니다. 삼각비를 이용하면 높이를 쉽게 구할 수 있으니까요.

그림과 같이 세 변의 길이가 각각 a, b, c이고 $\angle A$가 예각인 직각삼각형의 높이 h는 다음과 같습니다.

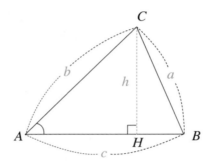

삼각비에 의해 $\sin A = \dfrac{h}{b}$이므로 높이 $h = b\sin A$가 되어
삼각형의 넓이 $S = \dfrac{1}{2} \times c \times b\sin A = \dfrac{1}{2}bc\sin A$ 입니다.
그러면 $\angle A$가 둔각인 직각삼각형의 높이 h는 어떻게 구할까요?

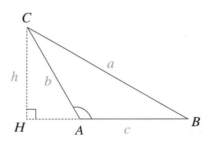

삼각비에 의해 $\sin(180^\circ - A) = \dfrac{h}{b}$이므로 높이 $h = b\sin(180^\circ - A)$가 되어
삼각형의 넓이는 $S = \dfrac{1}{2} \times c \times b\sin(180^\circ - A) = \dfrac{1}{2}bc\sin(180^\circ - A)$입니다.

◎ 사각형의 넓이 구하기

평행사변형은 항상 두 개의 합동인 삼각형으로 나누어지므로 넓이는 한 개의 삼각형의 넓이의 두 배와 같게 됩니다. 따라서 평행사변형의 넓이는 다음과 같습니다.

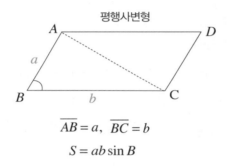

평행사변형

$$\overline{AB} = a, \ \overline{BC} = b$$

$$S = ab \sin B$$

그럼 일반적인 사각형의 넓이는 어떻게 나타낼 수 있을까요?

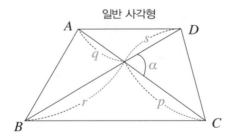

일반 사각형

사각형의 두 대각선을 각각 $\overline{AC} = a, \ \overline{BD} = b$라 하면,

$a = p + q, b = r + s$입니다.

따라서 사각형의 넓이는 4개의 삼각형의 넓이와 같으므로 다음과 같아요.

$$S = \frac{1}{2}ps\sin\alpha + \frac{1}{2}qr\sin\alpha + \frac{1}{2}pr\sin(180° - \alpha) + \frac{1}{2}sq\sin(180° - \alpha)$$

이때, 우리는 아직 배우지 않았지만 $\sin(180° - \alpha) = \sin\alpha$와 같으므로

$$S = \frac{1}{2}s(p + q)\sin\alpha + \frac{1}{2}r(p + q)\sin\alpha = \frac{1}{2}(s + r)(p + q)\sin\alpha = \frac{1}{2}ab\sin\alpha$$

입니다. 그럼 어떤 사각형이라도 두 대각선이 이루는 각과 그 각에 대한 삼각비의 값만 알고 있으면 넓이를 구할 수 있게 됩니다.

◎ 사인 법칙의 증명

사인 법칙(law of sines)은 평면상의 일반적인 삼각형에서 성립하는 삼각형의 세 각의 사인함수와 변의 관계에 대한 법칙입니다. 그림과 같이 삼각형 ABC에서 각 A, B, C에 마주보는 변의 길이를 각각 a, b, c라고 하면, 다음 식이 성립합니다.

$$\frac{a}{\sin A} = \frac{b}{\sin B} = \frac{c}{\sin C}$$

사인 법칙을 증명해볼까요? 먼저 그림과 같이 삼각형 ABC에서 각 변의 길이를 a, b, c라 하고 꼭짓점 C에서 AB에 내린 수선의 길이를 h라 합시다.

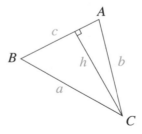

이때, $\sin A = \dfrac{h}{b}$, $\sin B = \dfrac{h}{a}$ 이므로 $h = b\sin A = a\sin B$에서 $\dfrac{a}{\sin A} = \dfrac{b}{\sin B}$

가 됩니다.

또한, b와 c에 대해서도 같은 방법을 사용하면 다음의 식이 얻어지고 증명이 끝나게 됩니다.

$$\frac{a}{\sin A} = \frac{b}{\sin B} = \frac{c}{\sin C}$$

삼각측량을 이용해 거리 구하기 ─────

삼각측량이란 광대한 지역에서 실시하는 측량으로 삼각형 한 변의 길이와 그 양쪽의 각을 알면 나머지 한 변의 길이를 계산해낼 수 있는 법칙을 이용해 평면위치를 결정하는 측량입니다. 먼저 측량 지역을 적절한 크기의 삼각형 모양의 망으로 만들고, 삼각형의 꼭짓점에서 내각과 한 변의 길이를 정밀하게 측정한 다음, 나머지 변의 길이는 삼각함수에 의해 계산하여 각 점의 위치를 결정합니다. 이때 삼

▲ 측량기 측정

각형의 꼭짓점을 **삼각점**, 삼각형들로 만들어진 망의 형태를 **삼각망**, 직접 측정한 변을 **기선**이라 부릅니다. 적어도 하나의 공통변을 갖는 이러한 삼각형을 이 방법으로 계속 작도(作圖)하면 달리 측정할 수 없는 거리와 각도를 얻을

수 있지요. 삼각망은 최소한 한 점 이상의 기지점에 고정되어야 하고, 출발
변의 방위각을 알아야 합니다. 정확성을 높이려면 삼각점을 연결하는 삼각
형을 되도록 작게 구성해야 합니다. 설명이 조금 어려웠나요? 실제 그림을
보면서 삼각측량을 어떻게 계산하는지 살펴봅시다.

기본 삼각측량 계산법
(1) 기선 $\overline{AB}$의 길이(l)와 양쪽의 각 α, β를 측정합니다.

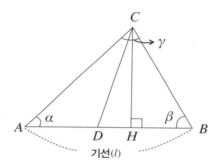

(2) C에서 기선 $\overline{AB}$에 내린 수선의 발을 H라 합시다.

(3) $\overline{HC}$의 길이는 다음과 같이 구할 수 있습니다.

   1) C점의 각(γ) = $180° - \alpha - \beta$ (삼각형 내각의 합이 $180°$임을 이용)

   2) 삼각함수의 사인법칙에 의해 AC와 BC의 길이를 구합니다.

$$\frac{\overline{AB}}{\sin\gamma} = \frac{\overline{AC}}{\sin\beta} \text{ 이므로 } \overline{AC} = \frac{\overline{AB}}{\sin\gamma} \times \sin\beta$$

$$\frac{\overline{BC}}{\sin\alpha} = \frac{\overline{AB}}{\sin\gamma} \text{ 이므로 } \overline{BC} = \frac{\overline{AB}}{\sin\gamma} \times \sin\alpha$$

3) 따라서 $\overline{HC} = \overline{AC} \times \sin\alpha = \dfrac{\overline{AB}}{\sin\gamma} \times \sin\beta \times \sin\alpha$ 또는 $\overline{HC} = \overline{BC} \times$

$\sin\beta = \dfrac{\overline{AB}}{\sin\gamma} \times \sin\alpha \times \sin\beta$

삼각측량의 방법이 너무 어렵다고요? 실제 예시를 통해 이해해볼까요? 이번 장의 도입부분에 나온 에베레스트 산의 높이 계산에 대한 비밀을 풀어봅시다.

에베레스트 산의 맨 꼭대기를 점 C라 하고 점 C에서 지면에 내린 수선의 발을 점 H라 합니다. 그리고 지면 위의 두 지점 A, B에서 점 C를 올려다볼 때, $\overline{AB}$와 이루는 각을 각각 α, β라 하고 $\overline{BH}$와 이루는 각을 γ라 합시다.

그러면 삼각형 ABC에서 $\angle C = 180° - \alpha - \beta$이므로 sin법칙에 의해

$\dfrac{a}{\sin C} = \dfrac{\overline{BC}}{\sin \alpha}$ 입니다.

이때, 높이 $\overline{CH} = \overline{BC}\sin\gamma$이므로 $\overline{CH} = \dfrac{a}{\sin C} \times \sin\alpha \times \sin\gamma$입니다. 에베레스트 산의 높이 구하는 것, 생각보다 어렵지 않지요?

삼각측량을 이용해 높이를 구하는 방법을 한 가지 더 살펴봅시다.

그림에서 $\overline{BC} = 12cm$, $\angle B = 30°$, $\angle H = 90°$, $\angle ACH = 45°$일 때 $\overline{AH}$의 길이는 어떻게 될까요?

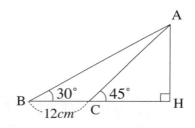

그렇게 어렵지 않죠? 함께 구해봅시다.

$\overline{AH} = x$라 하면 $\angle ACH = 45°$이므로 $\triangle ACH$에서 $\overline{CH} = \dfrac{x}{\tan 45°} = x$이고

$\triangle ABH$에서 $\tan 30° = \dfrac{x}{12+x} = \dfrac{\sqrt{3}}{3}$, $(3 - \sqrt{3})x = 12\sqrt{3}$ 입니다.

따라서 $x = 2\sqrt{3}(3 + \sqrt{3}) = 6\sqrt{3} + 6 = 6(\sqrt{3} + 1)$가 되는 거예요. 아시겠지요?

1. 삼각비의 뜻

$$\frac{(높이)}{(빗변의 \ 길이)} = 사인(sine)$$

$$\frac{(밑변의 \ 길이)}{(빗변의 \ 길이)} = 코사인(cosine)$$

$$\frac{(높이)}{(밑변의 \ 길이)} = 탄젠트(tangent)$$

2. 삼각비의 값

A 삼각비	$0°$	$30°$	$45°$	$60°$	$90°$
$\sin A$	0	$\dfrac{1}{2}$	$\dfrac{\sqrt{2}}{2}$	$\dfrac{\sqrt{3}}{2}$	1
$\cos A$	1	$\dfrac{\sqrt{3}}{2}$	$\dfrac{\sqrt{2}}{2}$	$\dfrac{1}{2}$	0
$\tan A$	0	$\dfrac{\sqrt{3}}{3}$	1	$\sqrt{3}$	없다

3. 직각삼각형의 변의 길이

직각삼각형 ABC에서

$a = c\sin A$에서 $c = \dfrac{a}{\sin A}$

$b = c\cos A$에서 $c = \dfrac{b}{\cos A}$

$a = b\tan A$에서 $b = \dfrac{a}{\tan A}$

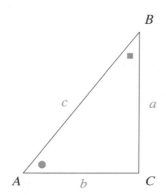

4. 삼각형과 사각형의 넓이

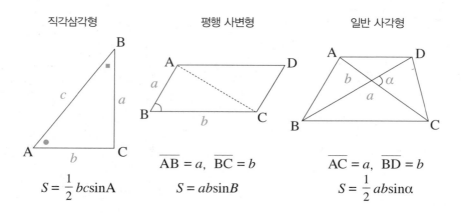

직각삼각형

$S = \dfrac{1}{2} bc\sin A$

평행 사변형

$\overline{AB} = a, \ \overline{BC} = b$

$S = ab\sin B$

일반 사각형

$\overline{AC} = a, \ \overline{BD} = b$

$S = \dfrac{1}{2} ab\sin\alpha$

5. 사인 법칙

삼각형 ABC에서 각 A, B, C에 마주보는 변의 길이를 각각 a, b, c라 하면

$$\frac{a}{\sin A} = \frac{b}{\sin B} = \frac{c}{\sin C}$$

6. 삼각측량을 이용해 거리 구하기

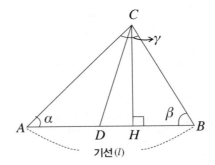

$$\overline{HC} = \overline{AC} \times \sin\alpha = \frac{\overline{AB}}{\sin\gamma} \times \sin\beta \times \sin\alpha = \overline{BC} \times \sin\beta$$

대표 문제 풀이

❶ 그림의 △ABC에서 sin$x$의 값은?

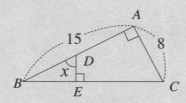

① $\dfrac{7}{17}$ ② $\dfrac{8}{17}$ ③ $\dfrac{8}{15}$ ④ $\dfrac{15}{17}$ ⑤ $\dfrac{15}{8}$

풀이 피타고라스정리에 의해 $\overline{BC} = \sqrt{8^2 + 15^2} = 17$이고, $x = \angle C$이므로 $\sin x = \sin C = \dfrac{15}{17}$

❷ 다음 그림과 같이 반지름의 길이가 1인 사분원에서 다음 중 옳지 않은 것은?

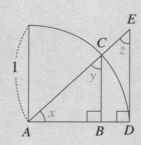

① $\sin x = \overline{BC}$ ② $\cos y = \overline{BC}$ ③ $\tan x = \overline{DE}$ ④ $\sin z = \overline{AB}$ ⑤ $\cos x = \overline{AD}$

풀이 ⑤ $\overline{AC} = 1$이므로 $\cos x = \dfrac{\overline{AB}}{\overline{AC}} = \overline{AB}$

❸ $\triangle ABC$에서 $\overline{AB} = 5$, $\overline{BC} = 6$, $\angle B = 30°$ 일 때 $\triangle ABC$ 넓이를 구하여라.

풀이 $\dfrac{1}{2} \times 5 \times 6 \times \sin 30° = \dfrac{1}{2} \times 5 \times 6 \times \dfrac{1}{2} = \dfrac{30}{4} = \dfrac{15}{2}$

❹ 그림과 같이 나무 밑 A지점에서 $30°$만큼 경사진 언덕을 $4m$ 만큼 올라가 C지점에서 나무를 올려다 본 각의 크기가 $45°$일 때, 나무의 높이 $\overline{AB}$를 구하여라. (단, 눈높이는 무시한다.)

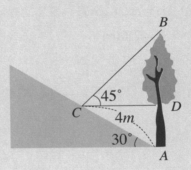

풀이 $\triangle CAD$에서 $\overline{AD} = 4\cos 60° = 4 \times \dfrac{1}{2} = 2$, $\overline{CD} = 4\sin 60° = 4 \times$

$\dfrac{\sqrt{3}}{2} = 2\sqrt{3}$

$\triangle BCD$에서 $\overline{BD} = 2\sqrt{3}\tan 45° = 2\sqrt{3}$ 이므로 $\overline{AB} = \overline{AD} + \overline{BD} = 2 + 2\sqrt{3}$

따라서 나무의 높이는 $2 + 2\sqrt{3}\,(m)$이다.

❺ 그림은 산의 높이를 측량하기 위하여 지면 위에 $\overline{AB} = 500$이 되도록 두 지점 A, B를 잡아 측량한 결과이다. 이때, 산의 높이인 $\overline{CH}$의 값은?

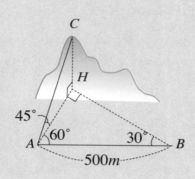

① 200(m)   ② 250(m)   ③ 300(m)   ④ 350(m)   ⑤ 400(m)

풀이 $\triangle ABH$에서 $\overline{AH} = 500 \times \cos 60°$이므로 $\overline{AH} = 500 \times \dfrac{1}{2} = 250$
이때, $\overline{CH} = \overline{AH} \times \tan 45° = 250(m)$

❻ 다음은 두 강변이 평행한 강의 폭을 측량한 결과일 때, 이 강의 폭을 구하여라.

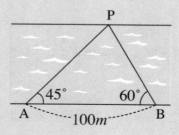

풀이 점 P에서 $\overline{AB}$에 내린 수선의 발을 H라 하고 $\overline{AH} = x$, $\overline{BH} = y$라

고 하면 $x + y = 100$ ······㉠

또한 $\overline{PH} = x\tan 45° = y\tan 60°$ 이므로 $x = \sqrt{3}\,y$ ······㉡

㉠과 ㉡에서 $\sqrt{3}\,y + y = 100$이므로 $y = \dfrac{100}{\sqrt{3} + 1} = 50(\sqrt{3} - 1)$

따라서 $\overline{PH} = x\tan 45° = y\tan 60° = 50(3 - \sqrt{3})(m)$

정답 1. ④　2. ⑤　3. $\dfrac{15}{2}$　4. $2 + 2\sqrt{3}\,(m)$　5. ②　6. $50(3 - \sqrt{3})$

5강

함수:
일차함수와
이차함수

Intro

    함수의 개념은 4000년 전, 변화하는 두 양 사이의 관계에 대한 암묵적인 아이디어에서 출발했습니다. 고대 바빌로니아에서는 곱셈표, 역수표, 제곱과 세제곱표, 제곱근표, 지수표 등 다양한 수표를 사용했는데요, 이것을 '하나의 수에 하나의 값을 대응하는 함수 개념'으로 볼 수 있습니다. 또 그리스인들은 오늘날 삼각함수로 불리는 천체 운동을 시간의 함수로 해석했지요. 클라우디오스 프톨레마이오스(Klaudios Ptolemaios, c. AD90~c. AD168)의 저작 『알마게스트Almagest』[028] 제7권과 제8권은 분점의 세차운

▲ 프톨레마이오스 Klaudios Ptolemaios

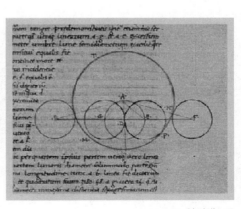

▲ 알마게스트

동을 포함하여 항성의 이동을 다루는데 별자리의 위치로 묘사된 1022개 항성의 일람표를 포함하고 있으며 가장 밝은 항성은 1등성으로, 가장 희미한 항성은 6등성으로 표시되어 있습니다. 각각의 숫자상 등급은 대수 눈금으로 표시되어 있지요. 그 뿐이 아닙니다. 유클리드『원론』의 제5권에는 함수 개념의 '비례'가 나오고, 아리스토텔레스(Aristoteles, B.C.384~B.C.322)[029]의 『운동론』에는 "저항 매체에 반대 방향으로 작용하는 힘이 있을 때, 운동하는 물체의 속도는 그 힘에 비례하고, 저항에 반비례한다"는 명제가 나옵니다. 이 같은 비례 개념은 중세의 오렘(Nicole Oresme, c. 1320;1325~1382)[030]에 의해 일반화되었습니다.

▲ 아리스토텔레스 Aristoteles

함수(function)라는 용어는 라틴어 'functio'에서 나온 것으로 "~을 한다"라는 의미입니다. 함수 개념을 처음 도입한 사람은 독일의 수학자 라이프니츠(Gottfried Wilhelm Leibniz, 1646~1716)[031]입니다. 그는 1694년, "변

▲ 오렘 Nicole Oresme

---

028 『알마게스트 *Almagest*』는 코페르니쿠스 이전시대 최고의 천문학서로 인정받고 있는 『천문학 집대성 *Megalē Syntaxis tēs Astoronomias*』의 아랍어 역본이다.

029 고대 그리스의 철학자. 소요학파의 창시자이며, 고대에 있어서 최대의 학문적 체계를 세웠고, 중세의 스콜라 철학을 비롯하여 후세의 학문에 큰 영향을 주었다. 저서에 『형이상학』, 『오르가논』, 『자연학』, 『시학』, 『정치학』 등이 있다.

030 중세 후기의 중요한 철학자. 경제학, 수학, 물리학, 점성술과 천문학, 철학과 신학 등 다방면에 걸쳐 두루 업적을 쌓았다. 14세기 가장 영향력 있는 사상가 중 한 사람으로 평가된다.

▲ 라이프니츠 Gottfried Wilhelm Leibniz

▲ 디리클레 Johann Peter Gustav Lejeune Dirichlet

수 x의 값이 변함에 따라서 다른 변수 y가 정해진다면 y는 x의 함수이다"라고 정의했지요. 18세기 스위스의 수학자 오일러는 함수의 기호 'f'를 처음 사용한 사람인데요, 그는 함수를 변수와 상수의 결합에 대한 표현으로 보았습니다. 한편, 프랑스의 수학자 코시는 함수를 '두 변수 사이의 대응'으로 이해했습니다. 그는 "여러 개의 변수 가운데 어떤 관계가 있어 그중 하나의 값이 정해짐에 따라 다른 변수의 값이 정해질 때, 뒤의 변수는 앞의 변수의 함수이다"라고 정의했어요.

그 후 19세기에 이르러 독일의 수학자 디리클레(Johann Peter Gustav Lejeune Dirichlet, 1805~1859)[032]는 "주어진 구간에서 x의 각 값에 y의 유일한 값이 대응할 때, y는 x의 함수이다"라는 함수의 현대적 정의를 만들었습니다. 20세기 사람인 데데킨트(Julius Wilhelm Richard Dedekind, 1831~1916)[033]는 집합을 이

---

031 독일의 수학자·물리학자·철학자·신학자. 신학적·목적론적 세계관과 자연과학적·기계적인 세계관과의 조정을 기도하여 단자론에서 "우주 질서는 신의 예정 조화 속에 있다"라는 예정조화설을 전개했다. 수학에서는 미적분법을 확립하여 후세에 크게 공헌했다. 저서에 『형이상학 서론』, 『단자론』 등이 있다.

032 베를린 훔볼트 대학교와 괴팅겐 대학교에서 가르쳤으며, 주로 해석학과 수론 분야를 연구했다. 특히 당시만 해도 서로 무관한 분야였던 수론과 응용수학을 이어주는 데 기여했다. 오늘날 쓰이는 추상적인 함수의 개념을 최초로 정의한 사람으로 유명하다.

용하여 좀 더 엄밀하게 함수를 정의했어요. 그는 "두 집합 A, B가 주어졌을 때 A의 각 원소에 대응하여 B의 각 원소가 오직 하나씩 대응되는 규칙이 있으면 이 대응 규칙을 A에서 B로의 사상이라 하고, 특히 A와 B가 수로 이루어진 집합이면 이 사상을 함수라고 한다"고 정의했습니다.

▲ 데데킨트 Julius Wilhelm Richard Dedekind

　지금까지 여러분은 선생님과 함께 '함수 정의의 역사'를 살펴보았습니다. 준비 운동을 마쳤으니 이제부터 본격적으로 함수 공부를 시작해볼까요?

함수란 무엇인가? ─────

　일상에서 사용하는 거의 모든 전자 제품과 기계에는 근본적으로 **함수**★의 원리가 들어가 있어요. 자판기에서 음료수 버튼을 누르면 그 버튼에 해당하는 음료수가 나오지요? 만약 같은 버튼인데 누를 때마다 다른 음료수가 나온다면 아마 자판기를 이용하는 사람은 없을 거예요. 음료수 버튼과 음료수의 관계를 수학적 대상인 수의 관계로 생각해봅시다.

───────

033　해석학과 대수적 정수론의 기초를 놓은 중요한 수학자이다.

함수를 이해하기 위한 기본 용어

변수(變數) 어떤 관계나 범위 안에서 여러 가지 값으로 변할 수 있는 수. 예를 들어 "한 병에 800원 하는 탄산수를 x병 샀다"고 할 때 x의 값은 여러 가지가 될 수 있다. 이처럼 정해지지 않고 변하는 값을 변수라고 한다. 함수에서는 원인과 결과 모두 변수가 되며, 원인은 x로 결과는 y로 나타낸다.

상수(常數) 변하지 아니하는 일정한 값을 가진 수. 숫자만 있는 항이 상수 항이다(문자와 식 참조).

함수(函數) 두 개의 변수 x, y 사이에서, x가 일정한 범위 내에서 값이 변하는 데 따라서 y의 값이 종속적으로 정해질 때, x에 대하여 y를 이르는 말. y가 x의 함수라는 것은 $y = f(x)$로 표시한다.

예를 들어 자판기에 동전을 넣으면 음료수가 한 병 나오는데, 이때의 자판기가 바로 원인(동전)에 따른 결과(음료수)가 계산되어 나오는 함수(상자)라고 이해하면 된다.

◎ 중학교 1학년 〈함수〉

자판기의 버튼 x를 누르면 x에 5를 곱한 수 y가 적혀 있는 음료수가 나온다고 합시다. 이것을 다음과 같은 표로 정리할 수 있습니다.

x	1	2	3	4	5
y	5	10	15	20	25

여기서 x는 1부터 5까지의 자연수로 변하고, y는 5, 10, 15, 20, 25로 변합니다. 이와 같이 여러 가지로 변하는 값을 나타내는 문자를 **변수**라 하고 변수 x의 값이 하나씩 정해짐에 따라 변수 y의 값도 오직 하나씩 정해지는 관계가 있을 때 **y를 x의 함수**라고 합니다. y가 x의 함수일 때, 이것을 기호로 $y = f(x)$와 같이 나타내고, 함수 $y = f(x)$에서 x의 값에 따라 하나씩 정해지는 y의 값 $f(x)$를 x에 대한 **함숫값**이라고 합니다.

위 관계를 집합을 이용하여 나타내봅시다. 자연수 1부터 5까지의 집합을 X라 하고, 5, 10, 15, 20, 25의 집합을 Y라 할 때, 집합 X의 원소에 짝지어지는 집합 Y의 원소를 찾아 화살표로 연결하면 다음 그림과 같습니다.

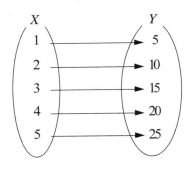

이와 같이 집합 X의 원소에 집합 Y의 원소를 짝지어주는 것을 **집합 X에서 집합 Y로의 대응**이라고 합니다. 집합 X의 원소 x에 집합 Y의 원소 y가 짝지어지면 x에 y가 대응한다고 하고 기호로 $x \rightarrow y$와 같이 나타냅니다. 이때, 집합 X의 각 원소에 집합 Y의 원소가 오직 하나씩 대응할 때, 이 대응을 집합 X에서 집합 Y로의 함수라고 합니다. 이 함수를 f라고 할 때, 기호로 $f : X \rightarrow Y$와 같이 나타냅니다. 이때, **집합 X를 함수 f의 정의역**이라 하고, **집합 Y를 함수 f의**

공역이라고 해요. 함수를 나타낼 때는 보통 f, g, h와 같은 알파벳 소문자를 사용합니다. 또 **함수 f의 함숫값 전체의 집합 $\{f(x)\,|\,x \in X\}$를 함수 f의 치역**이라고 합니다.

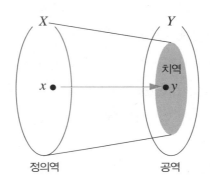

위에서 언급했던 표를 다시 살펴보겠습니다.

x	1	2	3	4	5
y	5	10	15	20	25

두 변수 x, y 사이에는 $y = 5x$ 인 관계를 알 수 있어요. 이러한 관계를 x, **y사이에 정비례 관계가 있다**고 하는데요, 일반적으로 x, y 사이의 정비례 관계는 $y = ax\,(a \neq 0)$로 나타냅니다. 정비례 관계는 x의 값이 정해짐에 따라 y의 값이 오직 하나씩 정해지므로 y는 x의 함수가 됩니다. 여기서 a를 **비례상수**라고 부릅니다.

정비례 관계는 역사적으로 오래되었습니다. 기원전 300년경 이집트에서는 농지가 넓을수록 세금을 많이 냈는데 이는 정비례 관계를 이용한 것으로 볼 수 있어요.

두 수량 사이의 관계를 '변화'에 주목하여 수학적으로 생각한 사람은 15세기 르네상스 이후의 케플러(Johannes Kepler, 1571~1630)와 갈릴레이(Galileo Galilei, 1564~1642)입니다.

▲ 케플러 Johannes Kepler

서로 맞물려 도는 톱니바퀴 P, Q를 생각해봅시다. P 톱니바퀴의 톱니 수가 60개이고 1분 동안 한 바퀴를 돈다면, Q톱니바퀴의 톱니 수 x개와 1분 동안 도는 바퀴의 수 y 사이에는 다음의 표와 같은 관계가 성립됩니다.

▲ 갈릴레이 Galileo Galilei

x	5	6	10	20	30
y	12	10	6	3	2

위 표를 살펴보면 두 변수 x, y 사이의 관계는 $y = \dfrac{60}{x}$ 임을 알 수 있어요. 이러한 관계를 "x, y 사이에 반비례 관계가 있다"고 합니다. 일반적으로 **$x,$ y사이의 반비례 관계는 $y = \dfrac{a}{x} \, (a \neq 0)$로 나타내며**, 반비례 관계는 x의 값이 정해짐에 따라 y의 값이 오직 하나씩 정해지므로 y는 x의 함수가 됩니다 (단, 여기서 x의 값은 0이 아닌 수).

◎함수의 그래프

함수 $f : X \to Y$ 에서 X의 각 원소 x와 이에 대응하는 함숫값 $f(x)$의 순서쌍 전체의 집합을 함수 f의 그래프라고 합니다. 이것을 집합으로 나타내면 $G = \{(x, f(x)) \,|\, x \in X\}$이 됩니다. 실수 전체 집합에서 정의된 함수 f의 그래프를 좌표평면에 나타내면 그림과 같습니다.

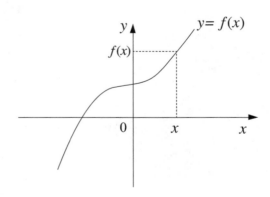

다음과 같은 그래프는 함수의 그래프가 될 수 있을까요?

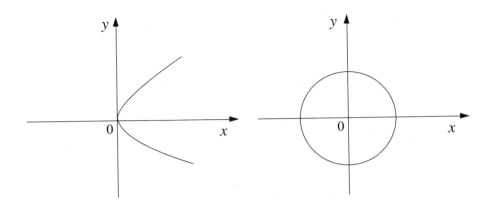

위 두 그림은 정의역에 있는 x에 대하여 두 개의 함숫값이 존재하므로 함수의 그래프가 되지 않습니다.

◎ 여러 가지 함수

다음 세 함수 f, g, h에 대하여 살펴봅시다.

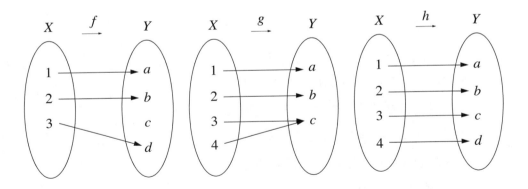

두 함수 f와 h는 모두 정의역의 임의의 서로 다른 두 원소에 대한 함숫값이 서로 다르고, 두 함수 g와 h는 공역과 치역이 같습니다. 이 중 **함수 f**

와 같이 정의역의 임의의 두 원소 x_1, x_2에 대하여 $x_1 \neq x_2$이면 $f(x_1) \neq f(x_2)$이 성립하는 함수를 **일대일함수**라고 합니다. 또한 함수 h는 함수 f와 같이 일대일함수이면서 치역과 공역이 같은 함수인데 이를 **일대일대응**이라고 합니다.

오른쪽 그림이 나타내는 함수 f는 정의역과 공역이 같고, $f(1) = 1$, $f(2) = 2$, $f(3) = 3$, $f(4) = 4$가 성립합니다. 즉, 정의역 X의 임의의 원소에 그 자신이 대응하는 것이지요. 이와 같이 함수 $f : X \rightarrow X$에서 정의역 X의 임의의 원소 x에 그 자신 x가 대응하는 함수를 **항등함수**라고 합니다. 항등함수는 정

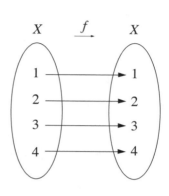

의역 X에 있는 임의의 원소 x에 대하여 $f(x) = x$가 성립합니다. 물론 항등함수는 일대일대응이지요. 일반적으로 항등함수는 $I(x)$로 나타냅니다.

오른쪽 그림이 나타내는 함수 f는 $f(1) = 6$, $f(2) = 6$, $f(3) = 6$, $f(4) = 6$이 성립합니다. 즉 정의역 X의 모든 원소에 공역 Y의 단 하나의 원소 6이 대응하는 것입니다. 이와 같이 $f : X \rightarrow Y$에서 정의역 X의 모든 원소에 공역 Y의 단 하나의 원소 c가 대응하는 함수를 **상수함수**라고 합니다. 상수함수는 정의역 X

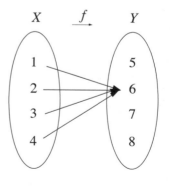

에 있는 임의의 원소 x에 대하여 $f(x) = c$가 성립하지요.

일차함수 ————

위에서 우리는 x, y 사이의 정비례 관계는 $y = ax(a \neq 0)$라고 배웠습니다. 이와 같이 함수 $y = f(x)$에서 y가 x에 관한 일차식일 때 이 함수를 **일차함수** 라고 한다는 것을 중학교 때 공부했지요? 즉, 일차함수는 $y = ax + b(a \neq 0$ 이고, a, b는 상수)의 형태이고 여기서 **a를 기울기**라고 했습니다. 일차함수의 성질을 살펴보면 **일차함수의 그래프는 직선**★입니다. **일차함수의 그래프가 x 축과 만나는 점 $\left(-\dfrac{b}{a}, 0\right)$의 x좌표를 x절편**이라고 하고, **y축과 만나는 점 (0, b)의 y좌표를 y절편**이라고 합니다. 즉, x절편은 $y = 0$일 때 x의 값이므로 $-\dfrac{b}{a}$ 이고, y절편은 $x = 0$일 때 y의 값이므로 b입니다.

정비례 관계인 $y = ax$와 일차함수 $y = ax + b$는 어떤 관계일까요? 일차함 수 $y = ax + b$은 정비례 관계인 $y = ax$와 기울기가 같고 $b = 0$인 경우이므로 두 그래프는 평행한 직선입니다. 즉, 일차함수 $y = ax + b$의 그래프는 정비 례 관계인 $y = ax$의 그래프를 y축의 방향으로 b만큼 평행 이동한 것입니다.

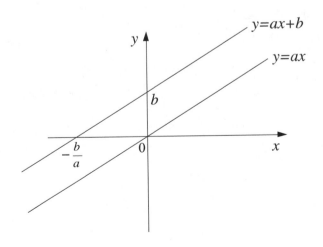

Reminder ★

함수 $y = ax(a \neq 0)$의 그래프

정의역이 수 전체의 집합일 때. 함수 $y = ax(a \neq 0)$의 그래프는 원점을 지나는 직선이다.

(1) $a > 0$일 때

  1) x의 값이 증가하면 y의 값도 증가한다.

  2) 제1사분면과 제3사분면을 지난다.

  3) 오른쪽 위로 올라가는 직선이다.

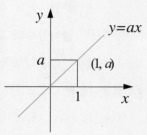

(2) $a < 0$일 때

  1) x의 값이 증가하면 y의 값은 감소한다.

  2) 제2사분면과 제4사분면을 지난다.

  3) 그래프는 오른쪽 아래로 내려가는 직선이다.

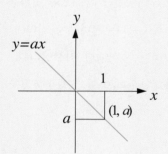

◎ 중학교 2학년 〈일차함수〉

이차함수 ———————

함수 $y = f(x)$에서 y가 x에 관한 이차식일 때 이 함수를 **이차함수**라고 중학교 때 공부했습니다. 이차함수의 형태에 따른 이차함수의 그래프를 모양에 대하여 살펴봅시다.

◎ 이차함수 $y = ax^2$의 그래프

이차함수 $y = ax^2(a \neq 0)$를 이차함수의 기본형이라고 합니다. x^2의 계수인 a의 부호에 따라 그래프 전체 모양이 결정됩니다. $a > 0$이면 그래프가 아래로 볼록(위로 오목)하고 $a < 0$이면 그래프가 위로 볼록(아래로 오목)합니다. 이차함수 $y = ax^2$에서 x의 값이 양수일 때 함숫값과 x의 값이 음수일 때 함숫값이 같다는 것을 알 수 있습니다. 따라서 y축에 대하여 대칭이죠. 이 대칭이 되는 축을 이차함수의 대칭축이라고 합니다. 대칭축과 이차함수의 그래프가 만나는 점을 꼭짓점이라고 하죠. 따라서 이차함수 $y = ax^2$의 꼭짓점은 $(0, 0)$입니다.

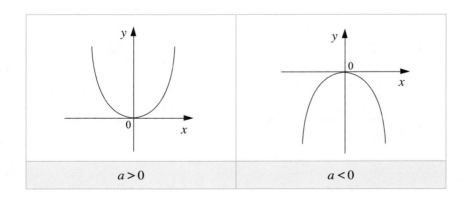

| $a > 0$ | $a < 0$ |

◎ 이차함수 $y = a(x-p)^2 + q$의 그래프

이차함수 $y = a(x - p)^2 + q(a \neq 0)$를 이차함수의 표준형이라고 합니다. 두 일차함수 $y = ax$와 $y = ax + b$의 그래프는 어떤 관계에 있었죠? 위에서 살펴보았듯이 일차함수 $y = ax + b$의 그래프는 일차함수 $y = ax$의 그래프를 y축의 방향으로 b만큼 평행이동한 그래프였죠. 마찬가지로 이차함수 $y = ax^2 + q$의 그래프는 이차함수 $y = ax^2$의 그래프를 y축의 방향으로 q만큼 평행이동한 그래프입니다. 따라서 이차함수 $y = ax^2 + q$의 대칭축은 변함없이 y축이고 꼭짓점의 좌표는 $(0, q)$입니다.

이차함수 $y = a(x - p)^2$의 그래프는 이차함수 $y = ax^2$의 그래프를 x축의 방향으로 p만큼 평행이동한 그래프입니다. 따라서 이차함수 $y = a(x - p)^2$의 대칭축은 $x = p$인 직선이고, 꼭짓점은 $(p, 0)$입니다.

위 두 관계를 동시에 적용하면 이차함수 $y = a(x-p)^2 + q$의 그래프는 이차함수 $y = ax^2$의 그래프를 x축의 방향으로 p만큼, y축의 방향으로 q만큼 평행이동한 그래프입니다. 따라서 이차함수 $y = a(x - p)^2 + q$의 대칭축은 $x = p$인 직선이고, 꼭짓점은 (p, q)입니다.

이차함수 $y = a(x-p)^2 + q$의 그래프를 살펴봅시다.

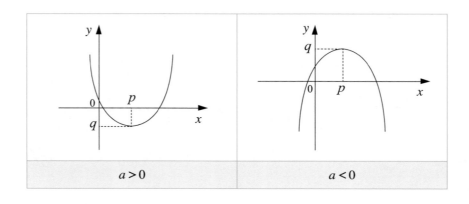

| $a > 0$ | $a < 0$ |

◎ 이차함수 $y = ax^2 + bx + c$의 그래프

이차함수 $y = ax^2 + bx + c\,(a \neq 0)$를 이차함수의 일반형이라고 합니다. 이차함수 $y = ax^2 + bx + c$의 그래프를 그리기 위해서는 먼저 위에서 배운 이차함수의 표준형 $y = a(x - p)^2 + q$으로 변형한 다음 그래프를 그려야 합니다.

먼저 이차함수 $y = ax^2 + bx + c$의 계수 a, b, c의 부호가 어떤 의미를 갖는지 살펴봅시다.

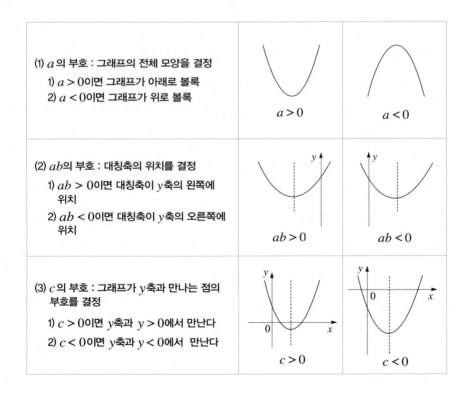

위 (2)에서 ab의 부호가 대칭축의 위치를 결정하는 이유에 대해서 살펴보면 $y = ax^2 + bx + c(a \neq 0)$의 그래프에서 꼭짓점의 x좌표는 $-\dfrac{b}{2a}$입니다. 따라서 $-\dfrac{b}{2a} < 0$이면 대칭축이 y축의 왼쪽에 위치하고 a, b의 부호가 같아야 합니다. 즉, $ab > 0$입니다. $-\dfrac{b}{2a} > 0$이면 대칭축이 y축의 오른쪽에 위치하고 a, b의 부호가 달라야 합니다. 즉, $ab < 0$입니다.

이차함수의 그래프와 이차방정식의 해 —————

이차함수 $y = ax^2 + bx + c(a \neq 0)$의 그래프가 x축과 만나는 점의 x좌표를 구하기 위해서는 이차함수 $y = ax^2 + bx + c$에서 함숫값 y가 0이 되는 x의 값과 같으므로 $y = 0$을 대입하여 $0 = ax^2 + bx + c$을 만족시키는 x의 값을 구해야 합니다. 여기서 $ax^2 + bx + c = 0$은 이차방정식이므로 이차방정식 $ax^2 + bx + c = 0$의 실근은 이차함수 $y = ax^2 + bx + c$의 그래프와 x축이 만나는 점의 x좌표와 같습니다.

이차방정식 $ax^2 + bx + c = 0$의 판별식 $D = b^2 - 4ac$의 부호에 따라 이차함수 $y = ax^2 + bx + c$의 그래프와 x축의 위치 관계는 다음과 같습니다.

	$D > 0$	$D = 0$	$D < 0$
이차방정식 $ax^2 + bx + c = 0$의 해	서로 다른 두 실근 ($x = \alpha$ 또는 $x = \beta$)	중근 ($x = \alpha$)	서로 다른 두 허근
이차함수 $y = ax^2 + bx + c$ ($a > 0$)의 그래프			
이차함수 $y = ax^2 + bx + c$ ($a < 0$)의 그래프			
이차함수 $y = ax^2 + bx + c$의 그래프와 x축의 위치 관계	서로 다른 두 점에서 만난다	한 점에서 만난다(접한다)	만나지 않는다

이차함수의 그래프와 직선의 위치 관계 ————

이차함수 $y = ax^2 + bx + c(a \neq 0)$의 그래프와 일차함수 $y = mx + n$의 그래프(직선)의 위치 관계에 대하여 살펴봅시다. 이차방정식 $ax^2 + bx + c = mx + n$의 실근은 이차함수 $y = ax^2 + bx + c$의 그래프와 직선 $y = mx + n$이 만나는 점의 x좌표와 같다는 것을 알 수 있습니다. 즉, 이차방정식 $ax^2 + (b - m)x + (c - n) = 0$의 판별식 $D = (b - m)^2 - 4a(c - n)$의 부호에 따라 이차함수 $y = ax^2 + bx + c$의 그래프와 직선 $y = mx + n$의 위치 관계가 결정됩니다.

$ax^2 + (b-m)x$ $+(c-n)=0$의 판별식	이차함수 $y = ax^2 + bx + c$의 그래프와 직선 $y = mx + n$의 위치 관계	이차함수 $y = ax^2 + bx +$ $c(a>0)$의 그래프와 직선 $y = mx + n(m>0)$의 모양
$D > 0$	서로 다른 두 점에서 만난다	
$D = 0$	한 점에서 만난다(접한다)	
$D < 0$	만나지 않는다	

일반적으로 방정식 $f(x) = g(x)$의 실근은 두 함수 $y = f(x)$, $y = g(x)$의 그래프의 교점의 x좌표와 같고 방정식 $f(x) = g(x)$의 서로 다른 실근의 개수는 두 함수 $y = f(x)$, $y = g(x)$의 그래프의 교점의 개수와 같다는 사실을 알 수 있습니다.

이차함수의 최대·최소 ─────────

함수 $y = f(x)$의 최댓값과 최솟값은 **함수의 함숫값 중에서 가장 큰 값을**

최댓값, 가장 작은 값을 **최솟값**이라고 합니다. 따라서 치역을 구해서 가장 큰 값이 최댓값, 가장 작은 값이 최솟값이 되는 것이지요. 일반적으로 정의역(x의 범위)가 주어지지 않으면 x는 실수 전체를 생각하고, 범위가 주어지는 경우에는 그 범위에 맞게 최댓값과 최솟값을 구합니다.

이차함수 $y = ax^2 + bx + c\,(a \neq 0)$의 최댓값과 최솟값에 대하여 살펴봅시다. 이차함수 $y = ax^2 + bx + c\,(a \neq 0)$의 최대·최소를 구할 때는 이차함수를 표준형으로 바꿔서 생각하는 것이 좋습니다.

◎ 실수 전체 범위에서 이차함수 $y = a(x-p)^2 + q$의 최대·최소

실수 전체 범위에서 이차함수 $y = a(x-p)^2 + q$의 최댓값과 최솟값에 대하여 살펴봅시다.

이차함수 $y = a(x-p)^2 + q$에서 $a > 0$이면 그래프 모양이 아래로 볼록이므로 최솟값은 꼭짓점의 y좌표인 q이고, 최댓값은 존재하지 않습니다. $a < 0$이면 그래프 모양이 위로 볼록이므로 최댓값은 꼭짓점의 y좌표인 q이고, 최솟값은 존재하지 않습니다.

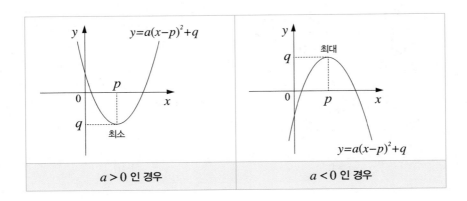

$a > 0$ 인 경우	$a < 0$ 인 경우

◎ **제한된 범위에서 이차함수 $y = a(x - p)^2 + q$의 최대·최소**

$\alpha \leq x \leq \beta$에서 이차함수 $y = a(x - p)^2 + q$의 최댓값과 최솟값에 대하여 살펴봅시다.

$\alpha \leq x \leq \beta$에서 이차함수 $y = a(x - p)^2 + q$의 최댓값과 최솟값은 꼭짓점의 x좌표 p가 x의 값의 범위에 속할 때와 속하지 않을 때로 구분하여 구해야 합니다.

이차함수 $y = a(x - p)^2 + q$의 꼭짓점의 x좌표 p가 x의 값의 범위에 속할 때, 즉 $\alpha \leq p \leq \beta$일 때, $a > 0$이면 그래프 모양이 아래로 볼록이면서 꼭짓점이 제한된 범위 안에 있으므로 최솟값은 꼭짓점의 y좌표인 q이고, 최댓값은 $f(\alpha)$, $f(\beta)$ 중 큰 값입니다. $a < 0$이면 그래프 모양이 위로 볼록이면서 꼭짓점이 제한된 범위 안에 있으므로 최댓값은 꼭짓점의 y좌표인 q이고, 최솟값은 $f(\alpha)$, $f(\beta)$ 중 작은 값입니다.

$\alpha \leq p \leq \beta$인 경우 이차함수 $y = a(x - p)^2 + q$의 최대·최소를 그래프를 통해 알아봅시다.

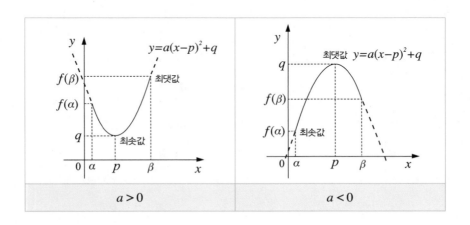

| $a > 0$ | $a < 0$ |

이차함수 $y = a(x-p)^2 + q$의 꼭짓점의 x좌표 p가 x의 값의 범위에 속하지 않을 때, 즉 $p \leq \alpha \leq \beta$ 또는 $\alpha \leq \beta \leq p$일 때, a의 부호에 관계없이 꼭짓점이 제한된 범위 안에 없으므로 $f(\alpha)$, $f(\beta)$ 중 큰 값이 최댓값이고 작은 값이 최솟값입니다.

$p \leq \alpha \leq \beta$ 또는 $\alpha \leq \beta \leq p$인 경우 이차함수 $y = a(x-p)^2 + q$의 최대ㆍ최소를 그래프를 통해 알아봅시다.

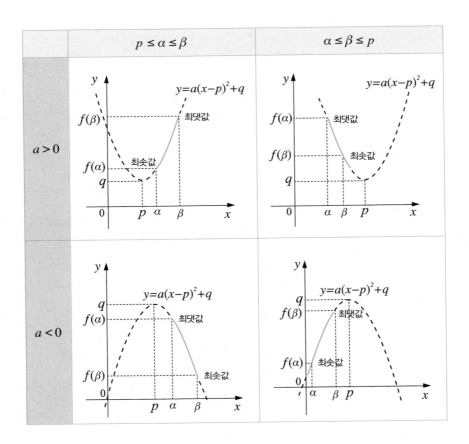

1. 일차함수 $y = ax\,(a \neq 0)$의 그래프

(1) $a > 0$일 때

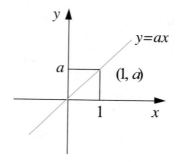

(2) $a < 0$일 때

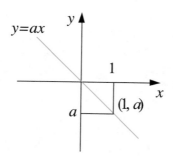

2. 이차함수는 기본형 $y = ax^2$, 표준형 $y = a(x-p)^2 + q$, 일반형 $y = ax^2 + bx + c$의 세 가지 형태가 있다. 이차함수의 그래프는 일단 표준형 $y = a(x-p)^2 + q$으로 바꾸어놓은 다음 꼭짓점 (p, q)와 a의 부호에 주의하여 그린다.

(1) 이차함수 $y = ax^2$의 그래프

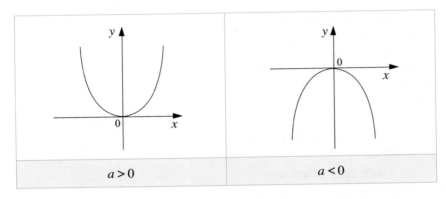

| $a > 0$ | $a < 0$ |

(2) 이차함수 $y = a(x-p)^2 + q$의 그래프

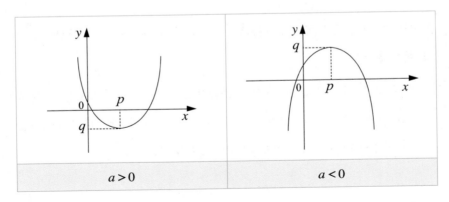

| $a > 0$ | $a < 0$ |

(3) 이차함수 $y = ax^2 + bx + c$의 그래프

(1) a의 부호 : 그래프의 전체 모양을 결정
 	
  1) $a > 0$이면 그래프가 아래로 볼록
  2) $a < 0$이면 그래프가 위로 볼록
	
	$a > 0$
		
		$a < 0$

(2) ab의 부호 : 대칭축의 위치를 결정
 	
  1) $ab > 0$이면 대칭축이 y축의 왼쪽에
     위치
  2) $ab < 0$이면 대칭축이 y축의 오른쪽에
     위치
	
	$ab > 0$
		
		$ab < 0$

(3) c의 부호 : 그래프가 y축과 만나는 점의
    부호를 결정
 	
  1) $c > 0$이면 y축과 $y > 0$에서 만난다
  2) $c < 0$이면 y축과 $y < 0$에서 만난다
	
	$c > 0$
		
		$c < 0$

3. 일반형으로 주어진 이차함수 $y = ax^2 + bx + c$의 그래프와 x축의 위치 관계

이차방정식 $ax^2 + bx + c = 0$의 판별식 $D = b^2 - 4ac$의 부호를 조사하여 파악한다. 즉, $D > 0$이면 서로 다른 두 점에서 만나고, $D = 0$이면 한 점에서 만나고(접한다), $D < 0$이면 만나지 않는다.

4. 이차함수 $y = ax^2 + bx + c\,(a \neq 0)$의 그래프와 직선 $y = mx + n$ 의 위치 관계

이차방정식 $ax^2 + bx + c = mx + n$의 판별식 $D = (b - m)^2 - 4a(c - n)$ 의 부호를 조사하여 파악한다.

5. 이차함수 $y = ax^2 + bx + c\,(a \neq 0)$의 최댓값과 최솟값을 구할 때는 실수 전체의 범위에서 구할지 제한된 범위에서 구할지를 명확히 구분해야 한다.

(1) 실수 전체 범위에서 이차함수 $y = a(x - p)^2 + q$의 최댓값과 최솟값은 $a > 0$이면 그래프 모양이 아래로 볼록이므로 최솟값은 꼭짓점의 y좌표인 q이고, 최댓값은 존재하지 않는다. 반면 $a < 0$이면 그래프 모양이 위로 볼록이므로 최댓값은 꼭짓점의 y좌표인 q이고, 최솟값은 존재하지 않는다.

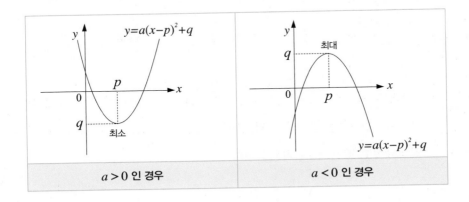

(2) 제한된 범위 $\alpha \le x \le \beta$에서 이차함수 $y = a(x-p)^2 + q$의 최댓값과 최솟값은 이차함수 $y = a(x-p)^2 + q$의 꼭짓점의 x좌표 p가 x의 값의 범위에 속할 때와 속하지 않을 때로 구분하여 구한다. 즉, 꼭짓점의 x좌표 p가 x의 값의 범위에 속할 때는 $a > 0$이면 그래프 모양이 아래로 볼록이면서 꼭짓점이 제한된 범위 안에 있으므로 최솟값은 꼭짓점의 y좌표인 q이고, 최댓값은 $f(\alpha)$, $f(\beta)$ 중 큰 값이다. $a < 0$이면 그래프 모양이 위로 볼록이면서 꼭짓점이 제한된 범위 안에 있으므로 최댓값은 꼭짓점의 y좌표인 q이고, 최솟값은 $f(\alpha)$, $f(\beta)$ 중 작은 값이다.

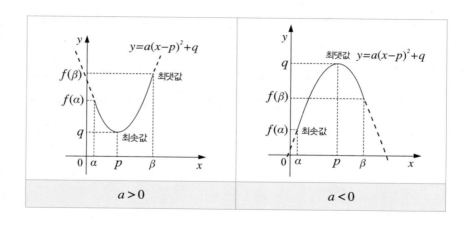

꼭짓점의 x좌표 p가 x의 값의 범위에 속하지 않을 때는 a의 부호에 관계없이 꼭짓점이 제한된 범위 안에 없으므로 $f(\alpha)$, $f(\beta)$ 중 큰 값이 최댓값이고 작은 값이 최솟값이다.

	$p \leq \alpha \leq \beta$	$\alpha \leq \beta \leq p$
$a > 0$	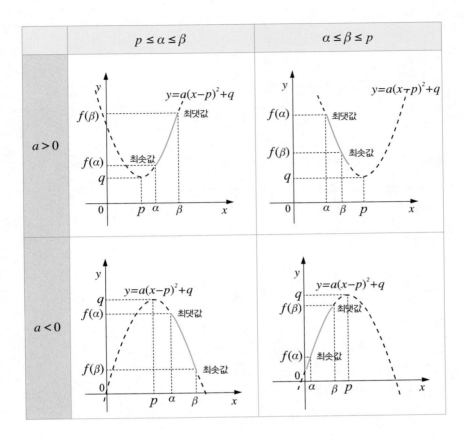	
$a < 0$		

❶ 그림은 집합 X에서 집합 Y로의 함수 $f : X \rightarrow Y$를 나타낸 것이다. 함수 f의 정의역, 공역, 치역을 순서대로 나열하시오.

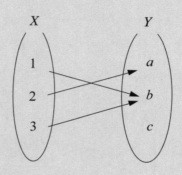

풀이　정의역 : $\{1, 2, 3\}$, 공역 : $\{a, b, c\}$, 치역 : $\{a, b\}$

❷ 이차함수 $y = 2x^2 + 4x$의 그래프는 $y = 2x^2$의 그래프를 x축의 방향으로 a만큼, y축의 방향으로 b만큼 평행이동한 것이다. 이때, $a + b$의 값을 구하시오.

풀이　주어진 이차함수 $y = 2x^2 + 4x$을 표준형으로 바꾸면

$$y = 2x^2 + 4x = 2(x^2 + 2x) = 2(x^2 + 2x + 1 - 1)$$

$$= 2(x + 1)^2 - 2$$

따라서 $y = 2x^2 + 4x$의 그래프는 $y = 2x^2$의 그래프를 x축의 방향으로 -1 만큼, y축의 방향으로 -2만큼 평행이동한 것이다.

$$\therefore a + b = (-1) + (-2) = -3$$

❸ 이차함수 $y = -2x^2 + ax + b$의 대칭축의 방정식이 $x = 1$이고, 최댓값이 3이다. 이때, 상수 a, b에 대하여 $a + b$의 값을 구하시오.

풀이 축의 방정식이 $x = 1$, 최댓값이 3이므로 이차함수의 꼭짓점의 좌표는 $(1, 3)$이다.

따라서 $y = -2x^2 + ax + b = -2(x - 1)^2 + 3 = -2x^2 + 4x + 1$

$\therefore a = 4$, $b = 1$ 그러므로 $a + b = 5$이다.

❹ $-1 \leq x \leq 4$에서 함수 $f(x) = x^2 - 2ax + 2$의 최솟값이 -7일 때, 함수 $f(x)$의 최댓값을 구하시오. (단, a는 양수이다.)

풀이 $f(x) = (x - a)^2 - a^2 + 2$이므로

1) $0 < a \leq 4$일 때

$f(x)$의 최솟값은 $f(a) = -a^2 + 2$이므로 $-a^2 + 2 = -7$ $\therefore a = 3$

이 때, 최댓값은 $f(-1) = 9$

2) $a > 4$일 때

$f(x)$의 최솟값은 $f(4) = -8a + 18$이므로

$-8a + 18 = -7$ $\therefore a = \dfrac{25}{8}$ (모순)

따라서 구하는 최댓값은 9이다.

❺ 이차함수 $y = x^2 + ax + b$의 그래프가 두 직선 $y = -x + 4$와 $y = 5x + 7$에 동시에 접할 때, 두 상수 a, b의 곱 ab의 값을 구하시오.

풀이 1) $y = x^2 + ax + b$와 $y = -x + 4$가 접할 때

$x^2 + ax + b = -x + 4$에서 $x^2 + (a + 1)x + b - 4 = 0$

$D = (a + 1)^2 - 4(b - 4) = 0$ ······ ㉠

2) $y = x^2 + ax + b$와 $y = 5x + 7$이 접할 때,

$x^2 + ax + b = 5x + 7$에서 $x^2 + (a - 5)x + b - 7 = 0$

$D = (a - 5)^2 - 4(b - 7) = 0$ ······ ㉡

㉠ - ㉡에서 $12a - 36 = 0$ ∴ $a = 3$

또, ㉠에서 $b = 8$

∴ $ab = 3 \times 8 = 24$

❻ 이차함수 $y = ax^2 + bx + c$의 그래프가 오른쪽 그림과 같을 때, 이차함수 $y = -ax^2 + bx - c$는 $x = p$일 때, 최댓값 M을 갖는다. $p + M$의 값을 구하시오.

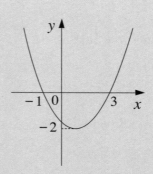

풀이 이차함수 $y = ax^2 + bx + c$의 축의 방정식은 $x = \dfrac{-1+3}{2}$,

즉, $x = 1$이고 최솟값이 -2이므로

$y = ax^2 + bx + c = a(x-1)^2 - 2$

$ax^2 + bx + c = ax^2 - 2ax + a - 2$

$b = -2a,\ c = a - 2$

$y = -ax^2 + bx - c = -ax^2 - 2ax - a + 2$

$= -a(x^2 + 2x + 1) + 2 = -a(x+1)^2 + 2$이다.

이차함수 $y = -ax^2 + bx + c$는 $-a < 0$ 이므로 $x = -1$일 때 최댓값 2를

갖는다.

$\therefore\ p + M = -1 + 2 = 1$

정답 1. 정의역 : $\{1, 2, 3\}$, 공역 : $\{a, b, c\}$, 치역 : $\{a, b\}$ 2. -3

3. 5   4. 9   5. 24   6. 1

6강

직선의 방정식

Intro

　여러분은 직선이 무엇이라고 생각하나요? 아마 구부러지지 않고 곧게 뻗어 있는 무한한 선이라고 생각할 거예요. 맞아요. 직선(直線)은 무한히 가늘고, 무한히 길고 곧은 기하학적 요소입니다. 그래서 유클리드는 "직선은 점들이 쭉 곧게 있는 것", "폭이 없는 길이"라고 했지요.

　사실 비유클리드기하학에서의 직선은 지금 우리가 이해하기에는 너무 어려워요. 나중에 대학생이 되면 공부해보세요.^^ 그래서 이번 장에서는 우리 교과서에서 다루는 유클리드의 직선만 생각하기로 해요. 그런데 직선을 왜 배우냐고요? 다음 상황을 생각해보세요.

　석이네 가족은 휴일을 맞이하여 오리엔테어링[034] 대회에 참가했다.

3km

강

석이의
현위치

4km

석이네 가족은 현재의 위치에서 북쪽으로 $3km$ 지점과 동쪽으로 $4km$ 지점을 지나서 직선으로 흐르는 강에 가장 빠른 경로를 통해 도착해야 한다. 강까지 가는 데 걸리는 최소시간은 몇 분이 필요할까? (단, 석이네 가족이 이동하는 속도는 100m/분)

　이제 석이네 가족을 어떻게 도울 수 있는지 함께 찾아봅시다.

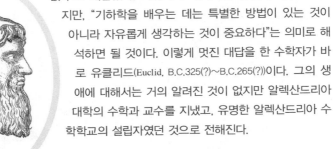

스토리 수학

기하학에는 왕도[035]가 없다

그리스의 수학자 톨레미가 어떤 수학자에게 "기하학을 터득하기 위한 지름길이 무엇이냐?"고 물었을 때, 그는 "기하학에는 왕도가 없다"고 대답했다. 사람마다 해석하는 방법이 다르겠지만, "기하학을 배우는 데는 특별한 방법이 있는 것이 아니라 자유롭게 생각하는 것이 중요하다"는 의미로 해석하면 될 것이다. 이렇게 멋진 대답을 한 수학자가 바로 유클리드(Euclid, B.C.325(?)~B.C.265(?))이다. 그의 생애에 대해서는 거의 알려진 것이 없지만 알렉산드리아 대학의 수학과 교수를 지냈고, 유명한 알렉산드리아 수학학교의 설립자였던 것으로 전해진다.

▲ 유클리드 Euclid

034　오리엔테어링이란 지도와 나침반만을 가지고 지도상에 표시된 몇 개의 지점을 될 수 있는 대로 짧은 시간에 찾아내는 경기로서, 미지의 지형에 있어서의 방향 탐지 능력과 체력을 실제로 점검하여, 어떠한 상황에서도 재빠르게 더욱 정확한 활동을 취할 수 있는 능력을 기르는 것을 목적으로 한다.

035　왕도(王道): 어떤 일을 하는 데에 마땅히 거쳐야 하는 과정.

그에 관련된 유명한 일화가 있다. 기하학을 배우던 한 학생이 유클리드에게 "이런 것을 배워서 무엇을 얻을 수 있습니까?" 하고 묻자 유클리드는 즉시 하인을 불러서 "저 학생에게 동전 한 닢을 주어라. 그는 자기가 배운 것으로부터 반드시 무엇을 얻어야 하니까"라고 말했다고 한다. 유클리드는 『기하학 원론』이라는 유명한 책을 편찬했는데, 이 책에는 많은 기하학적 사실들이 담겨 있어서 중세와 근대까지 기하학의 교과서처럼 사용되었다. 특히, 이 책에는 기하학의 가장 기본적인 전제 조건인 '유클리드 공준(公準)'[036] 5가지가 나오는데, 내용은 다음과 같다.

▲ 보여이 János Bolyai

유클리드의 공준
제1공준: 임의의 점과 다른 한 점을 연결하는 직선은 단 하나뿐이다.
제2공준: 임의의 선분은 양 끝으로 얼마든지 연장할 수 있다.
제3공준: 임의의 점을 중심으로 하고 임의의 길이를 반지름으로 하는 원을 그릴 수 있다.
제4공준: 직각은 모두 서로 같다.
제5공준: 한 직선 밖의 한 점을 지나면서 평행한 직선은 오직 하나이다.

조금만 생각해보면 모두 당연한 사실이다. 그런데 절대적이고 완벽하게 생각되었던 유클리드의 공준 중에서 제5공준을 반대하는 수학자들이 있었다. 제5공준은 '평행선 공준'이라 불리는데, 다른 4개의 공준이 자와 컴퍼스를 이용해 경험적으로 이해될 수 있는 것과 달리 복잡하고 직관적이지 못하여 몇몇 수학자들은 제5공준이 불완전하다고 생각했던 것이다. 그래서 이후 많은 우수한 수학자들이 연구를 하였지만 시간과 노력만 허비하고 말았다. 그러던 중, 1830년에 로바쳅스

▲ 로바쳅스키
Nikolai Ivanovich Lobachevsky

키(Nikolai Ivanovich Lobachevsky, 1792~1856), 보여이(János Bolyai, 1802~1860), 리만(Georg Friedrich Bernhard Riemann, 1826~1866) 등에 의해 제5공준을 부정하는 새로운 기하학의 장르가 시작되었다. 무려 『기하학 원론』이 발표된 지 2000년이 지난 뒤의 일이다. 이 기하학의 장르를 **비유클리드 기하학**이라고 한다.

▲ 리만 Georg Friedrich
Bernhard Riemann

기울기와 절편 ———

직선을 좌표평면위에 나타내기 위해서는 무엇이 필요할까요? 먼저 직선을 알기 위한 몇 개의 중요한 용어를 정리해봅시다. 그것은 바로 중학교 때 배웠던 '기울기, x절편, y절편'입니다.

◎ 기울기

기울기란 여러분이 생각하는 대로 기울어진 정도를 의미합니다. 좀 더 수학적으로 이야기하자면 일차함수 $y = ax + b$의 그래프가 기울어진 정도를 나타내는 값★을 말하지요.

여러분, 혹시 이사할 때 사용하는 사다리차를 본 적이 있나요? 사다리

---

036 공준(公準)은 요청(要請)이라고도 한다. 공리와 거의 같은 뜻으로 쓰인다. 공리는 증명 불가능한 자명(自明)의 일로 생각되고 있으나 공리가 부정될 가능성(실천적 이론, 혹은 비유클리드 기하학 등)을 생각한다면, 하나의 이론체계에서 가정된 기본적 전제로서의 성격이 짙어지는데, 이 경우를 공준(요청)이라고 부른다.

일차함수의 식=직선의 방정식

일차함수 $y = ax + b$의 그래프는 모두 직선이므로 일차함수의 식을 직선의 방정식이라고도 부릅니다. $y = f(x)$처럼 x, y의 관계를 나타내는 함수일 경우 $y = ax + b$로 쓰고, 직선의 방정식을 나타낼 때는 미지수 y를 이항하여 $ax - y + b = 0$의 꼴로 나타낸다. 함수이냐, 직선의 방정식이냐에 따라 표현은 다르지만, 식 자체는 동일한 것입니다.

그래프는 다음과 같습니다.

$a > 0$일 때

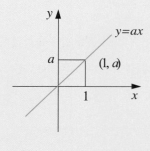

$a < 0$일 때

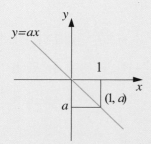

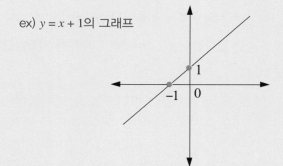

ex) $y = x + 1$의 그래프

◎ 중학교 2학년 〈일차함수〉

차의 사다리는 지면에 대하여 얼마만큼 기울어져 있던가요? 10층으로 이사하는 경우와 20층으로 이사하는 경우, 사다리차의 사다리가 기울어진 정도는 어떻게 되나요? 기울어진 정도가 2배일까요?

위의 상황을 예를 들어 그림으로 나타내면 다음과 같습니다.

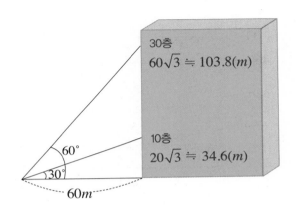

건물로부터 $60m$ 떨어진 곳에서 10층까지 사다리차의 사다리가 $30°$ 만큼 기울어진다고 한다면, $60°$ 만큼 기울어지면 20층에 도달해야 합니다. 그런데 여러분이 앞에 장에서 배운 삼각비를 이용하여 계산해보면 $\tan 60°$ = $\sqrt{3}$ 이므로 $60\sqrt{3}$ ≒ 103.8입니다. 즉, 30층에 도달한다는 거죠. 이상하지 않나요? 그래서 기울어진 정도를 각으로 나타내는 것이 아니라 다른 방법으로 나타내어야 합니다. 그 방법이 바로 $\dfrac{(수직방향의\ 증가량)}{(수평방향의\ 증가량)}$ 입니다. 이 값만 알면 누구나 기울어진 정도를 예상할 수 있답니다.

예를 들어볼게요. 스키장의 슬로프는 초급자, 중급자, 상급자용으로 나눕니다. 강원도에 있는 우리나라에서 가장 큰 스키장인 용평리조트의 슬로프별 최대 기울기를 살펴볼까요? 초급자 코스는 0.17, 중급자 코스는

0.32, 상급자 코스는 0.46, 최상급자 코스는 0.57입니다. 이것을 슬로프별 높이로 나타내면 다음과 같다는 거죠. 이제 왜 기울기를 수로 나타내어야 하는지 이해되나요?

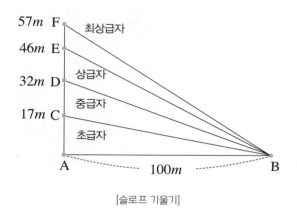

[슬로프 기울기]

사실 우리가 중학교 때 일차함수 $y = ax + b$의 그래프는 모두 직선이어서 직선의 방정식을 $y = ax + b$(a, b는 실수)로 나타내었어요. 이때, 실수 a가 바로 기울기입니다. 왜냐하면, 기울기는 직선이 기울어진 정도를 수로 나타낸 것이므로 $\dfrac{(y값의 증가량)}{(x값의 증가량)}$을 계산해보면 된답니다. 즉, 직선 위의 두 점 $A(x_1, y_1)$, $B(x_2, y_2)$ 사이의 기울기는 다음과 같지요.

$$\frac{y_2 - y_1}{x_2 - x_1} = \frac{ax_2 - b - (ax_1 - b)}{x_2 - x_1} = \frac{a(x_2 - x_1)}{x_2 - x_1} = a$$

따라서 직선의 기울기는 어느 점에서나 일정합니다.

◎ 절편

x절편이란 직선이 x축과 만나는 점의 x좌표로서 직선의 방정식에 $y = 0$을 대입했을 때의 x의 값입니다. **y절편**이란 직선이 y축과 만나는 점의 y좌표로서 직선의 방정식에 $x = 0$을 대입했을 때의 y의 값입니다. 따라서 x절편이 a일 때 x절편의 좌표는 $(a, 0)$이고, y절편이 b일 때 y절편의 좌표는 $(0, b)$입니다. 이를 그림으로 나타내면 아래와 같습니다.

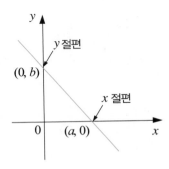

예를 들어, $y = -x + 1$이라는 직선은 x축, y축과 각각 $(1, 0)$, $(0, 1)$에서 만나므로 x절편은 1, y절편은 1입니다. 그래서 x절편의 좌표는 $(1, 0)$, y절편의 좌표는 $(0, 1)$입니다.

그럼, 절편을 구하는 이유는 무엇일까요? 예, 그렇습니다. 바로 직선이 x축, y축과 만나는 점을 안다면 직선을 그리기가 한결 수월해지기 때문입니다.

직선의 방정식 ──────────

◎ 좌표축에 평행한 직선의 방정식

먼저 간단한 직선부터 살펴봅시다. 좌표평면에서 좌표축에 평행한 직선의 방정식은 무엇일까요? 아주 간단합니다. 아래 그림을 보면 금방 이해가 되는데요.

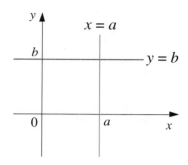

[좌표축 평행]

x절편이 a이고, y축에 평행한 직선의 방정식은 $x = a$이고, y절편이 b이고 x축에 평행한 직선의 방정식은 $y = b$입니다. 그래서 x축의 방정식은 $y = 0$이고, y축의 방정식은 $x = 0$이에요.

예를 들어, 점(4, −5)를 지나고 x축에 평행한 직선의 방정식은 $y = −5$이고, y축에 평행한 직선의 방정식은 $x = 4$입니다.

◎ 좌표축에 수직인 직선의 방정식

하나의 좌표축에 수직인 직선은 다른 좌표축에는 평행인 직선으로 생각하면 되겠죠? 따라서, x절편이 a이고 x축에 수직인 직선의 방정식은 y축 과는 평행인 직선으로 생각하면 되므로 $x = a$입니다. 또, y절편이 b이고 y 축에 수직인 직선의 방정식은 x축과는 평행인 직선으로 생각하면 되므로 $y = b$입니다. 예를 들어 점 $(2, -1)$을 지나고 x축에 수직인 직선의 방정식 은 $x = 2$, y축에 수직인 직선의 방정식은 $y = -1$입니다.

◎직선의 방정식의 일반형

일차방정식 $x - y - 1 = 0$을 만족시키는 x, y의 순서쌍 (x, y)를 구해보면, $(0, -1), (1, 0), (\sqrt{2}, \sqrt{2} - 1), \cdots$로서 무수히 많습니다. 이것을 좌표평면 위 에 점으로 표시하면 그림처럼 하나의 직선 l을 그립니다.

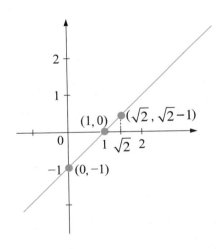

이때, 방정식 $x - y - 1 = 0$을 직선 l의 방정식이라고 합니다. 즉, **어떤 도형의 방정식이란 그 도형 위에 있는 무수히 많은 점의 x좌표와 y좌표 사이의 관계식** 을 말합니다.

이제, 일반적인 경우의 직선의 방정식은 어떻게 나타내는지 알아봅시다. 직선의 방정식의 일반형은 다음과 같이 정의합니다.

ATTENTION

직선의 방정식의 일반형

x, y에 대한 일차방정식 $ax + by + c = 0(a \neq 0$ 또는 $b \neq 0)$의 그래프는 직선이고, $ax + by + c = 0$의 꼴을 직선의 방정식의 일반형이라고 한다.

그런데 왜 이 식을 '일반형'이라고 할까요? 그것은 좌표평면 위의 모든 직선의 방정식을 x, y에 대한 일차방정식 $ax + by + c = 0(a \neq 0$ 또는 $b \neq 0)$의 꼴로 나타낼 수 있기 때문입니다. 그럼, 진짜 나타낼 수 있는지 알아볼까요?

방정식 $ax + by + c = 0$에서 계수 a, b, c에 따라 직선의 방정식이 결정되는데,

(1) $b \neq 0$이면 $y = -\dfrac{a}{b}x - \dfrac{c}{b}$이므로 기울기가 $-\dfrac{a}{b}$, y절편이 $-\dfrac{c}{b}$인 직선

(2) $a \neq 0$, $b = 0$이면 $ax + c = 0$, 즉 $x = -\dfrac{c}{a}$이므로 y축에 평행한 직선

(3) $a = 0$, $b \neq 0$이면 $by + c = 0$, 즉 $y = -\dfrac{c}{b}$이므로 x축에 평행한 직선을

나타냅니다.

(1), (2), (3)에서 x, y에 대한 일차방정식 $ax + by + c = 0(a \neq 0$ 또는 $b \neq$

0)의 그래프는 항상 직선임을 알 수 있습니다. 그래서 일차방정식 $ax + by + c = 0(a \neq 0$ 또는 $b \neq 0)$의 꼴을 직선의 방정식의 일반형이라고 하는 것입니다. 참고로 우리가 많이 사용하는 $y = ax + b$ 형태는 직선의 방정식의 '표준형'이라고 합니다. 그런데 직선의 방정식의 표준형 $y = ax + b$는 y축과 평행한 직선들은 나타낼 수가 없습니다. 그래서 일반형이 필요합니다.

예를 들어볼게요. 두 점 $(2, 1)$, $(2, 3)$을 지나는 직선의 방정식을 구하려면 기울기가 필요합니다. 그런데 기울기를 구하려고 보니 $\dfrac{3 - 1}{2 - 2} = \dfrac{2}{0}$가 되어 구할 수가 없어요. 즉, 표준형 $y = ax + b$에 대입하면 연립방정식 $\begin{cases} 2a + b = 1 \cdots \text{①} \\ 2a + b = 3 \cdots \text{②} \end{cases}$에서 ① $-$ ②하면 $0 \times a + 0 \times b = -2$에서 a와 b를 구할 수가 없습니다. 하지만 일반형 $ax + by + c = 0$에 대입한다면 $\begin{cases} 2a + b + c = 0 \quad \cdots \text{①} \\ 2a + 3b + c = 0 \cdots \text{②} \end{cases}$에서 $b = 0, c = -2a$이므로 $x = 2$이라는 직선의 방정식을 구할 수 있습니다. 일반형과 표준형을 구별하여 배우는 이유를 알겠지요? 이제, 특수한 경우의 직선의 방정식을 살펴보겠습니다.

직선의 결정 조건 ─────────

직선이 결정되기 위해서는 어떠한 조건이 필요할까요? 무슨 말이냐 하면, 한 점을 지나는 직선은 무수히 많잖아요? 그러니까, 딱 하나의 직선으로 결정되기 위해서는 무엇이 필요하냐는 것이지요. 여러분이 한 번 생각해보실래요? 일단, 한 점은 있어야겠죠? 그리고 기울기가 있으면 결정되지 않나요? 아니면 또 다른 한 점이 있어도 결정되겠지요? 그때의 직선의 방정식을 어떻게 구하는지 알아봅시다.

◎한 점과 기울기가 주어진 직선의 방정식

한 점과 기울기가 주어지면 하나의 직선이 결정됩니다. 아래 첫 번째 그림은 기울기가 일정할 때, 한 점 A가 주어지면 직선이 유일하게 (실선으로) 결정되는 것을 보여줍니다. 두 번째 그림은 한 점 A가 주어졌을 때, 여러 가지 기울기에 따른 직선을 나타내고 있는데, 기울기가 m으로 결정되면 직선이 유일하게 (실선으로) 결정되는 것을 보여주고 있습니다.

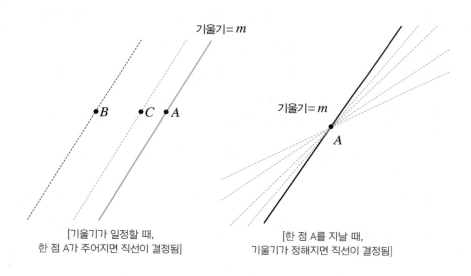

[기울기가 일정할 때,
한 점 A가 주어지면 직선이 결정됨]

[한 점 A를 지날 때,
기울기가 정해지면 직선이 결정됨]

그래서 한 점과 기울기가 주어지면 직선이 유일하게 결정되므로 직선의 방정식은 다음과 같이 구하면 됩니다. 기울기가 m이고 y절편이 n인 직선의 방정식이 $y = mx + n$임을 이용할게요. 직선 $y = mx + n$가 좌표평면 위의 한 점 $A(x_1, y_1)$를 지나면 $y_1 = mx_1 + n$에서 $n = y_1 - mx_1$이고 이를 대입하면 직선의 방정식은 $y - y_1 = m(x - x_1)$가 됩니다.

> **한 점과 기울기가 주어진 직선의 방정식**
>
> 점 $A(x_1, y_1)$를 지나고 기울기가 m인 직선의 방정식은
> $$y - y_1 = m(x - x_1)$$

◎ 두 점을 지나는 직선의 방정식

두 점을 지나는 직선은 몇 개가 있을까요? 우리는 직선을 '구부러지지 않고 곧게 뻗어 있는 무한한 선'이라고 했으므로 오직 한 개만 있겠지요. 그러면, 두 점 $A(x_1, y_1)$, $B(x_2, y_2)$를 지나는 직선의 방정식을 구해봅시다. 먼저 직선 AB의 기울기를 m이라 하면 $m = \dfrac{y_2 - y_1}{x_2 - x_1}$ 이므로, 위에서 말한 한 점 $A(x_1, y_1)$을 지나고 기울기가 $m = \dfrac{y_2 - y_1}{x_2 - x_1}$인 직선의 방정식을 구하면 되겠네요. 따라서 $y - y_1 = \dfrac{y_2 - y_1}{x_2 - x_1}(x - x_1)$가 되는 것이지요.

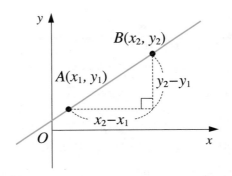

[두 점을 지나는 직선의 방정식]

> ### 두 점을 지나는 직선의 방정식
>
> 두 점 $A(x_1, y_1)$, $B(x_2, y_2)$ 지나는 직선의 방정식은
>
> $$y - y_1 = \frac{y_2 - y_1}{x_2 - x_1}(x - x_1)$$

일차방정식과 직선의 방정식 ─────────

일차방정식 $ax + by + c = 0$이 나타내는 도형은 앞에서 말했듯이 직선입니다. 왜 그럴까요? 지금까지 구한 여러 가지 직선의 방정식은 모두 x, y에 대한 일차방정식 $ax + by + c = 0$(단, a, b는 동시에 모두 0이 아니다)의 꼴로 나타낼 수 있습니다. 역으로 이 식을 변형하면 다음과 같은 직선의 방정식의 꼴로 나타낼 수 있지요.

$a \neq 0$, $b \neq 0$일 때, $y = -\dfrac{a}{b}x - \dfrac{c}{b}$ ← $y = mx + n$ 꼴

$a = 0$, $b \neq 0$일 때, $y = -\dfrac{c}{b}$ ← $y = y_1$ 꼴

$a \neq 0$, $b = 0$일 때, $x = -\dfrac{c}{a}$ ← $x = x_1$ 꼴

따라서 **일차방정식 $ax + by + c = 0$은 직선의 방정식**입니다. 그렇다면 직선의 방정식을 일차방정식으로 설명하는 이유는 무엇일까요? 그것은 두 직선의 위치 관계를 다른 각도로 보면 교점의 개수가 몇 개인지를 말하는 것

이고, 또 교점이라는 것은 두 직선의 방정식을 연립한 연립방정식의 해이기 때문입니다. 따라서 두 직선의 위치 관계를 연립방정식의 해를 이용하여 나타낼 수도 있답니다.

두 직선의 위치 관계

(연립방정식의 해의 개수) = (두 직선의 교점의 개수)

즉, 이를 정리하면 다음과 같이 표로 나타낼 수 있어요.

	평행하다	일치한다	한 점에서 만난다
연립방정식의 해의 개수	해가 없다	해가 무수히 많다	해가 한 개 있다

두 직선의 위치 관계 ─────────

두 직선 사이의 위치 관계는 평행한 경우, 일치하는 경우, 한 점에서 만나는 경우의 세 가지로 나누어 생각할 수 있습니다. 각각의 경우를 그림으로 나타내면 다음과 같습니다.

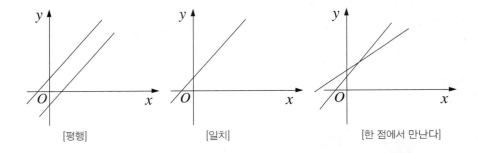

[평행]   [일치]   [한 점에서 만난다]

물론 좌표축에 평행하거나 수직인 직선도 고려해야 하지만, 그래프를 그려보면 아주 쉽게 알 수 있으므로 표준형으로 나타낼 수 있는 직선의 위치 관계를 생각해봅시다.

◎ 두 직선이 서로 평행일 조건

두 직선이 서로 평행하다는 것은 서로 만나지 않는다는 것을 의미합니다. 그러기 위해서는 일단 **기울기가 같아야** 합니다. 즉, 두 직선 $y = m_1 x + n_1$, $y = m_2 x + n_2$가 평행일 조건은 $m_1 = m_2$이고 $n_1 \neq n_2$입니다. 그 이유는 다음과 같습니다.

만약, 두 직선이 점 (a, b)에서 만난다고 가정하면 $b = m_1 a + n_1$, $b = m_2 a + n_2$가 성립합니다.

따라서 $m_1 a + n_1 = m_2 a + n_2$에서 $(m_1 - m_2)a = n_2 - n_1$입니다. 여기서 만일 $m_1 = m_2$이면 $n_2 = n_1$이므로 두 직선이 서로 일치하게 됩니다. $m_1 \neq m_2$이면 a의 값이 $a = \dfrac{n_2 - n_1}{m_1 - m_2}$ 로서 존재하므로 두 직선은 한 점에서 만나게 됩니다. 따라서 두 직선이 어떠한 점에서도 만나지 않고 평행할 필요충분조건은 $m_1 = m_2$이고 $n_1 \neq n_2$ 입니다.

◎ 두 직선이 서로 일치할 조건

두 직선이 일치하기 위해서는 두 직선의 기울기와 y절편이 각각 같아야 합니다. 즉, $y = m_1 x + n_1$, $y = m_2 x + n_2$에서 $m_1 = m_2$, $n_1 = n_2$이어야 합니다. 즉, 다시 말해서 두 직선이 방정식이 완전히 같아야 하는 거예요.

◎ 두 직선이 한 점에서 만나기 위한 조건

직관적으로 직선은 평행하지 않으면 반드시 한 점에서 만납니다. 너무 당연한가요? 앞의 '두 직선이 서로 평행일 조건'에서 설명한 바와 같이 기울기가 다르면 반드시 한 점에서 만나게 됩니다.

그런데 특별히, 두 직선이 수직일 조건을 한 번 생각해봅시다. 두 직선 $y = m_1 x + n_1$, $y = m_2 x + n_2$가 수직일 조건은 무엇일까요?

두 직선이 점 $M(a, b)$에서 수직으로 만난다고 합시다. 그리고 두 직선 위에 임의의 점 $P(x_1, y_1)$, $Q(x_2, y_2)$를 각각 잡아봅니다. 그러면 직선 PM의 기울기는 $m_1 = \dfrac{y_1 - b}{x_1 - a}$ 이고 직선 QM의 기울기는 $m_2 = \dfrac{y_2 - b}{x_2 - a}$ 입니다.

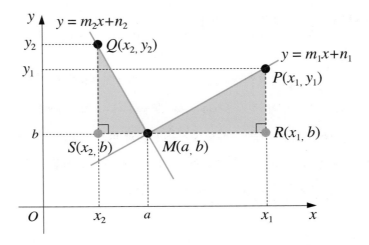

직각삼각형 PMR과 직각삼각형 MQS는 서로 닮음이므로 $\dfrac{\overline{MR}}{\overline{PR}} = \dfrac{\overline{QS}}{\overline{MS}}$ 에

서 $\dfrac{x_1 - a}{y_1 - b} = \dfrac{y_2 - b}{a - x_2}$ 이고, 이를 정리하면, $\dfrac{1}{m_1} = \dfrac{1}{\dfrac{y_1 - b}{x_1 - a}} = \dfrac{y_2 - b}{a - x_2} = -m_2$ 이

므로 $\dfrac{1}{m_1} = -m_2$ 에서 $m_1 m_2 = -1$ 입니다.

따라서 두 직선 $y = m_1 x + n_1$, $y = m_2 x + n_2$ 이 서로 수직이기 위한 조건
은 $m_1 m_2 = -1$ 입니다.

ATTENTION

두 직선 $y = m_1 x + n_1$, $y = m_2 x + n_2$이 서로 수직일 조건

$$m_1 m_2 = -1$$

점과 직선 사이의 거리 ─────────

우리는 모든 직선을 일차방정식 $ax + by + c = 0$으로 나타낼 수 있다
고 배웠습니다. 이제 직선 $l : ax + by + c = 0$과 이 직선 위에 있지 않은 점
$P(x_1, y_1)$사이의 거리를 구해보겠습니다. **점과 직선 사이의 거리**는 점에서 직
선으로 수선을 내렸을 때 그 수선의 발까지의 거리를 말합니다. 즉, 다음 그림
에서 빨간 선분의 길이를 구해보자는 것입니다.

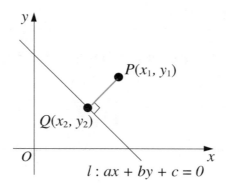

점 P에서 직선 l에 내린 수선의 발을 Q라고 하면

$$\overline{PQ}^2 = (x_2 - x_1)^2 + (y_2 - y_1)^2 \cdots \text{①}$$

직선 PQ는 직선 l과 수직이므로, 직선 PQ의 기울기와 직선 l의 기울기의 곱은 -1이니까, $\dfrac{y_2 - y_1}{x_2 - x_1} \times \left(-\dfrac{a}{b}\right) = -1$에서 $\dfrac{y_2 - y_1}{x_2 - x_1} = \dfrac{b}{a}$에요.

즉 $y_2 - y_1 = \dfrac{b}{a}(x_2 - x_1) \cdots \text{②}$

또, 점 Q는 직선 l 위의 점이므로 $ax_2 + by_2 + c = 0$이고, 이것을 변형하면 $a(x_2 - x_1) + b(y_2 - y_1) = -(ax_1 + by_1 + c) \cdots \text{③}$

②를 ③에 대입하면 $\dfrac{a^2 + b^2}{a}(x_2 - x_1) = -(ax_1 + by_1 + c)$

따라서 $x_2 - x_1 = -\dfrac{a(ax_1 + by_1 + c)}{a^2 + b^2}$

이것을 ②에 대입하면 $y_2 - y_1 = -\dfrac{b(ax_1 + by_1 + c)}{a^2 + b^2}$

따라서 ①에서

$$\overline{PQ}^2 = \left(-\dfrac{a(ax_1 + by_1 + c)}{a^2 + b^2}\right)^2 + \left(-\dfrac{b(ax_1 + by_1 + c)}{a^2 + b^2}\right)^2 = \dfrac{(ax_1 + by_1 + c)^2}{a^2 + b^2}$$

따라서 $\overline{PQ} = \sqrt{\dfrac{(ax_1 + by_1 + c)^2}{a^2 + b^2}} = \dfrac{|ax_1 + by_1 + c|}{\sqrt{a^2 + b^2}}$

이것이 바로 점과 직선 사이의 거리를 구하는 공식입니다.

ATTENTION

> **직선 $l : ax + by + c = 0$과 이 직선 위에 있지 않은 점 $p(x_1, y_1)$ 사이의 거리**
>
> $$d = \frac{|ax_1 + by_1 + c|}{\sqrt{a^2 + b^2}}$$

예를 들어, 점 $P(2, 1)$와 직선 $3x - 4y + 3 = 0$ 사이의 거리는

$\dfrac{|3 \times 2 + (-4) \times 1 + 3|}{\sqrt{3^2 + (-4)^2}} = \dfrac{5}{5} = 1$입니다. 만약, 직선의 방정식이 표준형인 $y = ax + b$의 꼴로 주어졌다면 일반형인 $ax - y + b = 0$의 꼴로 고쳐서 공식에 대입하면 되겠지요.

또, 그림과 같이 직선과 직선사이의 거리는 어떻게 구할까요? 두 직선 사이의 거리는 두 직선에 모두 수직인 선분의 길이로 정의합니다. 그러니까 평행인 두 직선만 거리를 구할 수가 있겠죠?

서로 평행인 두 직선 $ax + by + c = 0, a'x + b'y + c' = 0$ 사이의 거리는 한 직선 $a'x + b'y + c' = 0$와 직선 $ax + by + c = 0$위에 있는 점 $\left(0, -\dfrac{c}{b}\right)$ 사이의 거리를 구하면 되는 것입니다.

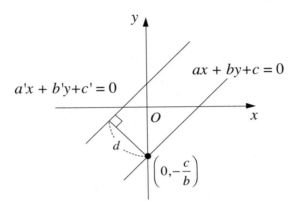

예를 들면, 직선 $2x + y + 3 = 0$과 직선 $2x + y + 5 = 0$ 사이의 거리는 직선 $2x + y + 3 = 0$와 직선 $2x + y + 5 = 0$위의 한 점 $(0, -5)$ 사이의 거리를 구하면 됩니다. 따라서 거리 d는

$$d = \frac{|2 \times 0 + (-5) + 3|}{\sqrt{2^2 + 1^2}} = \frac{2}{\sqrt{5}} = \frac{2\sqrt{5}}{5}$$ 입니다.

두 직선이 이루는 각의 이등분선 ─────────

앞에서 배운 점과 직선 사이의 거리를 이용하면 임의의 두 직선이 이루는 각을 이등분하는 직선의 방정식을 구할 수 있습니다. 어떻게 구하냐고요? 각의 이등분선 위의 임의의 점 $P(x, y)$에서 두 직선에 이르는 거리가 같다는 성질을 이용하여 구하면 됩니다.

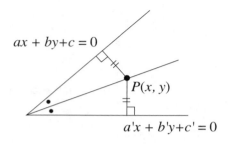

예를 들어 설명해볼게요. 두 직선 $3x - 4y - 2 = 0$, $5x + 12y - 22 = 0$이 이루는 각을 이등분하는 직선의 방정식을 구해봅시다.

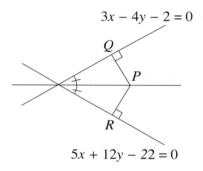

구하는 각의 이등분선 위의 임의의 점 $P(x, y)$에 대하여 점 P에서 두 직선에 내린 수선의 발을 각각 Q, R이라 하면 $\overline{PQ} = \overline{PR}$이므로

$$\frac{|3x - 4y - 2|}{\sqrt{9+16}} = \frac{|5x + 12y - 22|}{\sqrt{25+144}}$$ 입니다. 이를 정리하면,

$13(3x - 4y - 2) = \pm 5(5x + 12y - 22)$에서

$13(3x - 4y - 2) = 5(5x + 12y - 22)$ 또는 $13(3x - 4y - 2) = -5(5x + 12y - 22)$입니다.

따라서 이등분하는 직선의 방정식은 $x - 8y + 6 = 0$ 또는 $8x + y - 17 = 0$이 되는 거죠.

이 장의 시작 부분에 석이네 가족을 어떻게 도울 수 있는지 알아보자고 했죠? 이제 여러분이 도와주세요. 석이는 현재의 위치에서 북쪽으로 $3km$ 지점과 동쪽으로 $4km$ 지점을 지나서 직선으로 흐르는 강에 가장 빠른 경로를 통해 도착해야 하므로 석이의 위치를 원점 O라 하고 이를 좌표평면 위에 나타내면 다음과 같습니다.

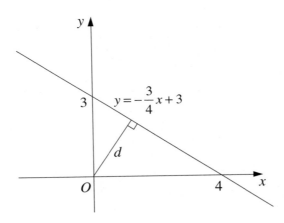

석이의 현 위치에서 강까지의 거리는 원점에서 직선 $y = -\dfrac{3}{4}x + 3$까지의 거리이므로 점과 직선 사이의 거리를 구하는 방법을 이용해 거리 d를 구해봅시다.

직선 $y = -\dfrac{3}{4}x + 3$을 일반형인 $3x + 4y - 12 = 0$으로 고칠 수 있으므로 원점 $(0, 0)$까지의 거리 d는 $d = \dfrac{|3 \times 0 + 4 \times 0 - 12|}{\sqrt{3^2 + 4^2}} = \dfrac{12}{5}(km)$입니다. 따라

서 이동하는 속도가 $100m$/분이므로 걸리는 시간은 $\dfrac{12}{5} \times 1000 \div 100 =$ $\dfrac{120}{5} = 24$(분)이 되겠지요?

1. 기울기

두 점 $A(x_1, y_1)$, $B(x_2, y_2)$ 사이의 기울기는 $\dfrac{y_2 - y_1}{x_2 - x_1}$

2. 직선의 방정식

직선의 방정식의 일반형 $ax + by + c = 0$에서

(1) $b \neq 0$이면 $y = -\dfrac{a}{b}x - \dfrac{c}{b}$이므로 기울기가 $-\dfrac{a}{b}$, y절편이 $-\dfrac{c}{b}$인 직선

(2) $a \neq 0$, $b = 0$이면 $ax + c = 0$, 즉 $x = -\dfrac{c}{a}$이므로 y축에 평행한 직선

(3) $a = 0$, $b \neq 0$이면 $by + c = 0$, 즉 $y = -\dfrac{c}{b}$이므로 x축에 평행한 직선

3. 한 점과 기울기가 주어진 직선의 방정식

점 $A(x_1, y_1)$를 지나고 기울기가 m인 직선의 방정식

$$y - y_1 = m(x - x_1)$$

4. 두 점을 지나는 직선의 방정식

두 점 $A(x_1, y_1)$, $B(x_2, y_2)$ 지나는 직선의 방정식

$$y - y_1 = \frac{y_2 - y_1}{x_2 - x_1}(x - x_1)$$

5. 두 직선이 서로 수직일 조건

두 직선 $y = m_1 x + n_1, y = m_2 x + n_2$이 서로 수직일 조건

$$m_1 m_2 = -1$$

6. 점과 직선 사이의 거리

직선 $l : ax + by + c = 0$과 이 직선 위에 있지 않은 점 $P(x_1, y_1)$ 사이의 거리

$$d = \frac{|ax_1 + by_1 + c|}{\sqrt{a^2 + b^2}}$$

❶ 두 점 $A(-4, 3)$, $B(2, -9)$를 지나는 직선이 점 $P(a, -1)$을 지날 때, 상수

a의 값은?

① -3 ② -2 ③ -1 ④ 0 ⑤ -1

풀이 두 점 $A(-4, 3)$, $B(2, -9)$를 지나는 직선의 방정식은

$y - 3 = \dfrac{-9 - 3}{2 - (-4)}(x + 4)$에서 $y = -2x - 5$

이때, 직선 $y = -2x - 5$가 점 $P(a, -1)$을 지나므로 $-1 = -2a - 5$

따라서 $a = -2$이다.

❷ 그림과 같이 점 $(-1, 1)$을 지나고 x축과 이루는 각의 크기가 $60°$인 직선

의 방정식이 $y = ax + b$일 때, $a - b$의 값은?

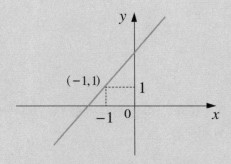

① -3 ② -1 ③ 2 ④ 4 ⑤ 6

풀이 직선의 기울기는 $\tan 60° = \sqrt{3}$ 이고 점 $(-1, 1)$을 지나므로 구하는 직선의 방정식은 $y - 1 = \sqrt{3}(x + 1)$에서 $y = \sqrt{3}x + \sqrt{3} + 1$

따라서 $a = \sqrt{3}$, $b = \sqrt{3} + 1$이므로 $a - b = -1$

❸ 직선 $y = 3x + 5$에 수직이고 점 $(-1, -2)$를 지나는 직선의 방정식이 $y = ax + b$일 때, 두 상수 a, b의 곱 ab의 값은?

① $\dfrac{1}{3}$ ② $\dfrac{4}{9}$ ③ $\dfrac{5}{9}$ ④ $\dfrac{2}{3}$ ⑤ $\dfrac{7}{9}$

풀이 직선 $y = 3x + 5$에 수직인 직선의 기울기를 m이라고 하면

$3 \times m = -1$, $m = -\dfrac{1}{3}$

따라서 기울기가 $-\dfrac{1}{3}$ 이고 점 $(-1, -2)$를 지나는 직선의 방정식은

$y - (-2) = -\dfrac{1}{3}\{x - (-1)\}$에서 $y = -\dfrac{1}{3}x - \dfrac{7}{3}$이다.

따라서 $a = -\dfrac{1}{3}$, $b = -\dfrac{7}{3}$이므로 $ab = -\dfrac{1}{3} \times \left(-\dfrac{7}{3}\right) = \dfrac{7}{9}$

❹ 두 직선 $y = \sqrt{3}x + 3$, $y = \dfrac{1}{\sqrt{3}}x + 3$이 이루는 각을 이등분하는 직선의 방정식을 구하시오.

풀이 직선을 이등분하는 직선 위의 점을 (x, y)라 두면 점 (x, y)에서 두 직선 까지의 거리가 같으므로

$$\frac{|\sqrt{3}x - y + 3|}{2} = \frac{|x - \sqrt{3}y + 3\sqrt{3}|}{2}$$ 에서 $|\sqrt{3}x - y + 3| = |x - \sqrt{3}y + 3\sqrt{3}|$

$$\sqrt{3}x - y + 3 = x - \sqrt{3}y + 3\sqrt{3}$$ 또는

$$\sqrt{3}x - y + 3 = -(x - \sqrt{3}y + 3\sqrt{3})$$

따라서 $x + y - 3 = 0$ 또는 $x - y + 3 = 0$

❺ 두 도시 A, B는 서울로부터 각각 동쪽으로 $40km$, 북쪽으로 $30km$ 떨어져 있다. 서울로부터 동쪽으로 $40km$, 북쪽으로 $40km$ 떨어진 지점에 신도시 P를 건설하고, 두 도시 A, B를 직선으로 연결한 도로와 신도시 P 사이를 최단 거리로 연결하는 도로를 건설하려고 한다. 이 때, 새로 건설할 도로의 길이를 구하여라.

풀이 그림과 같이 서울을 좌표평면 위의 원점에 놓으면 세 도시 A, B, P의 좌표는 각각 $A(40, 0)$, $B(0, 30)$, $P(40, 40)$이다.

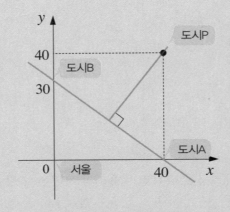

이때, 두 도시 A, B 사이의 직선 도로를 나타내는 직선은 두 점 $A(40, 0)$, $B(0, 30)$을 지나는 직선이므로 그 직선의 방정식은 $\dfrac{x}{40} + \dfrac{y}{30} = 1$에서 $3x + 4y - 120 = 0$ …㉠

따라서 구하는 도로의 길이는 점 $P(40, 40)$과 직선 ㉠사이의 거리이므로 $\dfrac{|3 \cdot 40 + 4 \cdot 40 - 120|}{\sqrt{3^2 + 4^2}} = \dfrac{160}{5} = 32(km)$

❻ 정사각형 $OABC$의 한 변 AB가 직선 $x + my - 6 = 0$위에 있고, 선분 AB가 x축에 의하여 이등분될 때, 양수 m의 값은? (단, O는 원점이다.)

① $\dfrac{1}{5}$　　② $\dfrac{1}{4}$　　③ $\dfrac{1}{3}$　　④ $\dfrac{1}{2}$　　⑤ 1

풀이 선분 $\overline{AB}$가 x축과 만나는 점을 D라 하고 $\overline{AD} = \overline{BD} = a$라 하면, $\overline{OA} = 2a$ 이다.

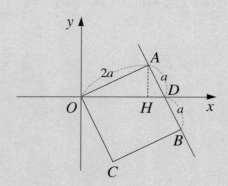

점 A에서 x축에 수선으로 내린 발을 H라 하면 $\triangle AOH \backsim \triangle DOA$ 이므로 $\overline{OA}$의 기울기는 $\dfrac{\overline{AH}}{\overline{OH}} = \dfrac{\overline{AD}}{\overline{OA}}$ 이다. 따라서 $\overline{OA}$의 기울기는 $\dfrac{a}{2a} = \dfrac{1}{2}$이고,

$\overline{AB}$의 기울기는 $\overline{OA}$에 수직이므로 -2이다.

따라서 $my = -x + 6$, $y = -\dfrac{1}{m}x + \dfrac{6}{m}$에서 $-\dfrac{1}{m} = -2$이므로 $m = \dfrac{1}{2}$

정답 1. ② 2. ② 3. ⑤ 4. $x + y - 3 = 0$, $x - y + 3 = 0$ 5. $32km$ 6. ④

7강

일차방정식

Intro

　방정식(方程式; equation)은 식에 나오는 문자(미지수)의 값에 따라 참이 되기도 하고 거짓이 되기도 하는 등식인데요, 이 용어는 고대 중국의 수학책인 『구장산술』의 제8장이 「방정(方程)」인 데에서 유래[037]했습니다. 『구장산술』의 '균수 편'에는 아래와 같은 일차방정식에 대한 문제가 나옵니다.

예제 지금 어떤 사람이 금 12근을 갖고 관문을 나가려고 하는데, 관세는 $\frac{1}{10}$을 받는다. 관문에서 금 2근을 취하면서 5,000전을 돌려주었다. 금 1근의 값은 얼마인가?

풀이 위 문제의 풀이를 살펴볼게요.
관세가 $\frac{1}{10}$이므로 금 12근의 $\frac{1}{10}$은 1.2근입니다. 그런데 관문에서 금 2근을 취하면서 5,000전을 돌려주었으므로 금 0.8근은 5,000전이 되겠지요? 따라서 금 1근은 $5,000 \times \frac{10}{8}$이고, 금 1근은 6,250전이지요. 이것을 방정식으로 나타내볼까요? 금 1근을 x전이라 하면 방정식은 $0.8x = 5,000$이 됩니다.

이처럼 일차방정식이란 미지수의 차수가 1차인 방정식, 즉 가장 간단한 방정식을 말합니다. 이것의 풀이는 그 기원을 고대 이집트에서부터 찾을 수 있습니다. 고대 이집트의 문서 「린드 파피루스*Rhind Papyrus*」에는 임시 위치법을 이용하여 일차방정식을 푼 내용이 실려 있습니다. 이처럼 일차방정식은 인류의 역사와 같이할 정도로 일상생활과 밀접한 관련이 있습니다. 일차방정식과 관련된 흔한 상황을 두어 가지 살펴보겠습니다.

백화점에서 갔더니 평소 눈여겨보던 운동화가 30% 세일하여 84,000원에 판매되고 있네요. 그렇다면 이 운동화의 세일 전 가격은 얼마일까요? 수학 시간이니까 가격표를 보지 말고 식을 세워 계산해봅시다. 세일 전 가격을 x원이라 하면 이 식은 $\frac{7}{10}x = 84,000$이 됩니다. 그러므로 세일 전 가격은 $x = 120,000$이 되는 것이지요.

이번에는 시간 계산 문제입니다. 시속 80*km/h*인 속도를 유지하면서 달리는 자동차로 서울에서 440*km* 떨어진 부산까지 가려고 합니다. 이때 걸리는 시간은 얼마입니까? 무엇을 x로 두어야 할까요? 예, 맞습니다. 질문에

037

순서	제목	문제 수	제목 뜻	내용
1	방전(方田)	38	네모꼴의 밭	다양한 도형의 넓이
2	속미(粟米)	46	조와 쌀	환율과 경제학
3	쇠분(衰分)	20	비율에 따른 분배	비율에 대한 각종 문제
4	소광(少廣)	24	적은 너비	분수, 제곱근과 세제곱근, 원과 구의 넓이·부피
5	상공(商功)	28	상업에서의 공력	다양한 입체의 부피
6	균수(均輸)	28	균등한 조세	쇠분 장보다 더 복잡한 비율에 대한 문제
7	영부족(楹不足)	20	넘침과 부족함	일차방정식의 해
8	방정(方程)	18	연립 일차방정식	연립 일차방정식의 해
9	구고(勾股)	24	직각삼각형	피타고라스의 정리

따라 걸리는 시간을 x라 하면 $80x = 440$이 되지요? 그러면 $x = 5.5$, 따라서 5시간 30분이 걸립니다.

이렇듯 일상에서 자주 사용되는 방정식의 풀이 체계를 만든 사람은 고대 그리스의 수학자 디오판토스(Diophantos, ?246~?330)[038]입니다. 그는 『산학Arithmetica』이라는 13권으로 된 수학책에서 기호를 사용하여 일차방정식의 해법을 기술했지요(13권 중 현존하는 책은 6권입니다).

또 인도의 수학자 브라마굽타가 628년에 쓴 책에는 미지수를 문자로 나타내어 식을 만드는 방법이 나옵니다. 브라마굽타는 최초로 0의 개념을 도입한 사람이기도 해요. 이번 장에서는 방정식의 개념을 토대로 일차방정식의 풀이를 살펴보겠습니다.

▲ 1621년에 출간된 디오판토스의 『산학』 표지

방정식이란?

방정식을 이해하려면 먼저 '등식(等式)'의 개념을 알고 있어야 해요. 등식

---

038 고대 그리스 알렉산드리아의 수학자. 대수학의 시조로, 최고(最古) 대수학서인 『산수론(算數論)』을 저술하였고, 디오판토스의 해석이라는 일종의 부정방정식 해법까지 연구했다.

이란 숫자, 문자, 기호를 사용한 식을 등호(=)를 써서 나타낸 식입니다. 다시 말해, 등호를 사용하여 수량 사이의 관계를 나타낸 식을 **등식**이라고 하지요. 이때, 등호를 기준으로 왼쪽에 있는 식을 좌변, 오른쪽에 있는 식을 우변, 좌변과 우변을 통틀어 양변이라고 하는데요, 등식은 크게 항등식과 방정식으로 나누어집니다.

먼저 다음과 같이 주어진 두 등식을 살펴볼까요?

① $x + 3 = 2x - (x - 3)$

② $2x + 1 = x + 2$

등식 ①은 x에 어떤 값을 대입해도 항상 좌변과 우변이 같아짐을 알 수 있습니다. 이와 같이 x에 어떤 값을 대입해도 항상 성립하는 등식을 **x에 대한 항등식**이라고 하지요. 반면, 등식 ②는 x에 오직 1을 넣어야만 좌변과 우변이 같아짐을 알 수 있습니다. 이와 같이 x에 어떤 특정한 값을 넣어야 성립하는 등식을 **x에 대한 방정식**이라고 합니다. 여기서 **문자 x를 방정식의 미지수**라고 합니다. 또한 방정식이 성립하게 하는 미지수 x의 값을 그 방정식의 **해 또는 근**이라 하며, 방정식의 해를 모두 구하는 것을 방정식을 '**푼다**'라고 말합니다.

여기서 잠시 방정식의 다양한 형태를 알아보겠습니다. **방정식은 양변을 구성하는 항의 형태에 따라 구분합니다.** 2강 〈문자의 사용과 식의 연산〉에서 배운 단항식 또는 다항식만으로 이루어진 방정식을 **다항방정식**(polynomial equation)이라 합니다. 다항방정식의 차수는 양변에 있는 단항식 또는 다항식의 항(term) 중에서 차수가 가장 높은 것을 기준으로 삼습니다.★

예를 들어, $x + 1 = 0$은 x에 대한 일차방정식이고, $x^2 + 2x + 3 = x + 1$은

x에 대한 이차방정식입니다. 더 나아가 여러 문자에 대한 단항식 또는 다항식을 생각할 수 있듯이 방정식의 미지수도 여러 개의 문자일 수 있습니다. **미지수를 나타내는 문자의 개수를 원(元)이라고 합니다.** 따라서 **미지수의 개수를 나타내는 단위는 '원'이고, 다항방정식의 차수를 나타내는 단위는 '차'입니다.** 그러므로 방정식 $x + y = 1$은 이원일차방정식, 방정식 $x^2 + xy + y^2 = 0$은 이원이차방정식이 됩니다.

Reminder ★

다항식 정리

(1) 한 문자에 대하여 차수가 높은 항부터 낮은 항의 순서로 전개하는 것을 내림차순이라 한다.

(2) 한 문자에 대하여 차수가 낮은 항부터 높은 항으로 전개하는 것을 오름차순이라고 한다.

◎ 중학교 2학년 〈식의 계산〉

방정식 풀기 준비 운동 ─────

방정식을 풀기 위해서 반드시 알아두어야 할 것들이 있습니다. 먼저 다음과 같이 주어진 네 개의 방정식을 살펴보겠습니다.

① $x - 1 = 0$

② $x + 1 = -x + 3$

③ $4x - 3 = 2x + 1$

④ $3(2x + 1) - 2(x - 1) = x - 10$

①번 방정식은 보기만 해도 방정식을 만족시키는 미지수 x의 값이 1이라는 것을 알 수 있어요. 그러나 ②, ③, ④번으로 갈수록 보기만 해서는 쉽게 풀리지 않는다는 것도 알 수 있지요? 이처럼 복잡한 방정식을 풀려면 무엇보다 먼저 등식의 성질을 정확하게 알고 있어야 합니다.

ATTENTION

등식의 성질

(1) 등식의 양변에 같은 수를 더해도 등식은 성립한다.

$a = b$이면 $a + c = b + c$

(2) 등식의 양변에 같은 수를 빼도 등식은 성립한다.

$a = b$이면 $a - c = b - c$

(3) 등식의 양변에 같은 수를 곱해도 등식은 성립한다.

$a = b$이면 $ac = bc$

(4) 등식의 양변에 같은 수로 나누어도 등식은 성립한다.

$a = b$이면 $\dfrac{a}{c} = \dfrac{b}{c}$ (단, $c \neq 0$)

등식의 성질 (1)과 (2)는 윗접시 저울을 생각하면 쉽게 이해할 수 있습니다.

[그림1]
평형을 이루는 윗접시 저울의 양쪽 접시에
같은 무게의 물건을 올려놓으면 저울은 평
형을 이룬다.

[그림2]
평형을 이루는 윗접시 저울의 양쪽 접시에
서 같은 무게의 물건을 내려놓으면 저울은
평형을 이룬다.

등식의 성질 (1)과 (2)는 좌변과 우변에 있는 문자나 숫자, 즉 항을 등호를 기준으로 어느 한 변에 있는 것을 다른 변으로 옮길 때 사용됩니다. 이것을 **이항**(移項; transposition)이라고 합니다. 이항하는 방법을 생각해낸 사람은 아라비아의 수학자 알-콰리즈미(Al-Khwarizmi, ?780~?850)입니다. 아부 압둘라 무함마드 이븐 무사 알-콰리즈미는 페르시아의 수학자입니다. 그는 페르시아 최초의 수학책을 만든 것으로 유명한데요, 무엇보다 인도에서 도입된 아라비아 숫자를 이용하여 최초로 사칙연산을 만들고, 0과 위치 값을 사용한 수학자로 명성이 높습니다. 그래서 흔히 '대수학의 아버지'로 불리기도 합니다. '알고리즘'이라는 말은 그의 이름에서 나왔고, 대수학을 뜻하는 영어 단어 앨지브라(algebra)도 그의 저서 『al-jabr wa al-

▲ 1983년 9월 6일 소련에서 알콰리즈미 출생 1200주년을 기념하기 위해 만든 우표

muqabala』로부터 기원한다고 해요.

　이항을 통하여 같은 문자나 숫자끼리 즉, 동류항을 같은 변으로 모아 간단히 계산합니다. 이것을 우리는 '동류항의 계산'이라고 해요. 그러면 위의 주어진 ③번 방정식을 가지고 동류항 계산을 해볼까요?

$$③\ [좌변] \rightarrow 4x - 3 = 2x + 1 \leftarrow [우변]$$

먼저 문자는 좌변으로, 숫자는 우변으로 옮겨 동류항끼리 모읍니다.

$$4x - 2x = 1 + 3$$

좌변은 문자끼리의 동류항 계산, 우변은 숫자끼리의 동류항 계산을 합니다.

$$2x = 4$$

이항을 통한 동류항 계산으로 복잡했던 방정식이 간단해졌지요?

　지금부터 쓰이는 등식의 성질은 (3)번 또는 (4)번입니다.

　미지수 x의 값을 구하기 위해서 x에 곱해져 있는 수 즉, x의 계수로 양변을 나눕니다.

$$2x = 4$$
$$\frac{2x}{2} = \frac{4}{2}$$
$$x = 2$$

　이와 같은 과정을 거쳐서 방정식을 만족시키는 해 또는 근을 구합니다. 살펴본 바와 같이 **방정식 풀이의 준비 운동은 바로 등식의 성질, 이항, 동류항 계산**입니다. 그렇다면 이제부터 앞에서 배운 일차식으로 이루어진 방정식 즉, 일차방정식에 대하여 살펴보겠습니다.

일차방정식 풀기 ————————

스코틀랜드의 고고학자이자 골동품 수집가였던 헨리 린드는 수년 동안 이집트를 여행하며 고대 이집트의 골동품을 찾아다녔어요. 그러던 중 1858년 이집트의 룩소르 시장에서 매우 낡은 파피루스 한 장을 발견합니

다. 놀랍게도 여기에는 수학 문제가 기록되어 있었습니다.[039] 4부 85문항으로 구성된 수학 문제 가운데는 미지수를 '아하(hau)'로 표시한 문제들도 있었지요. 그중 한 문제를 소개하겠습니다.

▲ 린드 파피루스

예제 이집트의 승려 아메스(Ahmose)가 남긴 파피루스에 실려 있는 문제

"아하와 아하의 $\frac{1}{7}$의 합이 19일 때, 그 아하는?"

039 　아메스의 「파피루스」는 1858년 이집트를 연구 중이던 영국의 고고학자 헨리 린드가 발견했다고 하여 「린드 파피루스*Rhind Papirus*」라고도 불린다. 1887년 독일의 아이젠롤라가 현대어로 번역하여 세상에 널리 알리게 되었다.

이 문제에서 아하를 미지수 x로 두면, $x + \frac{1}{7}x = 19$라는 식을 세울 수 있습니다. 여기서 좌변의 동류항을 정리하면 $\frac{8}{7}x = 19$가 됩니다. 이처럼 **미지수의 차수가 일차인 방정식**을 **일차방정식**(一次方程式; linear equation)이라고 합니다. 일차방정식의 기본 형태는 (x에 대한 일차식) $= 0$, 즉 두 수 a, b와 미지수 x에 대하여 $ax + b = 0$의 꼴로 나타낸 것입니다. 이때 주의해야 할 점은 **x의 계수 a가 0이 아닌 수이어야 한다**는 것입니다. 지금부터 예를 통해 일차방정식의 해 또는 근을 구하는 방법★을 알아보겠습니다.

Reminder ★

일차방정식의 풀이 순서

(1) 계수에 소수 또는 분수가 있을 때는 양변에 적당한 수를 곱하여 계수를 정수로 바꾼다.

(2) 괄호가 있으면 괄호를 푼다.

(3) 미지수 x를 포함하는 항은 좌변으로, 상수항은 우변으로 이항하여 $ax = b(a \neq 0)$의 꼴로 정리한다.

(4) 양변을 미지수 x의 계수로 나누어 해를 구한다.

◎ 중학교 1학년 〈문자와 식〉

방정식 $\frac{1}{3}x + 2 = 3 - \frac{1}{2}(x-3)$의 해를 구해볼까요?

주어진 방정식과 같이 **계수가 분수이거나 소수인 경우 분모의 최소공배수를 곱하거나 10의 거듭제곱을 곱하여 계수를 정수로 바꾸어 풀면 편리**합니다.

즉 양변에 6을 곱하면

$$2x + 12 = 18 - 3(x - 3) \cdots ㉠$$

방정식 ㉠에 괄호가 있으므로 괄호를 풀면

$$2x + 12 = 18 - 3x + 9 \cdots ㉡$$

방정식 ㉡에서 미지수 x를 포함하는 항은 좌변으로 상수항은 우변으로 이항하여 정리하면

$$5x = 15 \cdots ㉢$$

방정식 ㉢에서 미지수 x의 계수 5로 양변을 나누어 해를 구합니다.

$$x = 3$$

어떤가요? 일차방정식은 간단히 풀 수 있겠지요? 여러분 모두 일차방정식의 풀이 방법을 꼭 기억해두시기 바랍니다.

방정식 $ax = b$ 꼴의 해에 대하여 좀 더 살펴볼게요. 위의 REMINDER 박스 안에 정리한 일차방정식 풀이 순서를 보면 $a \ne 0$이라는 조건이 나옵니다. 그렇다면 $a = 0$일 때는 어떻게 될까요? 예를 들어 두 방정식 $0x = 0$, $0x = 1$을 봅시다.

방정식 $0x = 0$의 해는 무엇일까요? 미지수 x에 어떤 값을 넣어도 등식이 성립하지요? 이런 방정식은 항등식이 되어 해가 무수히 많음을 알 수 있는데요, 이런 상황을 가리켜 'x는 부정(不定)'이라고 합니다. x가 정해져 있지 않다는 뜻입니다. 그러나 방정식 $0x = 1$의 해는 미지수 x에 어떤 값을 넣어도 등식이 성립하지 않습니다. 해가 존재하지 않는 방정식이지요. 이런 상황을 가리켜 'x는 불능(不能)'이라고 말합니다. 이 내용을 정리하면 다음과 같습니다.

방정식 $ax = b$의 해

(1) $a \neq 0$이면, $ax = b$의 해는 $x = \dfrac{b}{a}$

(2) $a = 0$이고 $b = 0$이면 $0x = 0$이므로 해는 무수히 많다. 즉, 모든 수가 해이다. (x는 부정)

(3) $a = 0$이고 $b \neq 0$이면 $0x = b$이므로 해는 없다. (x는 불능)

다음 문제를 통해서 연습해봅시다.

예제 x에 대한 방정식 $a(a+1)x = (a+1)(a-1)$의 해를 구하시오.

풀이 먼저 $a(a+1) \neq 0$, 즉 $a \neq 0$이고 $a \neq -1$일 때 양변을 $a(a+1)$로 나누면 $x = \dfrac{(a+1)(a-1)}{a(a+1)} = \dfrac{a-1}{a}$입니다.

그리고 $a(a+1) = 0$이고 , $(a+1)(a-1) = 0$ 즉 $a = -1$이면, $0x = 0$이므로 해는 무수히 많게 됩니다. 즉, x는 부정입니다.

다음, $a(a+1) = 0$이고 $(a+1)(a-1) \neq 0$, 즉, $a = 0$이면, $0x = -1$이므로 해는 없습니다. 즉, x는 불능이 되지요.

따라서 $a \neq 0$이고 $a \neq -1$이면 $x = \dfrac{a-1}{a}$이고, $a = -1$이면 부정, $a = 0$이면 불능이 됩니다.

일차방정식은 어디에 쓰일까? ─────

그리스 명시선집을 보면 다음과 같은 재미있는 묘비명(墓碑銘)이 나옵니다. 수학자 디오판토스의 묘비에 적힌 내용인데요, 아래 밑줄 그은 부분을 잘 정리하면 그가 몇 살에 죽었는지 계산할 수 있습니다. 먼저 비문의 뜻을 알아볼게요.

스토리 수학

수학자 디오판토스의 묘비에 적힌 내용

God gave him his boyhood one-sixth of his life,
One-twelfth more as youth while whiskers grew rife;
And then yet one-seventh ere marriage begun;
In five years there came a bouncing new son.
Alas, the dear child of master and sage
After attaining half the measure of his father's life chill fate took him.
After consoling his fate by the science of numbers for four years, he ended his life.

신의 축복으로 태어난 그는 인생의 $\frac{1}{6}$ 을 소년으로 보냈다.
그리고 다시 인생의 $\frac{1}{12}$ 이 지난 뒤에는 얼굴에 수염이 자라기 시작했다.
다시 $\frac{1}{7}$ 이 지난 뒤 그는 아름다운 여인을 맞이하여 화촉을 밝혔으며,
결혼한 지 5년 만에 귀한 아들을 얻었다.
아! 그러나 그의 가엾은 아들은 아버지의 반 밖에 살지 못했다.
아들을 먼저 보내고 깊은 슬픔에 빠진 그는 그 뒤 4년간 정수론에 몰입하여 스스로를 달래다가 일생을 마쳤다.

디오판토스는 수학자다운 묘비를 가지고 있네요. 대체 몇 살에 죽었다는 뜻일까요? 이 문제를 해결할 수 있는 식을 한번 세워봅시다. 먼저 디오

판토스의 나이를 미지수 x로 놓고 등식을 세우면 $\frac{x}{6}+\frac{x}{12}+\frac{x}{7}+5+\frac{x}{2}+4=x$ 처럼 일차방정식이 됩니다. 이제 일차방정식의 풀이 방법을 적용하여 계산하면 $x=84$이 나옵니다. 아하, 그러니까 디오판토스는 84세까지 살았다는 뜻이로군요.

이러한 문제를 해결하는 방법은 그리 어렵지 않게 찾아낼 수 있습니다. 우선 문제의 뜻을 이해하고, 구하고자 하는 것을 미지수 x로 놓은 다음, 문제의 뜻에 맞게 x에 대한 일차방정식을 세운 뒤 일차방정식의 풀이 절차에 맞게 풀면 됩니다. 잊지 말아야 할 것은 식을 풀어서 구한 x의 값이 문제의 뜻에 맞는지 확인하는 것이지요. 이 과정을 단계적으로 정리하면 다음과 같습니다. 기억해둡시다!

ATTENTION

일차방정식을 활용한 문제 해결 과정

(1) 문제의 이해 : 문제의 뜻을 이해하고, 구하려는 값을 미지수 x로 놓는다.

(2) 방정식 세우기 : 문제의 뜻에 맞게 x에 대한 일차방정식을 세운다.

(3) 방정식 풀기 : 방정식을 푼다.

(4) 확인하기 : 구한 해가 문제의 뜻에 맞는지 확인한다.

가게에서 물건을 사고 거스름돈을 받을 때도 간단하지만 일차방정식이 적용됩니다. 뿐만 아니라 과학, 경제, 지리 등을 배울 때도 방정식으로 풀어야 하는 상황을 종종 만나게 됩니다. 예를 들어볼게요.

과일가게에 갔습니다. 12,000원으로 한 개에 1,500원 하는 사과를 몇 개 살 수 있을까요? 사과의 개수를 x라 하면 $1,500 \times x = 12,000$이고 $x = 8$입니다. 따라서 사과를 8개 살 수 있군요.

과학에서도 일차방정식이 자주 쓰입니다. 이를 테면, 대기압 0℃에서 이상기체 150mL의 온도를 올렸더니 200mL가 되었다고 합시다. 이때 증가한 온도는 몇 ℃일까요? 여기서 압력이 일정할 때 기체의 부피는 종류에 관계없이 온도가 1℃ 올라갈 때마다 0℃일 때 부피의 $\frac{1}{273}$씩 증가한다는 '샤를의 법칙'을 이용한 계산이 필요합니다. 즉, 증가한 온도를 x℃라 하면 $150 + \frac{x}{273} \times 150 = 200$, $x = 91$이지요. 따라서 증가한 온도는 91℃입니다.

이번에는 경제생활과 관련된 문제를 생각해봅시다. 은행의 예금에 대한 이자 문제입니다. 매달 10만 원씩 단리로 예금했을 때 12개월 후에 받은 원리합계가 10만 6천 원이었어요. 이때 월이율은 어떻게 될까요? 월이율을 x%라 하면 $100,000 + 100,000 \times \frac{x}{100} \times 12 = 106,000$입니다. 즉, $x = 0.5$이므로 월이율은 0.5%이지요.

마지막으로 지리에 관련된 문제입니다. 한 변의 길이가 $1200m$인 어느 정사각형 모양의 과수원이 축적 1 : 50,000인 지도에서 한 변의 길이는 몇 cm로 나타날까요? 지도에 나타난 이 과수원의 한 변의 길이를 $x cm$라 하면 $1 : 50,000 = x : 120,000$, $50,000 \times x = 120,000$ 즉, $x = 2.4$이므로 한 변의 길이는 $2.4cm$가 되는군요.

이와 같이 우리 주변에는 일차방정식을 이용하여 해결할 수 있는 일들이 매우 많습니다. 쓸모가 많은 단원이므로 여러분도 꼼꼼하게 마무리하시기 바랍니다.

1. x에 대한 방정식

미지수 x에 어떤 특정한 값을 넣어야 성립하는 등식이다. 등식의 성질을 이용하여 미지수 x를 구한다.

2. 등식의 성질은 등식의 양변에 같은 수를 더해도, 빼도, 곱해도, 나누어도(단 0으로 나누는 것은 제외) 등식은 항상 성립함을 의미한다.

(1) 등식의 양변에 같은 수를 더해도 등식은 성립한다.

$a = b$이면 $a+c = b+c$

(2) 등식의 양변에 같은 수를 빼도 등식은 성립한다.

$a = b$이면 $a-c = b-c$

(3) 등식의 양변에 같은 수를 곱해도 등식은 성립한다.

$a = b$이면 $ac = bc$

(4) 등식의 양변에 같은 수로 나누어도 등식은 성립한다.

$a = b$이면 $\dfrac{a}{c} = \dfrac{b}{c}$ (단, $c \neq 0$)

3. 일차방정식의 풀이

미지수 x를 포함하는 항은 좌변으로, 상수항은 우변으로 이항하여 $ax = b(a \neq 0)$의 꼴로 정리한 후 양변을 미지수 x의 계수 즉, a로 나누어

해 $x = \dfrac{b}{a}$를 구한다.

방정식 $ax = b$의 해

(1) $a \neq 0$이면, $ax = b$의 해는 $x = \dfrac{b}{a}$

(2) $a = 0$이고 $b = 0$이면 $0x = 0$이므로 해는 무수히 많다. 즉, 모든 수가 해이다. (x는 부정)

(3) $a = 0$이고 $b \neq 0$이면 $0x = b$이므로 해는 없다. (x는 불능)

4. 일차방정식을 활용한 문제 풀이

문제의 뜻을 이해하고, 구하려는 값을 미지수 x로 놓은 후 문제의 조건에 맞게 일차방정식을 세우고 풀어서 구하고자 하는 값을 구한다.

(1) 문제의 이해 : 문제의 뜻을 이해하고, 구하려는 값을 미지수 x로 놓는다.

(2) 방정식 세우기 : 문제의 뜻에 맞게 x에 대한 일차방정식을 세운다.

(3) 방정식 풀기 : 방정식을 푼다.

(4) 확인하기 : 구한 해가 문제의 뜻에 맞는지 확인한다.

❶ 다음 중 항등식인 것을 모두 고르면? (정답 2개)

① $x = 2$
② $5x - x = 4x$
③ $1 + 2x = 3x$
④ $5x + 5 = 5(x + 1)$
⑤ $5x - 3 = 2x$

풀이 등식의 좌변 또는 우변을 간단히 정리하였을 때, 양변의 식이 같으면 항등식이다. 따라서 항등식인 것은 ②, ④이다.

❷ 다음 중 일차방정식을 모두 고르면? (정답 2개)

① $2x + 1 = -5$
② $3 - x = 2 - x^2$
③ $x(x + 4) = 0$
④ $x^2 + 1 = x(5 + x)$
⑤ $-(x - 4) = 4 - x$

풀이 우변의 모든 항을 좌변으로 이항하여 정리했을 때, (x에 대한 일차식) $= 0$의 꼴로 변형되는 방정식을 x에 대한 일차방정식이라고 한다.

① $2x + 6 = 0$ (일차방정식)

② $x^2 - x + 1 = 0$ (일차방정식이 아니다.)

③ $x^2 + 4x = 0$ (일차방정식이 아니다.)

④ $-5x + 1 = 0$ (일차방정식)

⑤ $-x + 4 = 4 - x$ (일차방정식이 아닌 항등식이다.)

따라서 일차방정식은 ①, ④이다.

❸ 다음 방정식 중 해가 가장 큰 것은?

① $4x - 1 = 7$ ② $1 - 3x = 10$ ③ $3x - 1 = -x + 11$

④ $-\dfrac{3}{2}x - 1 = 5$ ⑤ $-0.4x + 0.6 = 0.1x - 1.4$

풀이 보기의 방정식을 각각 풀면

① $4x = 8$에서 $x = 2$

② $-3x = 9$에서 $x = -3$

③ $4x = 12$에서 $x = 3$

④ $-\dfrac{3}{2}x = 6$에서 $x = -4$

⑤ $-4x + 6 = x - 14$에서 $-5x = -20$이므로 $x = 4$

따라서 해가 가장 큰 것은 ⑤이다.

❹ 다음 (1), (2) 단계에서 이용된 등식의 성질을 말하시오.

$$\dfrac{1}{2}x - 3 = 1$$

$$\dfrac{1}{2}x - 3 + 3 = 1 + 3 \qquad (1)$$

$$\dfrac{1}{2}x = 4$$

$$\dfrac{1}{2}x \times 2 = 4 \times 2 \qquad (2)$$

$$x = 8$$

풀이 (1) 등식의 양변에 같은 수 3을 더하여도 등식은 성립한다.

(2) 등식의 양변에 같은 수 2를 곱하여도 등식은 성립한다.

❺ 일차방정식 $2\{5x-(1-x)\}+x+4=15$를 만족시키는 x의 값을 구하시오.

풀이 주어진 일차방정식을 간단히 하면

$2\{5x-(1-x)\}+x+4=15$

$2(6x-1)+x+4=15$

$12x-2+x+4=15$

$13x+2=15$

$13x=13$ $\quad\therefore\ x=1$

❻ x에 대한 일차방정식 $5x-a=3x-4$의 해가 일차방정식 $4-\dfrac{x}{3}=\dfrac{7-x}{2}$의 해와 같을 때, 상수 a의 값을 구하시오.

풀이 $4-\dfrac{x}{3}=\dfrac{7-x}{2}$의 양변에 6을 곱하면

$24-2x=3(7-x)$, $24-2x=21-3x$

$x=-3$

$x=-3$을 $5x-a=3x-4$에 대입하면

$5\times(-3)-a=3\times(-3)-4$

$-15-a=-9-4$

$\therefore a=-2$

정답   1. ②, ④   2. ①, ④   3. ⑤   4. 풀이참고   5. $x = 1$ 6. $a = -2$

8강

복소수와
이차방정식

Intro

　　사람이 태어나서 처음으로 하는 말이 '엄마'라면 처음 말하는 수는 '1' 일 것입니다. 수는 우리 삶과 밀접한 관련이 있지요. 누구나 수를 사용하니까요. 앞 장에서 배웠듯이 자연수, 0, 음의 정수, 유리수, 무리수를 통틀어 '실수'라고 합니다. 실수는 셈이나 측정에 대한 사람의 필요에 의해서 만들어졌어요. 독일의 수학자 크로네커(Leopold Kronecker, 1823~1891)[040]는 "신은 자연수를, 인간은 그 나머지 수를 창조했다"라고 말했습니다.

　　이렇듯 처음에 사람의 필요에 의하여 만들어진 수는 다시 사람에게 도움을 주게 됩니다. 실수체계를 다시 한 번 정리하면 오른쪽 페이지의 그림과 같습니다.

▲ 크로네커 Leopold Kronecker

040　독일의 수학자이며 논리학자이다. 정수론을 통한 수의 산술화에 절대적인 믿음을 갖고 있었다. 그리하여 실수와 무한의 개념을 둘러싸고 게오르크 칸토어와 수학적으로 대립하기도 했다.

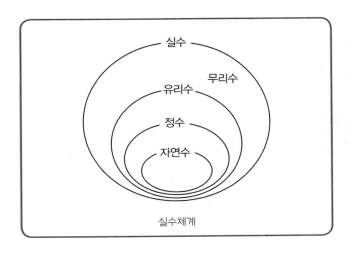

실수체계

그렇다면 여러분, 수의 끝은 실수일까요? $\sqrt{2}$ 와 같은 무리수를 배울 때, 제곱근 $\sqrt{}$ 안에는 음수를 넣으면 안 된다고 배웠습니다. 그럼 $\sqrt{-1}$, $\sqrt{-2}$ 처럼 $\sqrt{}$ 안에 음수를 넣은 수는 어떤 의미를 가질까요? 이제부터 함께 알아보겠습니다.

복소수의 등장 ——————

방정식 $x^2 - 1 = 0$을 풀면 $x = 1$ 또는 $x = -1$입니다. 그렇다면 어떤 실수 중에서 제곱해서 1 더한 수가 0이 되는 수가 존재할까요? 즉, 방정식 $x^2 + 1 = 0$을 풀면 x의 값은 무엇이 될까요? 이것은 옛날 수학자들이 무척 고민했던 문제입니다. 왜냐하면, 실수를 제곱하면 모두 0이나 양의 수가 되기 때문이지요. 따라서 실수의 범위 안에서는 이런 수를 찾을 수 없습니다.

▲ 헤론 Heron of Alexandria

알렉산드리아의 헤론(Heron of Alexandria, 50~100년 경)[041]은 불가능한 각뿔대를 연구하다가 음수의 제곱근 문제에서 $\sqrt{-63}$의 해를 얻고, 카르다노는 40 = $(5 - \sqrt{-15})(5 + \sqrt{-15})$로 나타냈다는 기록이 있습니다. 이러한 수는 당시엔 전혀 무의미한 수로 여겨졌어요. 결국 방정식 $x^2 + 1 = 0$을 만족하는 실수는 존재하지 않으므로 수의 확장이 필요하게 되었습니다. 그럼 지금부터 방정식 $x^2 + 1 = 0$을 풀 수 있도록 수의 확장을 시작해볼까요?

▲ 헤론의 공

제곱해서 2가 되는 수는 1.41421356…입니다. 즉 순환하지 않는 무한소수이므로 이 수를 기호로 $\sqrt{2}$라 표현하기로 약속했습니다. 이와 마찬가지로 제곱해서 −1이 되는 수를 $\sqrt{-1}$로 쓰는데요, **제곱근 ($\sqrt{}$) 안에 음수가 들어가면 그 값은 유리수도 아니고 무리수도 아니므로 실수가 아닙니다. 이것을 우리는 기호 i로 표현하고, i를 허수단위라고 약속합시다.** 이러한 약속을 처음으로 한 사람은 데카르트와 오일러입니다. −1의 제곱근은 실제로 존재하지 않으므로 17

---

041 고대 이집트에서 태어나 알렉산드리아에서 활약한 고대 그리스인 발명가이자 수학자. 기록으로 남겨진 가장 오래된 증기기관 헤론의 공(aeolipile)의 고안자로 유명하다. 원자론을 추종했던 것으로 여겨진다.

세기 프랑스의 수학자 데카르트는 이 수를 허수(虛數, imaginary number)라고 불렀습니다. 허수단위를 i로 나타낸 사람은 오일러입니다. i라는 기호는 '가상의'라는 뜻을 지닌 영어 단어 'imaginary'의 첫 글자를 딴 것입니다.

따라서 복소수의 정의에 의하여 $i \times i = -1$이고 $(-i) \times (-i) = -1$이므로 제곱하여 -1이 되는 새로운 수는 i와 $-i$인 것입니다. 그러므로 방정식 $x^2 = -1$의 해는 i와 $-i$입니다. 즉, -1의 제곱근은 i와 $-i$인 것이지요. 따라서 우리는 $i^2 = -1$이고, $i^3 = i^2 \times i = -i$이며 $i^4 = i^2 \times i^2 = (-1) \times (-1) = 1$임을 알 수 있습니다. 이처럼 제곱해서 -2가 되는 수를 $\sqrt{-2}$로 쓰고 이것을 $\sqrt{2}\,i$로 표현합니다.

방정식 $x^2 + 2x + 2 = 0$의 해를 중학교에서 배운 일차항의 계수가 짝수일 때, 근의 공식을 이용하여 풀어보면 $x = -1 \pm \sqrt{1^2 - 1 \times 2}$, $x = -1 \pm \sqrt{-1}$ 이므로 방정식 $x^2 + 2x + 2 = 0$의 해를 $x = -1 \pm i$로 나타낼 수 있습니다. 이처럼 **두 실수 a, b에 대하여 $a + bi$를 복소수(Complex number)라 합니다.** 여기서 a를 실수부분, b를 허수부분이라 하지요. 복소수 $a + bi$에서 $a = 0$일 때, 예를 들면 $2i$, $-2i$, $\frac{1}{3}i$, $-\frac{1}{3}i$, $\sqrt{2}\,i$, $-\sqrt{2}\,i$ 등 (실수)$\times\,i$꼴의 수를 **순허수**라 하고, $b = 0$일 때, $0i = 0$으로 생각하면 임의의 실수 a는 $a + 0i$와 같이 나타낼 수 있으므로 a는 실수이고, $a \neq 0$이고 $b \neq 0$일 때, $1 + i$, $1 - i$, $\sqrt{2} + 2i$, $-\sqrt{2} + 2i$, $-2 + \sqrt{2}\,i$, $-2 - \sqrt{2}\,i$ 등 (실수) + (실수)$\times\,i$꼴의 수를 **허수**라고 합니다. 실수와 허수를 통틀어 **복소수**라 합니다.

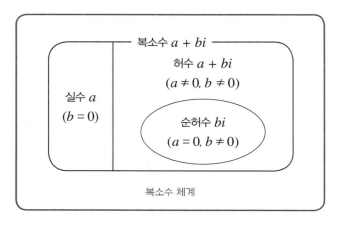

복소수 $a + bi$

허수 $a + bi$
$(a \neq 0,\ b \neq 0)$

실수 a
$(b = 0)$

순허수 bi
$(a = 0,\ b \neq 0)$

복소수 체계

노르웨이 출신의 수학자이자 측량기사 베셀(Caspar Wessel, 1745~1818)[042]과 아마추어 수학자 아르강(Jean-Robert Argand, 1768~1822)[043]에 의해 복소수가 처음으로 좌표축 위에 자리를 잡게 됨으로써 눈에 보이는 수로 인정받게 되었습니다. 1799년 가우스(Johann Carl Friedrich Gauß, 1777~1855)[044]는 「대수학의 기본정리*Fundamental theorem of algebra*」라는 그의 박

▲ 베셀 Caspar Wessel

사학위 논문에서 복소수 범위 내에서 모든 방정식은 차수에 해당하는 근이 존재함을 보임으로써 수학에 있어 복소수의 중요성을 부각시켰습니다. 덕분에 복소수는 무의미한 수가 아니라 현대수학을 비롯해 양자역학, 유체역학, 전기공학 등에서도 없어서는 안 될 중요한 수가 되었지요.

▲ 아르강 Jean-Robert Argand

지금부터 복소수에 대하여 조금 더 살펴보겠습니다.

스토리 수학

가우스 이야기

독일 브라운슈바이크에서 태어났다. 아홉 살 초등학교 시절, 수업 시간에 1+2+3+…+100을 구하라는 문제를 단 몇 초 만에 해결한 것으로 유명하다. 1+100, 2+99, 3+98, …의 규칙성을 발견하고 50×101은 5050이라는 답을 구한 것이다. 열네 살의 나이로 중등교육을 마친 그는 과학 아카데미인 카롤링학교(Collegium Carolinium, 현재의 브라운슈바이크 공과대학교), 괴팅겐대학, 헬름슈테트대학을 다녔으며 스물한 살에 쓴 박사학위논문에서 대수학의 기본 정리(모든 n차 방정식은 반드시 n개의 복소수 근을 가짐)의 내용을 증명했다. 복소수 이론, 벡터해석, 미분기하학에 중요한 업적을 남긴 수학자로서 그의 연구는 과학 분야에도 큰 영향을 끼쳤다. "수학은 모든 과학의 여왕이며, 정수론은 수학의 여왕이다"라고 말함으로써 정수론을 높게 평가했다. 가우스는 1796년부터 1804년까지 일기를 썼는데 거기에는 미처 발표되지 않았거나 친구들과의 편지를 주고받으며 간단히 언급했던 많은 양의 수학적 결과가 담겨 있다(총

▲ 가우스 Johann Carl Friedrich Gauß
천문학 소식지(Astronomische Nachrichten)에 실린 가우스의 초상(1828)

042 베셀은 1799년 복소수 평면(가우스 평면)에 점들을 복소수의 기하학적인 해석으로 묘사했다. 그는 시인이자 극작가로 활동한 요한 허먼 베셀의 동생이다.

043 천부적인 재능을 가진 아마추어 수학자. 아르강 도표로 유명하며, 복소수에 대한 기하학적인 해석 이론을 출판했다.

044 독일의 수학자이자 과학자로 정수론, 통계학, 해석학, 미분기하학, 측지학, 정전기학, 천문학, 광학 등 많은 분야에 기여했다. '수학의 왕자', '태고 이후 가장 위대한 수학자' 등으로 불린다. 역사상 가장 많은 영향을 끼친 수학자로 인정받고 있다.

146가지의 발견에 대한 간단한 증명과, 계산 결과, 수학적 정리의 단순한 주장 등). 아르키메데스가 "유레카!"를 외쳤듯이 가우스는 일기를 통해 "마침내 성공했다(Felicitas novis est facta)", "거인을 쓰러뜨렸다(Vicimus Gegan)" 등의 표현을 통해 수학적 발견에 대한 기쁨과 환희를 나타냈다.

▲ 가우스의 묘 Göttingen-Grave.of.Gauß.06
CC BY-SA 3.0

복소수가 서로 같을 조건과 연산 ——————

16세기 이탈리아의 수학자 봄벨리(Rafael Bombelli, 1526~1572)[045]는 삼차방정식을 푸는 과정에서 복소수를 생각했는데요, 그는 실수의 사칙연산에 대한 규칙이 허수에 대해서도 그대로 적용된다고 믿었습니다. 한편, 18세기 프랑스의 수학자 드 무아브르(Abraham de Moivre, 1667~1754)[046]와 스위스의 수학자 오일러도 본격적으로 복소수를 연구했습니다.

▲ 드 무아브르
Abraham de Moivre

무리수를 배울 때 네 유리수 a, b, c, d와 무리수 $\sqrt{m}$에 대하여 두 무리수 $a+b\sqrt{m}$과 $c+d\sqrt{m}$이 같을 조

건은 $a = c$이고 $b = d$이었어요. 이것은 수에 대한 유일성을 말하는 것입니다. 유일성이란 "오직 그 하나만 있다"는 뜻으로 $3 + 4\sqrt{2}$ 는 하나의 표현밖에 없다는 것을 의미합니다. 이것을 "무리수가 서로 같을 조건"이라고 합니다. 여기서 주의할 점은 네 수 a, b, c, d가 실수이면 이 등식이 성립하지 않는다는 것입니다. 예를 들면, $a = \sqrt{2}$, $b = 1$, $c = 0$, $d = 2$, $m = 2$이면 $\sqrt{2} + \sqrt{2} = 2\sqrt{2}$가 되어 $a \neq c$이고 $b \neq d$이지만 두 무리수는 같게 됩니다. 이 점을 토대로 복소수에서의 경우를 생각해보겠습니다. 네 개의 실수 a, b,

▲ 봄벨리의 알게브라 표지

c, d에 대하여 두 복소수 $a + bi$와 $c + di$가 같을 조건은 $a = c$이고 $b = d$이어야 해요. 이것을 **복소수가 서로 같을 조건**이라고 합니다. 여기서도 주의할 점은 **네 수 a, b, c, d가 복소수이면 성립하지 않는다**는 것인데요. 예를 들어 $a = i$, $b = 0$, $c = 0$, $d = 1$이면 $i + 0i = 0 + i$가 되어 $a \neq c$이고 $b \neq d$이지만 두 복소수는 같게 됩니다.

실수에서 사칙연산을 하듯이 복소수에서도 사칙연산이 가능할까요? 먼저 복소수의 덧셈과 뺄셈을 살펴봅시다. 두 무리수 $1 + 3\sqrt{2}$와 $4 + 5\sqrt{2}$의 덧셈은

---

045 봄벨리가 저술한 『대수학 *Algebra*』(1572)에서 복소수를 삼차방정식의 근으로 봄으로써 복소수의 사칙계산을 공식화했다.

046 확률론, 통계학, 해석적 삼각법에 기여했으며 확률적분과 정규도수곡선을 처음 다루었고, 복소수에 대한 연구에서는 드 무아브르의 공식으로 잘 알려져 있다.

$(1 + 3\sqrt{2}) + (4 + 5\sqrt{2}) = (1 + 4) + (3 + 5)\sqrt{2}$ 입니다.

즉, $(1 + 3\sqrt{2}) + (4 + 5\sqrt{2}) = 5 + 8\sqrt{2}$ 이지요.

이처럼 복소수의 덧셈에서는 두 복소수 $1 + 3i$와 $4 + 5i$의 덧셈을 $(1 + 3i) + (4 + 5i) = (1 + 4) + (3 + 5)i$로 정의할 수 있습니다. 이것을 일반적으로 정리하면 **네 실수 a, b, c, d에 대하여 두 복소수 $a + bi$와 $c + di$의 덧셈은 $(a + bi) + (c + di) = (a + c) + (b + d)i$입니다.** 복소수의 뺄셈도 덧셈과 마찬가지로 생각하면 됩니다. 즉, $(a + bi) - (c + di) = (a - c) + (b - d)i$ 입니다.

ATTENTION

복소수의 덧셈, 뺄셈

a, b, c, d가 실수일 때,

(1) 덧셈 : $(a + bi) + (c + di) = (a + c) + (b + d)i$

(2) 뺄셈 : $(a + bi) - (c + di) = (a - c) + (b - d)i$

이번에는 복소수의 곱셈과 나눗셈에 대하여 살펴보겠습니다.

두 복소수 $1 + 3i$와 $4 + 5i$의 곱셈은 i를 문자처럼 생각해서 계산하면

$(1 + 3i)(4 + 5i) = 4 + 5i + 12i + 15i^2$입니다.

이때, $i^2 = -1$이므로 $(1 + 3i)(4 + 5i) = 4 + 5i + 12i - 15$이고 간단히 하면 $(1 + 3i)(4 + 5i) = -11 + 17i$ 입니다. 이것을 일반화하면 네 실수 $a, b,$

c, d에 대하여 두 복소수 $a + bi$와 $c + di$의 곱셈은 $(a + bi)(c + di) = ac + adi + bci + bdi^2 = ac + adi + bci - bd = (ac - bd) + (ad + bc)i$ 으로 정의해요.

나눗셈도 i를 문자처럼 생각해서 계산하면 $(1 + 3i) \div (4 + 5i) = \dfrac{1 + 3i}{4 + 5i}$ 입니다. 무리식에서 분모를 유리화했던 것처럼 복소수 $\dfrac{1 + 3i}{4 + 5i}$을 간단히 해 보면 $\dfrac{(1 + 3i)(4 - 5i)}{(4 + 5i)(4 - 5i)} = \dfrac{4 + 12i - 5i - 15i^2}{16 - 25i^2} = \dfrac{4 + 12i - 5i + 15}{16 + 25} = \dfrac{19 + 7i}{41}$ 입니다. 즉, $(1 + 3i) \div (4 + 5i) = \dfrac{19 + 7i}{41}$ 입니다. 이것을 일반적으로 말하면 네 실수 a, b, c, d에 대하여 두 복소수 $a + bi$와 $c + di$의 나눗셈은

$$(a + bi) \div (c + di) = \frac{a + bi}{c + di} = \frac{(a + bi)(c - di)}{(c + di)(c - di)} = \frac{ac - adi + bci - bdi^2}{c^2 + d^2} =$$

$$\frac{ac - adi + bci + bd}{c^2 + d^2} = \frac{ac + bd + (bc - ad)i}{c^2 + d^2} = \frac{ac + bd}{c^2 + d^2} + \frac{bc - ad}{c^2 + d^2}i$$ 으로 정

의할 수 있습니다. 나눗셈에서 주의할 점은 실수에서처럼 0으로 나누는 것은 제외한다는 것입니다.

ATTENTION

복소수의 곱셈과 나눗셈

a, b, c, d가 실수일 때,

(1) 곱셈 : $(a + bi)(c + di) = (ac - bd) + (ad + bc)i$

(2) 나눗셈 : $\dfrac{a + bi}{c + di} = \dfrac{ac + bd}{c^2 + d^2} + \dfrac{bc - ad}{c^2 + d^2}i$ (단, $c + di \neq 0$)

두 복소수의 합은 복소수이므로 복소수 전체의 집합은 덧셈에 대하여 닫혀 있습니다.★ 실수에서의 덧셈에 대한 교환법칙, 결합법칙이 복소수의 덧셈에서도 성립하는지 살펴볼까요?

Reminder ★

'닫혀 있다'가 무슨 뜻이었지?

'닫혀 있다'는 것은 집합 A의 임의의 두 원소로 연산했을 때 그 결과가 집합 A의 원소가 되면 "집합 A는 그 연산에 대하여 닫혀 있다"고 말한다. 자연수의 집합을 원소나열법으로 쓰면 {1, 2, 3, 4……}가 되는데 이때 사칙연산에 대하여 '닫혀 있는가'의 여부를 살펴보면,

(1) 덧셈 : 자연수 집합의 임의의 두 자연수로 덧셈을 하면 그 결과는 자연수이므로 자연수 집합에 속한다. 그러므로 "자연수 집합은 덧셈에 대하여 닫혀 있다"고 말할 수 있다.

(2) 뺄셈 : 자연수 집합의 임의의 두 자연수로 뺄셈을 하면 그 결과는 자연수가 아닐 수도 있다. 즉, 작은 수에서 큰 수를 빼면 음수가 된다. 그런데 음수는 자연수 집합의 원소가 아니다. 그래서 "자연수 집합은 뺄셈에 대하여 닫혀 있지 않다"고 말한다.

(3) 곱셈 : 자연수 집합의 임의의 두 자연수로 곱셈을 하면 그 결과는 자연수이므로 자연수의 집합에 속한다. 그러므로 "자연수 집합은 곱셈에 대하여 닫혀 있다"고 한다.

(4) 나눗셈 : 큰 수를 작은 수로 나누면 그 결과가 자연수가 나올 수도 분수가 나올 수도 있고, 작은 수를 큰 수로 나누면 결과는 분수가 나온다. 그러므로 "자연수 집합은 나눗셈에 대하여 닫혀 있지 않다"고 말한다.

즉, 자연수의 집합은 덧셈과 곱셈에 대하여 닫혀 있다.

a, b, c, d가 실수일 때, 두 복소수 $z_1 = a + bi, z_2 = c + di$에 대하여

$z_1 + z_2 = (a + bi) + (c + di) = (a + c) + (b + d)i$이고

$z_2 + z_1 = (c + di) + (a + bi) = (c + a) + (d + b)i$이므로

$z_1 + z_2 = z_2 + z_1$입니다. 따라서 복소수는 덧셈에 대하여 교환법칙이 성립합니다.

a, b, c, d, e, f가 실수일 때, 두 복소수 $z_1 = a + bi, z_2 = c + di,$

$z_3 = e + fi$에 대하여

$(z_1 + z_2) + z_3 = \{(a + bi) + (c + di)\} + (e + fi) = \{(a + c) + (b + d)i\} + (e + fi) = (a + c + e) + (b + d + f)i$이고

$z_1 + (z_2 + z_3) = (a + bi) + \{(c + di) + (e + fi)\} = (a + bi) + \{(c + e) + (d + f)i\} = (a + c + e) + (b + d + f)i$이므로

$(z_1 + z_2) + z_3 = z_1 + (z_2 + z_3)$입니다. 따라서 복소수는 덧셈에 대하여 결합법칙이 성립합니다.

두 복소수의 곱은 복소수이므로 복소수 전체의 집합은 곱셈에 대하여 닫혀 있습니다. 실수에서의 곱셈에 대한 교환법칙, 결합법칙이 복소수의 곱셈에서도 성립하는지 살펴볼까요?

a, b, c, d가 실수일 때, 두 복소수 $z_1 = a + bi, z_2 = c + di$에 대하여

$z_1 z_2 = (a + bi)(c + di) = (ac - bd) + (ad + bc)i$이고

$z_2 z_1 = (c + di)(a + bi) = (ca - db) + (cb + da)i = (ac - bd) + (ad + bc)i$

이므로 $z_1 z_2 = z_2 z_1$입니다. 따라서 복소수는 곱셈에 대하여 교환법칙이 성립합니다.

a, b, c, d, e, f가 실수일 때, 두 복소수 $z_1 = a + bi, z_2 = c + di,$

$z_3 = e + fi$에 대하여

$(z_1 z_2)z_3 = \{(a+bi)(c+di)\}(e+fi) = \{(ac-bd)+(ad+bc)i\}(e+fi) =$
$(ace-bde-adf-bcf)+(acf-bdf+ade+bce)i$ 이고

$z_1(z_2 z_3) = (a+bi)\{(c+di)(e+fi)\} = (a+bi)\{(ce-df)+(cf+de)i\} =$
$(ace-bde-adf-bcf)+(acf-bdf+ade+bce)i$ 이므로

$(z_1 z_2)z_3 = z_1(z_2 z_3)$ 이지요. 따라서 복소수는 곱셈에 대하여 결합법칙이 성립합니다.

이제 덧셈에 대한 곱셈의 분배법칙 등도 복소수의 연산에서 성립하는지 살펴봅시다.

a, b, c, d, e, f가 실수일 때, 두 복소수 $z_1 = a+bi$, $z_2 = c+di$, $z_3 = e+fi$에 대하여

$z_1(z_2+z_3) = (a+bi)\{(c+di)+(e+fi)\} = (a+bi)\{(c+e)+(d+f)i\} =$
$(ac+ae-bd-bf)+(ad+af+bc+be)i$ 이고

$z_1 z_2 + z_1 z_3 = (a+bi)(c+di)+(a+bi)(e+fi) = (ac-bd)+(ad+bc)i$
$+(ae-bf)+(af+be)i = (ac+ae-bd-bf)+(ad+af+bc+be)i$ 이므로

$z_1(z_2+z_3) = z_1 z_2 + z_1 z_3$입니다. 따라서 복소수에서도 덧셈에 대한 곱셈의 분배법칙이 성립합니다.

복소수의 덧셈에 대한 **항등원과 역원**[★]에 대해서 알아봅시다.

항등원 임의의 연산에서, 어떤 수에 대하여 연산을 한 결과가 처음의 수와 같도록 만들어 주는 수. 예를 들어 $a + 0 = 0 + a = a$가 되도록 하는 0은 덧셈에 대한 항등원이고, $a \cdot 1 = 1 \cdot a = a$되도록 하는 1은 곱셈에 대한 항등원이다.

역원 두 원소를 연산한 결과가 단위 원소일 때, 한편에 대하여 다른 편을 이르는 말. $a + b = b + a = 0$이면 b는 a의 덧셈에 대한 역원이고, $a \times b = b \times a = 1$이면 b는 a의 곱셈에 대한 역원이다.

a, b가 임의의 실수일 때, 복소수 $a + bi$에 대하여

$(a + bi) + 0 = 0 + (a + bi) = a + bi$ 이므로 복소수의 덧셈에 대한 항등원은 0입니다. 또 $(a + bi) + (-a - bi) = (a - a) + (b - b)i = 0$이므로 복소수 $a + bi$의 덧셈에 대한 역원은 $-(a + bi)$입니다.

복소수의 곱셈에 대한 항등원과 역원에 대하여 알아봅시다.

a, b가 임의의 실수일 때, 복소수 $a + bi$에 대하여

$(a + bi) \cdot 1 = 1 \cdot (a + bi) = a + bi$ 이므로 복소수의 곱셈에 대한 항등원은 1입니다. 또 $(a + bi) \cdot \dfrac{1}{a + bi} = 1$이므로 복소수 $a + bi$의 곱셈에 대한 역원은 $\dfrac{1}{a + bi} = \dfrac{a - bi}{a^2 + b^2}$ 입니다.

지금까지 복소수가 서로 같을 조건과 연산에 대한 성질에 대하여 살펴보았습니다. 이 내용을 정리해보겠습니다.

ATTENTION

복소수가 서로 같을 조건과 연산에 대한 성질

(1) 복소수가 서로 같은 조건 : a, b, c, d가 실수일 때,

　1) $a + bi = c + di \iff a = c, b = d$

　2) $a + bi = 0 \iff a = 0, b = 0$

(2) 복소수의 연산 : a, b, c, d가 실수일 때,

　1) 덧셈 : $(a + bi) + (c + di) = (a + c) + (b + d)i$

　2) 뺄셈 : $(a + bi) - (c + di) = (a - c) + (b - d)i$

　3) 곱셈 : $(a + bi)(c + di) = (ac - bd) + (ad + bc)i$

　4) 나눗셈 : $\dfrac{a + bi}{c + di} = \dfrac{ac + bd}{c^2 + d^2} + \dfrac{bc - ad}{c^2 + d^2}i$ (단, $c + di \neq 0$)

복소수와 켤레복소수 ────────

켤레복소수란 용어는 수학자 코시(Augustin Louis Cauchy, 1789~1857)[047] 가 처음 사용한 말로 복소수 $a + bi$에서 허수부의 부호를 바꾼 $a - bi$를 **복소수 $a + bi$의 켤레복소수**라고 합니다. 복소수와 켤레복소수는 이차방정

---

[047] 18세기의 수학을 19세기적 단계에 올려놓은 프랑스의 대수학자. 미적분학의 기초를 확립하고 복소함수론(複素函數論)을 창시하여 해석학 분야에 큰 업적을 남겼다. 저서에 『해석론』 등이 있다.

식 $ax^2 + bx + c = 0$의 해를 근의 공식을 이용하여 구하면 $x =$ $\dfrac{-b \pm \sqrt{b^2 - 4ac}}{2a}$ 이고, 만약 근이 복소수이면 그 복소수의 켤레복소수도 근이 됩니다.

그리고 복소수의 나눗셈 $(a + bi) \div (c + di) =$ $\dfrac{a + bi}{c + di} = \dfrac{(a + bi)(c - di)}{(c + di)(c - di)}$에서 분모를 실수로 만들기 위하여 분모인 복소수의 켤레복소수를 분모와 분자에 각각 곱하는데요, **복소수 $z = a + bi$의 켤레복소수는 기호로 $\overline{z} = \overline{a + bi} = a - bi$로 나타냅니다.** 켤레복소수의 성질을 좀 더 살펴보면 다음과 같습니다.

▲ 코시 Augustin Louis Cauchy

ATTENTION

켤레복소수의 성질

a, b, c, d가 실수일 때, 두 복소수 $z_1 = a + bi$, $z_2 = c + di$에 대하여

(1) $\overline{z_1 + z_2} = \overline{(a + bi) + (c + di)} = \overline{(a + c) + (b + d)i}$
$= (a + c) - (b + d)i = (a - bi) + (c - di) = \overline{z_1} + \overline{z_2}$

(2) $\overline{z_1 - z_2} = \overline{(a + bi) - (c + di)} = \overline{(a - c) + (b - d)i}$
$= (a - c) - (b - d)i = (a - bi) - (c - di) = \overline{z_1} - \overline{z_2}$

(3) $\overline{z_1 \cdot z_2} = \overline{(a + bi)(c + di)} = \overline{(ac - bd) + (ad + bc)i}$
$= (ac - bd) - (ad + bc)i = (a - bi)(c - di) = \overline{z_1} \cdot \overline{z_2}$

$$(4)\ \frac{\overline{z_1}}{z_2} = \overline{\frac{a+bi}{c+di}} = \overline{\frac{(a+bi)(c-di)}{c^2+d^2}} = \overline{\frac{(ac+bd)-(ad-bc)i}{c^2+d^2}}$$

$$= \frac{(ac+bd)+(ad-bc)i}{c^2+d^2} = \frac{(a-bi)(c+di)}{c^2+d^2} = \frac{a-bi}{c-di} = \frac{\overline{z_1}}{\overline{z_2}}$$

i의 거듭제곱의 순환성

복소수에는 실수에서는 볼 수 없는 성질이 있습니다. 그중 하나가 $i^2 = -1$인데요, 이 성질을 이용하여 i의 거듭제곱을 살펴보면

$i \rightarrow i^2 = -1 \rightarrow i^3 = -i \rightarrow i^4 = 1 \rightarrow$

$i^5 = i \rightarrow i^6 = i^2 = -1 \rightarrow i^7 = i^3 = -i \rightarrow i^8 = i^4 = 1 \ \cdots$

여기서 중요한 것은 $i^4 = 1$이고 $i + i^2 + i^3 + i^4 = 0$이라는 것입니다. 즉, $i^{4n} + i^{4n+1} + i^{4n+2} + i^{4n+3} = 0$으로 i의 거듭제곱 중 연속하는 네 개의 합은 0이 되는 거죠.

다음과 같은 문제를 살펴봅시다.

예제 $\dfrac{1}{i} + \dfrac{1}{i^2} + \dfrac{1}{i^3} + \cdots + \dfrac{1}{i^{17}}$의 값을 구하시오.

풀이 $\dfrac{1}{i} + \dfrac{1}{i^2} + \dfrac{1}{i^3} + \dfrac{1}{i^4} = \dfrac{1}{i} + \dfrac{1}{-1} + \dfrac{1}{-i} + \dfrac{1}{1} = 0$이므로

$$\frac{1}{i}+\frac{1}{i^2}+\frac{1}{i^3}+\cdots+\frac{1}{i^{17}}$$

$$=\left(\frac{1}{i}+\frac{1}{i^2}+\frac{1}{i^3}+\frac{1}{i^4}\right)+\frac{1}{i^4}\left(\frac{1}{i}+\frac{1}{i^2}+\frac{1}{i^3}+\frac{1}{i^4}\right)+\cdots+$$

$$\frac{1}{i^{12}}\left(\frac{1}{i}+\frac{1}{i^2}+\frac{1}{i^3}+\frac{1}{i^4}\right)+\frac{1}{i^{17}}=\frac{1}{i^{17}}=\frac{1}{i^{4\times4+1}}=\frac{1}{i}=-i$$

i^n의 순환성을 원형 형태로 그려 살펴보면 다음과 같습니다.

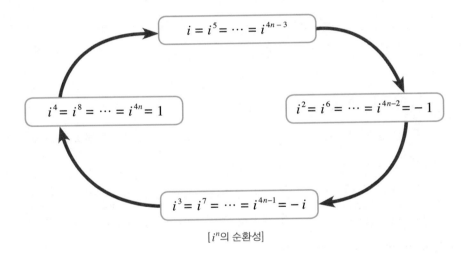

$$i=i^5=\cdots=i^{4n-3}$$

$$i^4=i^8=\cdots=i^{4n}=1$$

$$i^2=i^6=\cdots=i^{4n-2}=-1$$

$$i^3=i^7=\cdots=i^{4n-1}=-i$$

[i^n의 순환성]

음수의 제곱근

음수의 제곱근에 대해 최초로 언급한 사람은 고대 그리스의 수학자 헤론이었습니다(274쪽 참조). 그리고 16세기 이탈리아의 수학자 타르탈리아와 카르다노는 자연스럽게 음수의 제곱근, 세제곱근을 사용했지요(318쪽 참조).

$\sqrt{2} \times \sqrt{3} = \sqrt{2 \times 3} = \sqrt{6}$ 처럼 제곱근의 곱셈은 숫자끼리 곱한 후 제곱근을 씌워주면 되어요.

그런데 허수의 제곱근을 위에서 했던 것처럼 하면 $\sqrt{-2} \times \sqrt{-3} = \sqrt{(-2) \times (-3)} = \sqrt{6}$이 되죠. 그러나 이 식은 틀렸습니다. $\sqrt{-2} = \sqrt{2}i$이고, $\sqrt{-3} = \sqrt{3}\,i$이므로 $\sqrt{-2} \times \sqrt{-3} = (\sqrt{2}i) \times (\sqrt{3}i) = \sqrt{6} \times i^2 = -\sqrt{6}$이 정확한 계산이 되죠.

이번에는 $\sqrt{-2} \times \sqrt{3} = \sqrt{(-2) \times 3} = \sqrt{-6} = \sqrt{6}i$와 $\sqrt{-2} \times \sqrt{3} = \sqrt{2}i \times \sqrt{3} = \sqrt{6}\,i$을 살펴보면 같다는 것을 알 수 있습니다. 즉, 제곱근 안의 숫자가 둘 다 음수일 때에만 근호 앞에 $(-)$가 붙어요.

그럼 곱셈이 아니라 나눗셈을 해보죠.

$\dfrac{\sqrt{2}}{\sqrt{3}} = \sqrt{\dfrac{2}{3}}$ 처럼 제곱근의 나눗셈은 숫자끼리 나눗셈한 후 제곱근을 씌워주면 됩니다.

그럼 제곱근 안이 모두 음수인 경우는 $\dfrac{\sqrt{-2}}{\sqrt{-3}} = \sqrt{\dfrac{-2}{-3}} = \sqrt{\dfrac{2}{3}}$이고 $\dfrac{\sqrt{-2}}{\sqrt{-3}} = \dfrac{\sqrt{2}i}{\sqrt{3}i} = \dfrac{\sqrt{2}}{\sqrt{3}} = \sqrt{\dfrac{2}{3}}$이므로 둘 다 제곱근 안이 음수일 때는 그냥 제곱근 안의 숫자끼리만 나눠준 것과 같아요.

또, 분모의 제곱근 안은 양수, 분자의 제곱근 안은 음수인 경우 $\dfrac{\sqrt{-2}}{\sqrt{3}} = \sqrt{\dfrac{-2}{3}} = \sqrt{-\dfrac{2}{3}} = \sqrt{\dfrac{2}{3}}i$이고 $\sqrt{-\dfrac{2}{3}} = \dfrac{\sqrt{2}i}{\sqrt{3}} = \dfrac{\sqrt{2}}{\sqrt{3}}i = \sqrt{\dfrac{2}{3}}i$이므로 분모의 제곱근 안은 양수, 분자의 제곱근 안은 음수일 때는 그냥 제곱근 안의 숫자끼리만 나눠준 것과 같습니다.

그러나, 분모의 제곱근 안은 음수, 분자의 제곱근 안은 양수인 경우는

$\dfrac{\sqrt{2}}{\sqrt{-3}} = \sqrt{\dfrac{2}{-3}} = \sqrt{-\dfrac{2}{3}} = \sqrt{\dfrac{2}{3}}\,i$ 와 $\dfrac{\sqrt{2}}{\sqrt{-3}} = \dfrac{\sqrt{2}}{\sqrt{3}i} = \dfrac{\sqrt{2}i}{\sqrt{3}i^2} = -\sqrt{\dfrac{2}{3}}\,i$ 을 살펴보면 다르다는 것을 알 수 있습니다.

즉, 분모의 제곱근 안은 음수이고, 분자의 제곱근 안은 양수일 때는 제곱근 앞에 (−)가 붙고, 그 외에는 (−)가 붙지 않아요. 따라서 실수의 제곱근의 계산 법칙은

(1) $a < 0$, $b < 0$이면 $\sqrt{a}\sqrt{b} = -\sqrt{ab}$ 이고 그 외의 경우에는 $\sqrt{a}\sqrt{b} = \sqrt{ab}$ 로 계산하면 됩니다.

(2) $a > 0$, $b < 0$이면 $\dfrac{\sqrt{a}}{\sqrt{b}} = -\sqrt{\dfrac{a}{b}}$ 이고 그 외의 경우에는 $\dfrac{\sqrt{a}}{\sqrt{b}} = \sqrt{\dfrac{a}{b}}$ 로 계산하면 됩니다.

복소평면 ─────────

실수를 수식선의 모든 점과 일대일대응으로 표현하듯이 복소수의 기하적 표현을 생각해낸 수학자가 있습니다. 바로 베셀과 가우스입니다(276쪽 참조). 좌표 평면에서는 가로축을 x축, 세로축을 y축이라 하는데, 가로축을 실수축, 세로축을 허수축으로 생각하여 복소수와 일대일대응 평면을 생각한 것입니다. 즉, 복소수 $z = a + bi$를 평면 위의 점 $P(a, b)$로 나타낸 것이지요. 이것을 **복소평면**(複素平面, complex plane) 또는 **가우스 평면**이라고 부릅니다. 우리가 흔히 2차원 공간을 x, y의 두개의 수직한 축으로 나타낼 때 xy좌표계라고 하듯 위와 같이 **복소수 축을 가지고 있는 공간을 복소 좌표계**라고 합니다.

오일러 공식($e^{it} = \cos t + i\sin t$, 단, i는 허수단위이고, t는 실수)은 복소평면 내에서 좌표의 위치를 지수(exponential)로 표현할 수 있는 근거를 제시하게 되

는데요, 이것은 수학·공학·물리학 등에서 매우 중요한 역할을 합니다. 파인먼(Richard Phillips Feynman, 1918~1988)[048]은 오일러의 공식을 두고 "수학자들이 내놓은 보석이다"라고 말했습니다. 그만큼 중요하다는 뜻이지요.

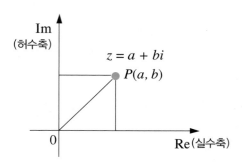

[복소평면에서 복소수의 대응]

복소수 $z = a + bi$를 나타내는 점 $P(a, b)$와 원점을 잇는 선분의 길이를 복소수의 **절댓값**(absolute value)이라 하고, $|z|$로 나타냅니다. 즉, $|z| = |a + bi| = \sqrt{a^2 + b^2}$ 입니다.

이차방정식 ────────

이차방정식은 이집트나 메소포타미아의 기록에 단편적으로 나타납니다.

---

048 미국의 물리학자. 양자 전자기 역학의 재규격화 이론을 완성하고, 양자 역학 분야의 새로운 접근법을 개척하였다. 1965년에 노벨 물리학상을 받았다.

그러나 이차방정식을 본격적으로 다룬 사람은 이집트의 수학자 헤론일 것입니다. 그는 "한 정사각형이 있다. 그 면적과 둘레의 합은 896이다. 한 변의 길이는 얼마인가?"라는 문제를 풀었습니다. 디오판토스의 산술 책에도 이미 특수한 이차방정식이 다루어지고 있습니다. 예를 들어 그는 "두 수의 차는 10이고, 그 제곱의 차는 40이다. 두 수는 각각 얼마인가?"와 같은 문제를 다루었지요. 이 문제에서 디오판토스는 두 개의 미지수 대신 $x + 5$, $x - 5$를 사용해 $(x + 5)^2 - (x - 5)^2 = 40$으로 표현했습니다.

양수, 0, 음수 개념을 확립하고 이차방정식에 두 근이 있음을 명확히 인식한 것은 인도의 아랴바타(Aryabhatta, 476?~550?)입니다. 그는 자신의 저작 『아르야바티야』에서 이차방정식을 다루었는데요, 일반적인 이차방정식의 해법은 628년 인도의 브라마굽타에 의하여 발견되었습니다. 그는 오늘날과 같은 대수적 해법과 비슷한 방법으로 이차방정식을 완전제곱 꼴로 만들어 근을 구하는 과정을 글로 남겼으며 근의 공식도 소개하고 있습니다 (295쪽 참조).

기원전 3세기에 유클리드는 이차방정식의 기하학적 해법을 발견했고, 수학자 알콰리즈미는 이차방정식을 $x^2 = ax$, $x^2 = b$, $ax^2 = b$, $x^2 + ax = b$, $x^2 + b = ax$, $x^2 = ax + b$의 6가지로 나누어 기하학을 최초로 이차방정식에 적용했습니다. 예를 들어, 이차방정식 $x^2 + px = q(p > 0, q > 0)$의 기하학적 해법은 다음과 같아요.

(1) x^2을 만들기 위해 한 변의 길이가 x인 정사각형을 그립니다.

(2) x^2에 px를 더하기 위해 px를 4로 나눈 값인 $\dfrac{px}{4}$를 넓이로 갖는 사각

형을 (1)에서 만든 정사각형의 각 변에 붙여줍니다.

(3) $x + \dfrac{p}{2}$ 를 한 변으로 하는 정사각형을 완성시키기 위해 넓이가 $\left(\dfrac{p}{4}\right)^2$ 이 되는 4개의 작은 정사각형을 붙입니다.

따라서 $x^2 + px = q$ 이므로 $\left(x + \dfrac{p}{2}\right)^2 = (x^2 + px) + 4\left(\dfrac{p}{4}\right)^2 = q + 4\left(\dfrac{p}{4}\right)^2$ 으로 정리될 수 있고,

$x = \sqrt{4\left(\dfrac{p}{4}\right)^2 + q} - \dfrac{p}{2}$ 입니다.

그 후 이차방정식의 기하적 해법은 오마르 하이얌(Omar Khayyám,

---

049 오마르 하이얌은 페르시아의 수학자, 천문학자, 철학자, 작가, 시인이다. 이항정리를 증명하였다. 그가 만든 달력은 16세기에 나온 그레고리 달력보다 더 정확했다고 한다. 삼차방정식의 기하학적 해결을 연구하였다.

1048~1123)[049]이 완성시켰습니다.

하지만 이차방정식을 오늘날과 같은 방법으로 풀고, 그것이 두 근을 가짐을 명백히 인정한 것은 바스카라(Bhaskara, 1114~1185)였습니다. 바스카라는 이차방정식을 가장 일반적인 형태로 취급하여 다음과 같이 풀었습니다.

▲ 오마르 하이얌Omar Khayyám

$$ax^2 + bx + c = 0 \ (a \neq 0)$$
$$\rightarrow x^2 + \frac{b}{a}x + \frac{c}{a} = 0 \rightarrow x^2 + \frac{b}{a}x = -\frac{c}{a}$$
$$\rightarrow x^2 + \frac{b}{a}x + \frac{b^2}{4a^2} = -\frac{c}{a} + \frac{b^2}{4a^2}$$
$$\rightarrow \left(x + \frac{b}{2a}\right)^2 = \frac{b^2 - 4ac}{4a^2}$$
$$\rightarrow x + \frac{b}{2a} = \frac{+\sqrt{b^2 - 4ac}}{2a} \ 또는$$
$$x + \frac{b}{2a} = \frac{-\sqrt{b^2 - 4ac}}{2a}$$
$$따라서 \ x = \frac{-b + \sqrt{b^2 - 4ac}}{2a} \ 또는$$
$$x = \frac{-b - \sqrt{b^2 - 4ac}}{2a} \ 입니다.$$

▲ 오마르 하이얌의 무덤

이것은 현재의 이차방정식의 풀이방법과 똑같습니다. 아랴바타와 브라마굽타는 때로는 양수의 제곱근, 때로는 음수의 제곱근을 사용하는 하였으나 바스카라는 이차방정식을 위의 방법으로 풀어 이차방정식에는 2개의 제곱근이 있을 수 있다는 것을 확실히 보였습니다. 이와 관련하여 그는

다음과 같이 말했습니다.

"양수의 제곱도 음수의 제곱도 양수이다. 따라서 양수의 제곱근은 두 개 있고, 그 하나는 양수, 다른 하나는 음수이다. 그러나 음수의 제곱근은 존재하지 않는다. 왜냐하면, 음수는 절대로 어떤 수의 제곱이 될 수 없기 때문이다."

▲ 바스카라 Bhaskara

우리나라에도 이차방정식과 관련된 문제들이 나오는 문헌이 있습니다. 바로 조선시대의 수학자 홍정하(洪正夏, 1684~?)가 쓴 수학책 『구일집九一集』입니다. 홍정하는 중국의 수학자 하국주와 수학 문제 풀이 대결에서 승리한 일화로 유명합니다.

1684년에 태어난 홍정하는 조선시대 숙종과 영조 때의 수학자입니다. 조선시대에는 산학시험이라는 게 있었는데요, 이 시험에 합격해야만 산학자가 될 수 있었습니다. 요즘 말로 '공인수학자제도'였지요. 1713년 5월 29일 홍정하는 같은 수학자인 유수석과 함께 조선에 온 중국의 사력 하국주를 만나 수학에 대해서 이야기를 나눕니다. 사력은 중국 천문대의 관직으로, 하국주는 천문과 역산에 밝았고 산학에도 뛰어난 실력자였어요. 하국주와 홍정하의 만남은 요즘처럼 공식을 암기하거나 문제 풀이나 하는 수학 공부와 달리 대화로 풀어가는 식이었습니다.

수학자 홍정하

홍정하는 하국주를 만나 공손히 "아무것도 모르니 산학을 가르쳐주십시오" 하고 말했다. 하국주는 문화 대국의 일류 학자인 양 어깨를 으쓱대며 '이런 문제를 알겠는가?' 하고 얕보는 마음으로 문제를 냈다. "360명이 한 사람마다 은 1냥 8전을 낸 합계는 얼마나 되겠소? 그리고 은 351냥이 있소. 한 섬의 값이 1냥 5전 한다면 몇 섬을 구입할 수 있겠소?"

어릴 적부터 산학 문제를 풀면서 실력을 갈고 닦은 홍정하는 금세 답을 냈다. "앞 문제의 답은 648냥이고, 다음 문제의 답은 234섬이 되옵니다." 홍정하가 문제를 풀자 옆에서 지켜보고 있던 한 중국 사신이 홍정하의 실력을 얕잡아 보고 하국주의 체면을 살리려는 듯 말참견을 했다. "사력은 계산에 대해서는 천하의 실력자요. 사력의 수학의 조예는 깊기가 한량이 없소. 여러분 따위는 도저히 견줄 바가 못 되오. 사력은 많은 질문을 했는데 여러분도 그에게 문제를 내야 하지 않겠소?"

그러자 홍정하가 하국주에게 다음과 같은 문제를 냈다.

"공 모양의 옥이 있습니다. 이것에 내접하는 정육면체의 옥을 빼놓은 껍질의 무게는 265근이고 껍질의 두께는 4치 5푼입니다. 옥의 지름의 길이와 내접하는 정육면체의 한 모서리의 길이는 각각 얼마입니까?" 이 문제를 두고 하국주는 고민하더니 "이것은 아주 어려운 문제입니다. 당장에는 풀지 못하지만 내일은 반드시 답을 주겠소" 하고 대답했다. 그러나 하국주는 다음 날에도 답을 내놓지 못했다. 홍정하는 정육면체의 한 변의 길이는 약 5치이고 옥의 지름은 약 14치라고 말해주었다. 그리고 풀이도 해주었다. 옥의 지름을 구하려면 구의 부피를 내는 공식을 알아야 하는데, 홍정하는 구의 부피를 구할 줄 알았던 것이다.

그러면 지금부터 이차방정식에 대하여 좀 더 구체적으로 알아보겠습니다. 중학교에서는 수를 실수까지만 배워서 이차방정식의 해를 실수 범위에서만 찾았습니다.★ 따라서 중학교 때는 이차방정식의 해를 '서로 다른 두 실근, 중근, 해가 없다'라고 배웠지요.

중학교에서 배운 이차방정식의 해 구하기

(1) $x^2 + x - 1 = 0$의 해는 $x = \dfrac{-1 \pm \sqrt{5}}{2}$인 서로 다른 두 실근이다.

(2) $x^2 + 2x + 1 = 0$의 해는 $x = -1$인 중근[050]이다.

(3) $x^2 + x + 1 = 0$의 해는 없다.

그러나 우리는 앞에서 수를 복소수 범위까지 배웠으므로 계수가 실수인 이차방정식 $ax^2 + bx + c = 0 (a \neq 0)$의 해는 근의 공식 $x = \dfrac{-b \pm \sqrt{b^2 - 4ac}}{2a}$ 에서

$b^2 - 4ac > 0$ 이면 $\sqrt{b^2 - 4ac}$ 가 실수이므로 → 해는 서로 다른 두 실근

$b^2 - 4ac = 0$ 이면 $\sqrt{b^2 - 4ac} = 0$이므로 → 해는 중근

$b^2 - 4ac < 0$ 이면 $\sqrt{b^2 - 4ac}$ 가 허수이므로 → 해는 서로 다른 두 허근

따라서 계수가 실수인 이차방정식은 복소수 범위에서 반드시 근을 갖는다는 것을 알 수 있지요. 즉, 이차방정식의 해는 2개 존재한다는 뜻입니다. 이차방정식의 중근도 해가 2개 존재하는 것으로 봅니다.

여기서 우리는 이차방정식의 근의 공식 $x = \dfrac{-b \pm \sqrt{b^2 - 4ac}}{2a}$ 에 포함된 $b^2 - 4ac$의 값에 주목해야 합니다. $b^2 - 4ac$의 값에 따라 이차방정식의 근의

---

050 이차방정식에서 똑같은 해가 두 번 구해지면 한 번만 쓰는데 이것을 '중근'이라고 한다. 복소수 상에서 이차방정식은 두 복소수 해 실근(실수인 근)과 허근(허수인 근으로, 보통 소문자 i로 표기)을 갖는다. 이차방정식의 두 근은 서로 중복될 수 있고, 이때 중복되는 두 근이 실근인지 허근인지는 관계없이 '중근'이라고 하는 것이다.

형태가 결정되기 때문인데요, 이것을 **판별식**이라고 하며, 보통 문자 D로 나타냅니다. 판별식이란 용어는 잉글랜드의 수학자 실베스터(James Joseph Sylvester, 1814~1897)[051]가 1852년에 발표한 논문에서 처음으로 'determinant'라고 언급한 데서 유래했습니다. 그 후 1876년 아일랜드의 수학자 새먼(George Salmon, 1819~1904)[052]이 'discriminant'라고 이름을 붙여 사용했고요.

▲ 실베스터 James Joseph Sylvester

위의 판별식을 이용하여 이차방정식의 근을 판별하면 다음과 같습니다.

계수가 실수인 이차방정식 $ax^2 + bx + c = 0$에서 $D = b^2 - 4ac$라고 하면

(1) $D > 0$은 서로 다른 두 실근을 갖는다와 동치[053]

(2) $D = 0$은 중근(서로 같은 두 실근)을 갖는다와 동치

(3) $D > 0$은 서로 다른 두 허근을 갖는다와 동치

▲ 새먼 George Salmon

이차방정식의 특수한 형태를 좀 더 살펴볼까요?

---

051 행렬 이론 및 수론과 조합론에 공헌하였다.

052 아일랜드 출신의 수학자, 신학자. 1888~1904년 사망 시까지 트리니티대학 학장으로 재직했다.

053 두 명제 p, q에서 p이면 q이고 q이면 p일 때의 p와 q의 관계를 이른다.

계수가 실수인 이차방정식 $ax^2+2b'x+c=0$에서처럼 x항의 계수가 2의 배수일 때, 이 이차방정식의 근의 공식은 $x = \dfrac{-b' \pm \sqrt{b'^2 - ac}}{a}$ 임을 알 수 있어요.

판별식은 $\dfrac{D}{4} = b'^2 - ac$입니다.

이차방정식에서 가장 중요한 것 중 하나는 이차방정식의 근과 계수의 관계일 것입니다. 이차방정식 $ax^2+bx+c=0$의 두 근을 α, β라 하고 $D = b^2 - 4ac$로 놓으면 근의 공식에 의하여

$\alpha = \dfrac{-b+\sqrt{D}}{2a}$ 이고 $\beta = \dfrac{-b-\sqrt{D}}{2a}$ 입니다. 이때, 두 근 α, β의 합과 곱을 생각하면 다음과 같습니다.

$\alpha + \beta = \dfrac{-b+\sqrt{D}}{2a} + \dfrac{-b-\sqrt{D}}{2a} = -\dfrac{b}{a}$ 이고

$\alpha\beta = \left(\dfrac{-b+\sqrt{D}}{2a}\right) \times \left(\dfrac{-b-\sqrt{D}}{2a}\right) = \dfrac{b^2 - D}{4a^2} = \dfrac{b^2 - (b^2 - 4ac)}{4a^2} = \dfrac{c}{a}$ 입니다.

그러나 두 근 α, β를 갖는 이차방정식을 생각해보면
$-2(x - \alpha)(x - \beta) = 0$, $(x - \alpha)(x - \beta) = 0$, $2(x - \alpha)(x - \beta) = 0$ 등 x^2의 계수에 따라 이차방정식이 무수히 많음을 알 수 있습니다. 따라서 두 근 α, β를 갖고, x^2의 계수가 1인 이차방정식은 $x^2 - (\alpha + \beta)x + \alpha\beta = 0$임을 알 수 있습니다.

이차방정식의 풀이 —————

중학교 때부터 배운 x에 대한 이차방정식 $ax^2+bx+c=0$ (단, $a \neq 0$)을

푸는 세 가지 방법은 다음과 같습니다.

◎인수분해를 이용한 이차방정식의 풀이 방법

인수분해공식을 이용하여 근을 구하는 방법을 알아봅시다. 우선 아래의 공식만큼은 반드시 암기하도록 합니다(91쪽 참조).

이차방정식을 풀기 위해 꼭 알아야 하는 인수분해공식

(1) $x^2 + 2ax + a^2 = (x+a)^2$

(2) $x^2 - 2ax + a^2 = (x-a)^2$

(3) $x^2 - a^2 = (x+a)(x-a)$

(4) $x^2 + (a+b)x + ab = (x+a)(x+b)$

(5) $x^2 - (a+b)x + ab = (x-a)(x-b)$

(6) $acx^2 + (ad+bc)x + bd = (ax+b)(cx+d)$

x에 대한 이차방정식을 인수분해공식을 이용하여 $(px-q)(rx-s)=0$으로 나타내면, 두 개의 일차방정식 $px-q=0$과 $rx-s=0$을 얻습니다. 각각의 일차방정식을 풀면 이차방정식의 두 근은 $x = \dfrac{q}{p}$ 또는 $x = \dfrac{s}{r}$이지요. 이것은 다음의 성질로부터 알 수 있습니다.

두 복소수 A, B에 대하여 $AB = 0$이면 $A = 0$ 또는 $B = 0$이다.

따라서 이차방정식을 (일차식) × (일차식) = 0의 꼴로 바꾸어서 이차방정식을 풀 수 있겠지요? 이 같은 두 일차식의 곱 꼴로 인수분해하여 이차방정식을 푸는 것은 이차식이 쉽게 두 일차식의 곱 꼴로 인수분해가 될 때 사용하면 유용합니다.

◎ 완전제곱식을 이용한 이차방정식의 풀이 방법

$(x - p)^2$꼴의 다항식을 완전제곱식이라 합니다. 모든 이차방정식은 $(x - p)^2 = q$꼴로 변형한 후 제곱근을 이용하여 풀 수 있습니다. 즉, 이차방정식 $ax^2 + bx + c = 0$을 완전제곱식 형태 $(x - p)^2 = q$으로 변형한 후 제곱근을 이용하면 $x - p = \pm\sqrt{q}$이고, 따라서 해는 $x = p \pm \sqrt{q}$ 입니다.

◎ 근의 공식을 이용한 이차방정식의 풀이 방법

이차방정식의 근의 공식은 완전제곱식을 이용한 이차방정식의 풀이를 정리한 것입니다. 내용은 다음과 같습니다.

이차방정식의 근의 공식

이차방정식 $ax^2 + bx + c = 0$의 양변을 a로 나누면 $x^2 + \dfrac{b}{a}x + \dfrac{c}{a} = 0$

완전제곱식을 만들기 위해 양변에 $\dfrac{b^2}{4a^2}$ 을 더하면 $x^2 + \dfrac{b}{a}x + \dfrac{b^2}{4a^2}$
$+ \dfrac{c}{a} = \dfrac{b^2}{4a^2}$

양변을 정리하면 $\left(x + \dfrac{b}{2a}\right)^2 = \dfrac{b^2}{4a^2} - \dfrac{c}{a}$ 즉, $\left(x + \dfrac{b}{2a}\right)^2 = \dfrac{b^2 - 4ac}{4a^2}$

따라서, $x + \dfrac{b}{2a} = \pm\sqrt{\dfrac{b^2 - 4ac}{4a^2}}$ 즉, $x = \dfrac{-b \pm \sqrt{b^2 - 4ac}}{2a}$

이차방정식의 근의 판별 ————

계수가 실수인 이차방정식 $ax^2 + bx + c = 0\,(a \neq 0)$에서 $b^2 - 4ac$를 이차방정식의 판별식이라고 하고, 보통 기호로 D라 나타냅니다. 즉, $D = b^2 - 4ac$입니다.

ATTENTION

이차방정식의 근의 판별

(1) $D > 0 \Leftrightarrow$ 서로 다른 두 실근

(2) $D = 0 \Leftrightarrow$ 중근(서로 같은 두 실근)

(3) $D < 0 \Leftrightarrow$ 서로 다른 두 허근(켤레복소수)

이차방정식이 실근을 갖기 위한 조건

$D \geq 0 \Leftrightarrow$ 실근(서로 다른 두 실근 또는 중근)

이차방정식의 짝수 판별식

일차항의 계수가 짝수인 경우 이차방정식 $ax^2 + 2b'x + c = 0$ $(a \neq 0)$의 근은 $\dfrac{D}{4} = b'^2 - ac$를 이용하여 판별하면 좀 더 편하다.

이차방정식의 근과 계수의 관계 ────────

이차방정식 $ax^2 + bx + c = 0 (a \neq 0)$의 두 근을 α, β라 하면 이차방정식의 계수 a, b, c와 두 근 α, β 사이에 다음과 같은 관계가 있습니다. **근과 계수의 관계는 실근, 허근에 관계없이 성립합니다.**

ATTENTION

이차방정식의 근과 계수의 관계

(1) $\alpha + \beta = -\dfrac{b}{a}$　　(2) $\alpha\beta = \dfrac{c}{a}$

두 수 α, β를 두 근으로 갖는 이차방정식

두 수 α, β를 두 근으로 갖는 x^2의 계수가 1인 이차방정식

$\Leftrightarrow x^2 - (\alpha + \beta)x + \alpha\beta = 0$

두 근이 α, β인 이차방정식의 인수분해

이차방정식 $ax^2 + bx + c = 0(a \neq 0)$의 두 근이 α, β이면

이차방정식 $ax^2 + bx + c = 0$은 $a(x - \alpha)(x - \beta)$로 인수분해

지금까지 이차방정식 $ax^2 + bx + c = 0(a \neq 0)$의 세 가지 방법의 풀이법과 근의 판별, 근과 계수의 관계에 대하여 살펴보았습니다. 가장 기본적인 이차방정식의 풀이는 인수분해를 이용한 풀이일 것입니다. 인수분해의 기본 공식을 꼭 기억해서 풀이 시간을 단축하길 바랍니다. 그리고 인수분해가 어려운 경우에 활용할 수 있도록 근의 공식 $x = \dfrac{-b \pm \sqrt{b^2 - 4ac}}{2a}$ 을 꼭 기억하세요.

이차방정식 $ax^2 + bx + c = 0(a \neq 0)$의 근의 공식 $x = \dfrac{-b \pm \sqrt{b^2 - 4ac}}{2a}$ 에서 판별식 $D = b^2 - 4ac$를 얻는다. 판별식 D의 부호$(+, 0, -)$에 따라서 서로 다른 두 실근, 중근, 허근을 알 수 있다. 이차방정식의 계수 a, b, c 와 두 근 α, β 사이의 관계는 $\alpha + \beta = -\dfrac{b}{a}$, $\alpha\beta = \dfrac{c}{a}$ 임을 꼭 기억해야 한다.

1. 복소수의 덧셈, 뺄셈

a, b, c, d가 실수일 때,

(1) 덧셈 : $(a + bi) + (c + di) = (a + c) + (b + d)i$

(2) 뺄셈 : $(a + bi) - (c + di) = (a - c) + (b - d)i$

2. 복소수의 곱셈과 나눗셈

a, b, c, d가 실수일 때,

(1) 곱셈 : $(a + bi)(c + di) = (ac - bd) + (ad + bc)i$

(2) 나눗셈 : $\dfrac{a + bi}{c + di} = \dfrac{ac + bd}{c^2 + d^2} + \dfrac{bc - ad}{c^2 + d^2}i$ (단, $c + di \neq 0$)

3. 복소수가 서로 같을 조건과 연산에 대한 성질

(1) 복소수가 서로 같은 조건 : a, b, c, d가 실수일 때,

1) $a + bi = c + di \Leftrightarrow a = c, b = d$

2) $a + bi = 0 \Leftrightarrow a = 0, b = 0$

(2) 복소수의 연산 : a, b, c, d가 실수일 때,

　　1) 덧셈 : $(a + bi) + (c + di) = (a + c) + (b + d)i$

　　2) 뺄셈 : $(a + bi) - (c + di) = (a - c) + (b - d)i$

　　3) 곱셈 : $(a + bi)(c + di) = (ac - bd) + (ad + bc)i$

　　4) 나눗셈 : $\dfrac{a + bi}{c + di} = \dfrac{ac + bd}{c^2 + d^2} + \dfrac{bc - ad}{c^2 + d^2}i$ (단, $c + di \neq 0$)

4. 켤레복소수의 성질

a, b, c, d가 실수일 때, 두 복소수 $z_1 = a + bi$, $z_2 = c + di$에 대하여

(1) $\overline{z_1 + z_2} = \overline{(a + bi) + (c + di)} = \overline{(a + c) + (b + d)i}$

　　$= (a + c) - (b + d)i = (a - bi) + (c - di) = \overline{z_1} + \overline{z_2}$

(2) $\overline{z_1 - z_2} = \overline{(a + bi) - (c + di)} = \overline{(a - c) + (b - d)i}$

　　$= (a - c) - (b - d)i = (a - bi) - (c - di) = \overline{z_1} - \overline{z_2}$

(3) $\overline{z_1 \cdot z_2} = \overline{(a + bi)(c + di)} = \overline{(ac - bd) + (ad + bc)i}$

　　$= (ac - bd) - (ad + bc)i = (a - bi)(c - di) = \overline{z_1} \cdot \overline{z_2}$

(4) $\overline{\dfrac{z_1}{z_2}} = \overline{\dfrac{a + bi}{c + di}} = \overline{\dfrac{(a + bi)(c - di)}{c^2 + d^2}} = \overline{\dfrac{(ac + bd) - (ad - bc)i}{c^2 + d^2}}$

　　$= \dfrac{(ac + bd) + (ad - bc)i}{c^2 + d^2} = \dfrac{(a - bi)(c + di)}{c^2 + d^2} = \dfrac{a - bi}{c - di} = \dfrac{\overline{z_1}}{\overline{z_2}}$

5. 이차방정식을 풀기 위해 꼭 알아야 하는 인수분해공식

(1) $x^2 + 2ax + a^2 = (x + a)^2$

(2) $x^2 - 2ax + a^2 = (x - a)^2$

(3) $x^2 - a^2 = (x + a)(x - a)$

(4) $x^2 + (a + b)x + ab = (x + a)(x + b)$

(5) $x^2 - (a + b)x + ab = (x - a)(x - b)$

(6) $acx^2 + (ad + bc)x + bd = (ax + b)(cx + d)$

6. 이차방정식의 근의 공식

이차방정식 $ax^2 + bx + c = 0$의 양변을 a로 나누면 $x^2 + \dfrac{b}{a}x + \dfrac{c}{a} = 0$

완전제곱식을 만들기 위해 양변에 $\dfrac{b^2}{4a^2}$ 을 더하면 $x^2 + \dfrac{b}{a}x + \dfrac{b^2}{4a^2} + \dfrac{c}{a} = \dfrac{b^2}{4a^2}$

양변을 정리하면 $\left(x + \dfrac{b}{2a}\right)^2 = \dfrac{b^2}{4a^2} - \dfrac{c}{a}$ 즉, $\left(x + \dfrac{b}{2a}\right)^2 - \dfrac{b^2 - 4ac}{4a^2} = 0$

따라서, $x + \dfrac{b}{2a} = \pm\sqrt{\dfrac{b^2 - 4ac}{4a^2}}$ 즉, $x = \dfrac{-b \pm \sqrt{b^2 - 4ac}}{2a}$

7. 이차방정식의 근의 판별

(1) $D > 0 \Leftrightarrow$ 서로 다른 두 실근

(2) $D = 0 \Leftrightarrow$ 중근(서로 같은 두 실근)

(3) $D < 0 \Leftrightarrow$ 서로 다른 두 허근(켤레복소수)

이차방정식이 실근을 갖기 위한 조건 : $D \geq 0 \Leftrightarrow$ 실근(서로 다른 두 실근 또는 중근)

이차방정식의 짝수 판별식 : 일차항의 계수가 짝수인 경우 이차방정식

$ax^2 + 2b'x + c = 0 \, (a \neq 0)$의 근은 $\dfrac{D}{4} = b'^2 - ac$를 이용하여 판별하면 좀 더 편하다.

8. 이차방정식의 근과 계수의 관계

(1) $\alpha + \beta = -\dfrac{b}{a}$ (2) $\alpha\beta = \dfrac{c}{a}$

두 수 α, β를 두 근으로 갖는 이차방정식 : 두 수 α, β를 두 근으로 갖는 x^2의 계수가 1인 이차방정식 $\Leftrightarrow x^2 - (\alpha + \beta)x + \alpha\beta = 0$

두 근이 α, β인 이차방정식의 인수분해 : 이차방정식 $ax^2 + bx + c = 0 \, (a \neq 0)$의 두 근이 α, β이면 이차방정식 $ax^2 + bx + c = 0$은 $\alpha(x - \alpha)(x - \beta)$로 인수분해

❶ 등식 $(5 + 3i)x - (2 - 3i)y = -7 + 6i$를 만족시키는 두 실수 x, y에 대하여 $x + y$의 값을 구하시오. (단, $i = \sqrt{-1}$)

풀이 좌변을 실수부분과 허수부분으로 정리하면 $(5 + 3i)x - (2 - 3i)y = (5x - 2y) + 3(x + y)i$

즉, $(5x - 2y) + 3(x + y)i = -7 + 6i$이므로

복소수 상등에 의하여 허수부분을 비교하면 $x + y = 2$

❷ 이차방정식 $x^2 - 2x - 3 = 0$의 두 근을 p, q라 할 때, $\dfrac{q}{p} + \dfrac{p}{q}$ 의 값을 구하시오.

풀이 이차방정식 $x^2 - 2x - 3 = 0$을 인수분해하면

$(x - 3)(x + 1) = 0$ ∴ $x = 3, x = -1$

따라서 $p = 3, q = -1$이라 하면

(준식) $= -\dfrac{1}{3} - 3 = -\dfrac{10}{3}$

❸ 실수 a, b에 대하여 x에 대한 이차방정식 $x^2 + ax + b = 0$의 한 근이 $2 - 4i$일 때, $a + b$의 값을 구하시오. (단, $i = \sqrt{-1}$)

풀이 한 근이 $2-4i$이므로 다른 한 근은 $2+4i$이다. 이차방정식의 근과 계수와의 관계에 의해 $(2+4i)+(2-4i)=-a$

$(2+4i)(2-4i)=b$

따라서 $a=-4$, $b=20$ 이므로 $a+b=16$

❹ $\left(\dfrac{1+i}{1-i}\right)^{2009}+\left(\dfrac{1-i}{1+i}\right)^{2011}$ 의 값은? (단, $i=\sqrt{-1}$)

풀이 $\left(\dfrac{1+i}{1-i}\right)^{2009}+\left(\dfrac{1-i}{1+i}\right)^{2011}=i^{2009}+(-i)^{2011}=i^{2009}+-i^{2011}=(i^4)^{502}\cdot i$

$-(i^4)^{502}\cdot i^3=i-i^3=2i$

❺ 이차방정식 $2x^2+(k-1)x+18=0$이 중근을 갖도록 하는 자연수 k의 값을 구하시오.

풀이 이차방정식이 중근을 가지므로 $D=(k-1)^2-144=0$ 이것을 풀면

$k^2-2k-143=0$

$(k-13)(k+11)=0$

$k=13$ 또는 $k=-11$

따라서 k가 자연수이므로 $k=13$

❻ 이차방정식 $x^2+ax+b=0$의 두 근이 α, β이고 $x^2+bx+a=0$의 두 근이 $\dfrac{1}{\alpha}$, $\dfrac{1}{\beta}$이다. $a+b$의 값을 구하시오. (단, a,b는 실수이다.)

풀이 $x^2 + ax + b = 0$의 두 근이 α, β이므로 $\alpha + \beta = -a$, $\alpha\beta = b$ …… ㉠

$x^2 + bx + a = 0$의 두 근이 $\dfrac{1}{\alpha}, \dfrac{1}{\beta}$ 이므로 $\dfrac{1}{\alpha} + \dfrac{1}{\beta} = -b$, $\dfrac{1}{\alpha\beta} = a$ …… ㉡

㉠, ㉡에서

$\dfrac{1}{\alpha} + \dfrac{1}{\beta} = \dfrac{\alpha + \beta}{\alpha\beta} = -b$이므로 $\dfrac{-a}{b} = -b$이다.

$\therefore a = b^2$

$\dfrac{1}{\alpha\beta} = a$이므로 $\dfrac{1}{b} = a$이다. $\therefore ab = 1$

따라서 $a^3 = 1$, $b^3 = 1$이고 a, b가 실수이므로 $a = 1$, $b = 1$이다.

$\therefore a + b = 2$

정답   1. 2   2. $-\dfrac{10}{3}$ 3. 16   4. $2i$ 5. 13   6. 2

9강

고차방정식

Intro

앞에서 우리는 일차방정식 $ax + b = 0$의 해는 $x = -\dfrac{b}{a}$ 이고, 이차방정식 $ax^2 + bx + c = 0$의 해는 $x = \dfrac{-b \pm \sqrt{b^2 - 4ac}}{2a}$ 인 것을 알았습니다. 이것을 각각 일차방정식과 이차방정식의 '근의 공식'이라고 합니다. 그럼 자연스럽게 삼차방정식 $ax^3 + bx^2 + cx + d = 0$에 대한 근의 공식은 어떻게 될까, 생각해볼 수 있겠지요? 아르키메데스(Archimedes, ?B.C.287~B.C.212)[054]는 '구를 한 평면으로 자를 때, 잘린 두 조각 중 한

▲ 아르키메데스 Archimedes

부분의 부피가 다른 부분의 2배가 되도록 하는 문제'의 연구로 결국 $x^3 - 3x + \dfrac{2}{3} = 0$인 삼차방정식을 얻습니다. 루카 파촐리(Franciscan Luca Pacioli)[055]는 1494년 발간한 『산학, 기하, 비율 및 비례총람』에서 $x^3 + mx = n$, $x^3 + n = mx$와 같은 형태의 방정식은 당시로는 원과 넓이가 같은 정사각형을 작도하는 문제와 같이 해결 불가능해 보인다고 했습니다. 많은 사람들이

▲ 루카 파촐리
Franciscan Luca Pacioli

삼차 방정식을 풀려고 애를 썼으나 몇 가지 특수한 경우를 수치적으로 해결했을 뿐이었습니다.

▲ 시피오네 델 페로 Scipione del Ferro

삼차방정식의 해법을 처음 발견한 수학자는 볼로냐 대학의 교수였던 시피오네 델 페로(Scipione del Ferro, 1465~1526)[056]입니다. 페로 교수는 3차 방정식의 세 유형 $x^3 + px = q$, $x^3 = px + q$, $x^3 + q = px$ (p와 q는 양의 정수)을 연구하였고, 보톨로티는 페로 교수가 모든 유형의 문제를 풀 수 있다고 주장했으나 페로 교수는 해를 구하는 방법을 출판하지 않고 세상을 떠났습니다. 그 후 1535년 페로의 방법을 재발견한 베네치아의 수학자 타르탈리아(Tartaglia)는 2차 항이 없는 삼차방정식 $x^3 + px = q$의 해법을 찾아내었고, 비밀로 하겠다고 맹세한 밀라노의 의사 카르다노(Girolamo Gardano)에게 아이디어를 알려줍니다. 그러나 카르다노가 타르탈리아에게서 배운 삼차방정식의 해법을 1545년 뉘른베르크에서 출판한 『알스 마그너Ars Magna』를 통해 공표합니다. 이

▲ 알스 마그너 표지

---

054 고대 그리스의 자연 과학자. 원(圓)·구(球) 따위의 구적법, 지레의 원리, 아르키메데스의 원리 따위를 발견했다. 저서에 『구와 원기둥에 대하여』, 『평면의 평형에 대하여』, 『포물선의 구적』, 『방법』 등이 있다.

055 이탈리아의 수학자이자 프란치스코회 수도사. 복식부기 시스템을 처음 고안한 사람으로 유명하다.

056 이탈리아의 수학자. 1496년부터 볼로냐 대학에서 대수와 기하학을 강의했다.

를 카르다노의 '표절 사건'이라고 합니다. 이 때문에 카르다노는 타르탈리아와 기나긴 논쟁을 하게 되지요. 현재는 삼차방정식의 근의 공식을 '카르다노의 공식'이라고 부릅니다. 간단한 예를 들어볼까요?

삼차방정식 $x^3 + px = q$의 카르다노의 해법은

$$x = \sqrt[3]{\sqrt{\frac{p^3}{27} + \frac{q^2}{4}} + \frac{q}{2}} - \sqrt[3]{\sqrt{\frac{p^3}{27} + \frac{q^2}{4}} - \frac{q}{2}}$$ 입니다.

사차방정식의 근의 공식은 카르다노의 제자인 페라리(Lodovico Ferrari, 1522~1565)[057]가 발견했습니다. 페라리는 일반적인 사차방정식의 풀이를 삼차방정식의 풀이로 바꾸어 풀었습니다. 그러나 이후 2세기가 지나도 오차방정식에 대한 근의 공식은 발견되지 않았습니다. 오일러는 사차방정식의 해가 삼차방정식의 해법으로 구해진다는 것을 이용하여 오차방정식도 삼차방정식으로 변형하여 풀려고 했지만 실패했고, 그 후 라그랑주를 비롯하여 많은 수학자들이 오차방정식의 해법을 구하기 위해 노력하였지만 모두 실패했습니다. 방정식의 근의 존재성은 1799년 가우스가 "복소수를 계수로 하는 n차 방정식이 복소수의 범위에서 반드시 근을 가진다"는 것을 증명함으로써 입증되었어요. 이 정리를 우리는 **대수학의 기본 정리**라고 합니다.

결국 1826년 노르웨이의 수학자 아벨[058]에 의해 5차 이상의 방정식의 근의 공식은 주어진 방정식의 계수를 이용한 사칙연산과 거듭제곱근만 사용

---

057 페라리는 스승 지롤라모 카르다노를 도와 사차방정식의 일반적인 해법을 발견했다(그의 양자라는 설도 있다).

058 타원 함수론·적분 방정식과 오차방정식의 대수적 불능 문제를 연구하여 대수 함수론의 기본 정리인 '아벨의 정리'를 발표했다.

하여 나타낼 수 없다는 사실을 증명합니다. 이것은 5차 이상의 방정식의 근은 존재하나 주어진 방정식의 계수를 이용한 사칙연산과 거듭제곱근만 사용하여 나타낼 수 있는 근의 공식이 존재하지 않는다는 것입니다. 이후 갈로아가 5차 이상 방정식의 일반적인 해법은 존재하지 않는다는 것을 증명합니다. 현대에는 주어진 방정식의 계수를 이용한 사칙연산과 거듭제곱근만을 사용하여 근의 공식을 표현하는 제약을 벗어나 다양한 형태로 근의 공식을 만들고 있습니다.

삼차방정식의 풀이 방법 ─────────

다항식 $f(x)$가 삼차식일 때, x에 대한 방정식 $f(x) = 0$을 **삼차방정식**이라고 합니다. 예를 들어 방정식 $x^3 + 4x^2 + 5x - 6 = 0$은 x에 대한 삼차방정식입니다. 일반적으로 3차 이상인 방정식의 풀이는 쉽지 않아요. 그러므로 인수정리를 이용하여 삼차방정식을 인수분해하고 근을 구할 수 있는 방법을 알아보겠습니다. 먼저 앞에서 배운 인수정리를 살펴볼까요?

인수정리
다항식 $f(x)$와 실수 a에 대하여 $f(a) = 0$이면 $f(x)$는 $x - a$를 인수로 갖는다.

위의 박스에서 본 바와 같이 인수정리를 이용하여 근을 구할 때는 무엇보다 $f(a) = 0$을 만족시키는 a의 값을 빨리 찾아내는 게 관건입니다. 그러면 이제 a의 값을 찾는 방법을 알아보겠습니다.

$f(x) = a_n x^n + a_{n-1} x^{n-1} + \cdots + a_1 x + a_0$일 때, $f(a) = 0$을 만족시키는 a가 있다면 a는 $\pm \dfrac{a_0 의\ 약수}{a_n 의\ 약수}$ 중에 있습니다. 이 사실을 이용하여 a의 값을 빨리 찾아야 합니다. 이때 가장 좋은 방법은 인수정리로 찾아낸 인수를 이용하여 앞에서 배운 조립제법이나 다항식의 나눗셈을 통해 삼차방정식을 $(x - a) \times (이차식) = 0$ 꼴로 만드는 것입니다. 삼차방정식의 근을 구하는 방법을 정리하면 다음과 같습니다.

ATTENTION

삼차방정식의 풀이

1. 인수정리를 이용하여 한 근을 구한다.
2. 조립제법을 이용하여 (일차식) × (이차식) = 0 꼴로 변형한다.
3. 이차방정식을 풀어 삼차방정식의 세 근을 구한다.

위 박스 안의 내용을 이용하여 삼차방정식을 직접 풀어보겠습니다. 한 문제는 선생님과 함께 풀어보고, 나머지 두 개는 여러분이 직접 풀어보시기 바랍니다.

예제 삼차방정식 $x^3 - 4x^2 - x + 4 = 0$의 세 근을 구하시오.

풀이 $f(x) = x^3 - 4x^2 - x + 4$이라 하면 $f(a) = 0$을 만족시키는 a의 값을 찾아야 합니다. a는 $\pm \dfrac{a_0 \text{의 약수}}{a_n \text{의 약수}}$ 중에 있다고 했죠? 따라서 a는 ± 1, ± 2, ± 4중에 적어도 하나가 있습니다.

$f(1) = 1 - 4 - 1 + 4 = 0$이므로 $a = 1$이라는 것을 찾았습니다. 이 것을 이용하여 조립제법을 하면

$$
\begin{array}{r|rrrr}
1 & 1 & -4 & -1 & 4 \\
  &   & 1 & -3 & -4 \\
\hline
  & 1 & -3 & -4 & 0
\end{array}
$$

따라서 주어진 삼차방정식은 $(x - 1)(x^2 - 3x - 4) = 0$이 됩니다. 즉, $(x - 1)(x + 1)(x - 4) = 0$입니다. 따라서 주어진 삼차방정식 $x^3 - 4x^2 - x + 4 = 0$의 세 근은 $x = 1$ 또는 $x = -1$ 또는 $x = 4$입니다.

예제 삼차방정식 $x^3 + 3x^2 - x - 3 = 0$의 세 근을 구하시오.

풀이 $f(x) = x^3 + 3x^2 - x - 3$이라 하면 $f(1) = 0$이므로 조립제 법을 하면

$$
\begin{array}{r|rrrr}
1 & 1 & 3 & -1 & -3 \\
  &   & 1 & 4 & 3 \\
\hline
  & 1 & 4 & 3 & 0
\end{array}
$$

따라서 주어진 삼차방정식은 $(x-1)(x^2+4x+3)=0$이 됩니다. 즉, $(x-1)(x+1)(x+3)=0$입니다. 따라서 주어진 삼차방정식 $x^3+3x^2-x-3=0$의 세 근은 $x=1$ 또는 $x=-1$ 또는 $x=-3$입니다.

예제 삼차방정식 $x^3+x^2-4x-4=0$의 세 근을 구하시오

풀이 $f(x)=x^3+x^2-4x-4$이라 하면 $f(-1)=0$이므로 조립제법을 하면

$$
\begin{array}{r|rrrr}
-1 & 1 & 1 & -4 & -4 \\
   &   & -1 & 0 & 4 \\
\hline
   & 1 & 0 & -4 & 0
\end{array}
$$

따라서 주어진 삼차방정식은 $(x+1)(x^2-4)=0$이 됩니다. 즉, $(x+1)(x+2)(x-2)=0$입니다. 따라서 주어진 삼차방정식 $x^3+x^2-4x-4=0$의 세 근은 $x=-1$ 또는 $x=-2$ 또는 $x=2$입니다.

다음은 인수분해공식 중에서 삼차방정식을 풀기 위해 꼭 알아야 하는 인수분해공식입니다. 가짓수가 좀 많지만 반드시 기억해두기 바랍니다.

ATTENTION

삼차방정식을 풀기 위해 꼭 알아야 하는 인수분해공식

(1) $x^2 + 2ax + a^2 = (x + a)^2$

(2) $x^2 - 2ax + a^2 = (x - a)^2$

(3) $x^2 - a^2 = (x + a)(x - a)$

(4) $x^2 + (a + b)x + ab = (x + a)(x + b)$

(5) $x^2 - (a + b)x + ab = (x - a)(x - b)$

(6) $acx^2 + (ad + bc)x + bd = (ax + b)(cx + d)$

(7) $x^3 + 3ax^2 + 3a^2x + a^3 = (x + a)^3$

(8) $x^3 - 3ax^2 + 3a^2x - a^3 = (x - a)^3$

(9) $x^3 + a^3 = (x + a)(x^2 - ax + a^2)$

(10) $x^3 - a^3 = (x - a)(x^2 + ax + a^2)$

이제 위의 인수분해공식을 이용하여 삼차방정식을 풀어볼게요. 다음과 같은 삼차방정식 $x^3 + 8 = 0$이 있다고 합시다.

삼차방정식 $x^3 + 8 = 0$은 위의 (9)번 인수분해공식을 이용하여 인수분해 하면 $(x + 2)(x^2 - 2x + 4) = 0$입니다. 따라서 이차방정식의 근의 공식을 이용하여 풀면 $x = -2$ 또는 $x = 1 \pm \sqrt{3}\,i$입니다.

　순환성과 관련된 특이한 삼차방정식에 대하여 살펴봅시다. 6강에서 우리는 복소수 i의 거듭제곱의 순환성을 배웠습니다. 복소수 i는 $i^4 = 1$이므로 주기가 4인 특징이 있습니다. 그리고 복소수 i는 $x^4 = 1$인 방정식의 근입니다.

　$x^3 = 1$인 방정식에 대하여 살펴보겠습니다.

　방정식 $x^3 = 1$의 한 허근을 ω(omega 오메가)라 하고 방정식 $x^3 = 1$을 풀면

$(x - 1)(x^2 + x + 1) = 0$

$x = 1, \; x = \dfrac{-1 + \sqrt{3}\,i}{2}, \; x = \dfrac{-1 - \sqrt{3}\,i}{2}$ 입니다.

　한 허근 ω을 $\omega = \dfrac{-1 + \sqrt{3}\,i}{2}$라 하면 $\dfrac{-1 - \sqrt{3}\,i}{2}$ 은 $\dfrac{-1 + \sqrt{3}\,i}{2}$의 켤레복소수이므로 나머지 허근은 $\overline{\omega} = \dfrac{-1 - \sqrt{3}\,i}{2}$ 가 되겠지요?

　그리고 $\omega^2 = \left(\dfrac{-1 + \sqrt{3}\,i}{2} \right)^2 = \dfrac{1 - 3 - 2\sqrt{3}\,i}{4} = \dfrac{-1 - \sqrt{3}\,i}{2} = \overline{\omega}$입니다.

　따라서 방정식 $x^3 = 1$의 세 근은 $1, \omega, \omega^2$입니다. 그런데 방정식 $x^3 = 1$의 세 근 $1, \omega, \omega^2$에는 다음과 같은 성질이 있습니다.

　(1) 한 허근 ω는 방정식 $x^3 = 1$을 만족해야 하므로 $\omega^3 = 1$, $\omega^2 + \omega + 1 = 0$이고, $\omega^2 + \omega + 1 = 0$의 양변을 ω로 나누면 $\omega + \dfrac{1}{\omega} = -1$입니다.

　(2) 나머지 허근 $\overline{\omega}$도 방정식을 만족해야 하므로 $\overline{\omega}^3 = 1$, $\overline{\omega}^2 + \overline{\omega} + 1 = 0$이고, $\overline{\omega}^2 + \overline{\omega} + 1 = 0$의 양변을 $\overline{\omega}$로 나누면 $\overline{\omega} + \dfrac{1}{\overline{\omega}} = -1$입니다.

　(3) 두 허수 $\omega, \overline{\omega}$가 방정식 $x^2 + x + 1 = 0$의 근이므로 근과 계수의 관계에서 $\omega + \overline{\omega} = -1$, $\omega\overline{\omega} = 1$입니다.

　(4) $\omega\overline{\omega} = 1$에서 $\overline{\omega} = \dfrac{1}{\omega}$입니다.

(5) $\omega^3 = 1$이므로 $1 = \omega^3 = \omega^6 = \omega^9 = \cdots$, $\omega = \omega^4 = \omega^7 = \omega^{10} = \cdots$, $\omega^2 = \omega^5 =$ $\omega^8 = \omega^{11} = \cdots$입니다.

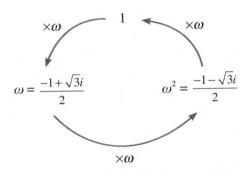

[방정식 x^3 = 1의 근들의 주기성]

즉, $i^4 = 1$인 주기가 4인 복소수 i처럼 ω는 $\omega^3 = 1$인 주기가 3인 복소수입니다.

(6) 방정식 $x^3 = 1$의 세 근 1, ω, ω^2을 복소평면에 나타내면 아래 그림과 같습니다.

1은 $1 + 0i$이므로 복소평면 위의 점의 좌표는 $(1, 0)$, ω는 $\omega = \dfrac{-1+\sqrt{3}i}{2}$ 이므로 복소평면 위의 점의 좌표는 $\left(-\dfrac{1}{2}, \dfrac{\sqrt{3}}{2}\right)$, $\overline{\omega}$는 $\overline{\omega} = \dfrac{-1-\sqrt{3}i}{2}$ 이므로 복소평면 위의 점의 좌표는 $\left(-\dfrac{1}{2}, -\dfrac{\sqrt{3}}{2}\right)$입니다. 원점 O와 세 점이 떨어진 거리는 각각 1로 같습니다. 그리고 세 점을 연결한 삼각형은 정삼각형이 됩니다.

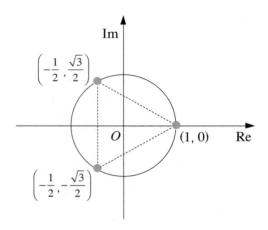

$\left(-\dfrac{1}{2}, \dfrac{\sqrt{3}}{2}\right)$

Im

O (1, 0) Re

$\left(-\dfrac{1}{2}, -\dfrac{\sqrt{3}}{2}\right)$

[방정식 $x^3 = 1$의 세 근을 복소평면에 나타낸 그림]

삼차방정식의 근과 계수의 관계 ——————

3차식 $f(x) = ax^3 + bx^2 + cx + d$에 대하여 삼차방정식 $f(x) = 0$의 세 근을 α, β, γ라 하면 근은 방정식을 만족시켜야 하므로 $f(\alpha) = 0$, $f(\beta) = 0$, $f(\gamma) = 0$입니다. 인수정리에 의해 $f(x)$는 $x - \alpha$, $x - \beta$, $x - \gamma$를 세 인수로 갖습니다. 삼차항의 계수가 a이므로 3차식은 다음과 같이 인수분해됩니다.

$$ax^3 + bx^2 + cx + d = a(x - \alpha)(x - \beta)(x - \gamma)$$

이 식의 양변을 a로 나누고, 우변을 전개하면

$$x^3 + \frac{b}{a}x^2 + \frac{c}{a}x + \frac{d}{a} = x^3 - (\alpha + \beta + \gamma)x^2 + (\alpha\beta + \beta\gamma + \gamma\alpha)x - \alpha\beta\gamma$$

여기서 이차항의 계수, 일차항의 계수, 상수항을 각각 비교하면 우변의 근과 좌변의 계수로만 이루어진 세 관계식을 얻습니다.

$$\alpha + \beta + \gamma = -\frac{b}{a}, \ \alpha\beta + \beta\gamma + \gamma\alpha = \frac{c}{a}, \ \alpha\beta\gamma = -\frac{d}{a}$$

이것을 **삼차방정식의 근과 계수의 관계**라고 합니다.

이차방정식의 근과 계수의 관계에서 살펴보았듯이 삼차방정식이 주어지면 근이 결정되고, 근과 계수의 관계가 성립합니다. 그러나 세 근 α, β, γ를 갖는 삼차방정식을 생각해보면

$-2(x-\alpha)(x-\beta)(x-\gamma) = 0, (x-\alpha)(x-\beta)(x-\gamma) = 0, 2(x-\alpha)(x-\beta)(x-\gamma) = 0$ 등 x^3의 계수에 따라 삼차방정식이 무수히 많음을 알 수 있습니다. 따라서 세 근 α, β, γ를 갖고, x^3의 계수가 1인 삼차방정식은 $x^3 - (\alpha + \beta + \gamma)x^2 + (\alpha\beta + \beta\gamma + \gamma\alpha)x - \alpha\beta\gamma = 0$임을 알 수 있습니다.

사차방정식의 풀이 방법 ──────

다항식 $f(x)$가 4차식일 때, x에 대한 방정식 $f(x) = 0$을 **사차방정식**이라고 합니다. 예를 들어 방정식 $x^4 + x^3 + 2x^2 + x - 3 = 0$은 x에 대한 사차방정식입니다. 사차방정식의 풀이도 삼차방정식의 풀이처럼 인수정리를 이용하여 사차방정식을 인수분해함으로써 근을 구할 수 있습니다. 사차방정식의 경우, $f(\alpha) = 0$을 만족시키는 실수 α의 값을 찾을 수 있는 것과 찾을 수 없는 것이 있습니다.

첫 번째, $f(\alpha) = 0$을 만족시키는 실수 α의 값을 찾을 수 있는 경우, 인수정리로 찾아낸 인수 $x - \alpha$를 이용하여 앞에서 배운 조립제법 또는 다항식

의 나눗셈을 통하여 사차방정식을 $(x - \alpha) \times (3\text{차식}) = 0$ 꼴로 만들어야 합니다. 그리고 다시 인수정리를 이용하여 삼차식의 인수 $x - \beta$를 찾아 사차방정식을 $(x - \alpha) \times (x - \beta) \times (2\text{차식}) = 0$ 꼴로 만들어야 합니다. 그리고 이차방정식을 풀어 사차방정식의 네 근을 구합니다.

두 번째, $f(\alpha) = 0$을 만족시키는 실수 α의 값을 찾을 수 없는 경우, 특수한 형태의 사차방정식이 주어집니다.

(1) 앞에서 배운 인수분해 공식에 있는 사차방정식 $x^4 + a^2 x^2 + a^4 = 0$을 $(x^2 + ax + a^2)(x^2 - ax + a^2) = 0$으로 인수분해한 다음 근의 공식을 통해 네 근을 구합니다.

(2) 복이차식으로 주어진 사차방정식, 즉 x에 대한 일차항과 3차항이 없는 사차방정식 $ax^4 + bx^2 + c = 0$은 $x^2 = t$로 치환하여 t에 대한 이차방정식으로 만든 후 t의 값을 구하여 $x = \pm\sqrt{t}$임을 이용하여 네 근을 구합니다.

(3) 상반방정식으로 주어진 사차방정식, 즉 x^2의 항의 계수를 기준으로 계수가 대칭인 사차방정식 $ax^4 + bx^3 + cx^2 + bx + a = 0(a \neq 0)$은 양변을 x^2으로 나눈 다음 $x + \dfrac{1}{x} = t$로 놓고 먼저 t를 구한 후 이 식 $x + \dfrac{1}{x} = t$을 다항방정식으로 변형한 $x^2 - tx + 1 = 0$을 풀면 됩니다.

위 세 가지 형태의 특수한 사차방정식의 풀이법을 확인 문제를 통하여 익혀봅시다.

예제 사차방정식 $x^4 + 4x^2 + 16 = 0$의 해를 구하시오.

풀이 이 식을 인수분해하면

$(x^2 + 2x + 4)(x^2 - 2x + 4) = 0$이고 근의 공식을 통해 네 근을 구하면

$\therefore x = -1 \pm \sqrt{3}\,i$ 또는 $x = 1 \pm \sqrt{3}\,i$

따라서 주어진 사차방정식의 해는 $x = -1 \pm \sqrt{3}\,i$ 또는 $x = 1 \pm \sqrt{3}\,i$입니다.

예제 사차방정식의 $x^4 - 10x^2 + 9 = 0$의 해를 구하시오.

풀이 $x^2 = t$로 치환하면

$t^2 - 10t + 9 = 0,\ (t - 1)(t - 9) = 0$

$t = 1$일 때, $x^2 = 1$ $\therefore x = \pm 1$

$t = 9$일 때, $x^2 = 9$ $\therefore x = \pm 3$

따라서 주어진 사차방정식의 해는 $x = \pm 1$ 또는 $x = \pm 3$입니다.

예제 사차방정식 $x^4 - 3x^3 + 4x^2 - 3x + 1 = 0$의 근을 α라 할 때, $\alpha + \dfrac{1}{\alpha}$의 값을 구하시오.

풀이 양변을 x^2으로 나누면 $x^2 + \dfrac{1}{x^2} - 3\left(x + \dfrac{1}{x}\right) + 4 = 0$

$\left(x + \dfrac{1}{x}\right)^2 - 3\left(x + \dfrac{1}{x}\right) + 2 = 0$이고, α는 주어진 방정식의 근이므로

$\left(\alpha + \dfrac{1}{\alpha}\right)^2 - 3\left(\alpha + \dfrac{1}{\alpha}\right) + 2 = 0$

$\alpha + \dfrac{1}{\alpha} = t$라 하면 $t^2 - 3t + 2 = 0$

$(t - 2)(t - 1) = 0$, $t = 1$ 또는 $t = 2$입니다.

따라서 $\alpha + \dfrac{1}{\alpha} = 1$ 또는 $\alpha + \dfrac{1}{\alpha} = 2$입니다.

사차방정식의 근과 계수의 관계 ——————

근과 계수의 관계는 2차 이상의 어떤 방정식의 근과 그 방정식의 미지수(계수) 사이의 관계를 수식으로 나타낸 것입니다. 이것을 **비에트의 공식**(Viete's formulas)이라고도 부릅니다. 이차방정식의 근과 계수의 관계, 삼차방정식의 근과 계수의 관계는 앞에서 배웠습니다. 이번에는 사차방정식에서의 근과 계수의 관계를 살펴봅시다.

사차방정식 $ax^4 + bx^3 + cx^2 + dx + e = 0$의 네 근이 $\alpha, \beta, \gamma, \delta$이므로

사차방정식 $ax^4 + bx^3 + cx^2 + dx + e = 0$은

$a(x - \alpha)(x - \beta)(x - \gamma)(x - \delta) = 0$과 같아야 합니다.

$a(x - \alpha)(x - \beta)(x - \gamma)(x - \delta)$

$= a\{x^4 - (\alpha + \beta + \gamma + \delta)x^3 + (\alpha\beta + \beta\gamma + \gamma\delta + \delta\alpha)x^2 - (\alpha\beta\gamma + \beta\gamma\delta +$

$\gamma\delta\alpha + \delta\alpha\beta)x + \alpha\beta\gamma\delta\}$

$= ax^4 - a(\alpha + \beta + \gamma + \delta)x^3 + a(\alpha\beta + \beta\gamma + \gamma\delta + \delta\alpha)x^2 - a(\alpha\beta\gamma + \beta\gamma\delta + \gamma\delta\alpha + \delta\alpha\beta)x + a\alpha\beta\gamma\delta\}$이므로

계수를 비교하면 $\alpha + \beta + \gamma + \delta = -\dfrac{b}{a}$, $\alpha\beta + \beta\gamma + \gamma\delta + \delta\alpha = \dfrac{c}{a}$, $\alpha\beta\gamma + \beta\gamma\delta + \gamma\delta\alpha + \delta\alpha\beta = -\dfrac{d}{a}$, $\alpha\beta\gamma\delta = \dfrac{e}{a}$임을 알 수 있습니다.

이차방정식과 삼차방정식에서와 마찬가지로 사차방정식에서도 근과 계수의 관계에 대한 규칙성이 성립합니다. 지금까지 배운 방정식의 근과 계수의 관계를 정리해봅시다.

이차방정식 $ax^2 + bx + c = 0$의 두 근이 α, β이고

삼차방정식 $ax^3 + bx^2 + cx + d = 0$의 세 근은 α, β, γ이며

사차방정식 $ax^4 + bx^3 + cx^2 + dx + e = 0$의 네 근이 $\alpha, \beta, \gamma, \delta$일 때 근과 계수의 관계를 정리하면 다음과 같습니다.

근의 형태 방정식	모든 근의 합	모든 두 근의 곱의 합	모든 세 근의 곱의 합	모든 네 근의 곱의 합
$ax^2 + bx + c = 0$	$\alpha + \beta = -\dfrac{b}{a}$	$\alpha\beta = \dfrac{c}{a}$	없음	없음
$ax^3 + bx^2 + cx + d = 0$	$\alpha + \beta + \gamma = -\dfrac{b}{a}$	$\alpha\beta + \beta\gamma + \gamma\delta = \dfrac{c}{a}$	$\alpha\beta\gamma = -\dfrac{d}{a}$	없음
$ax^4 + bx^3 + cx^2 + dx + e = 0$	$\alpha + \beta + \gamma + \delta = -\dfrac{b}{a}$	$\alpha\beta + \beta\gamma + \gamma\delta + \delta\alpha = \dfrac{c}{a}$	$\alpha\beta\gamma + \beta\gamma\delta + \gamma\delta\alpha + \delta\alpha\beta = -\dfrac{d}{a}$	$\alpha\beta\gamma\delta = \dfrac{e}{a}$
부호의 변화 형태	$-$	$+$	$-$	$+$

위 표의 특징은 부호의 변화 형태에 규칙성이 있다는 점입니다. 앞에서부터 $-, +, -, +$의 형태로 계속 부호가 변한다는 것을 꼭 기억합시다.

방정식의 켤레근과 계수의 관계 ————————

8강에서 복소수와 켤레복소수에 대하여 공부했지요? 신발이 한 켤레이듯이 '켤레(conjugate)'라는 말은 상보적 관계를 뜻합니다. 이차방정식에서 켤레근을 살펴보면,

이차방정식 $ax^2 + bx + c = 0$의 두 근을 α, β라 하고, $D = b^2 - 4ac$라 하면 근의 공식에 의하여

$\alpha = \dfrac{-b + \sqrt{D}}{2a} = -\dfrac{b}{2a} + \dfrac{\sqrt{D}}{2a}$, $\beta = \dfrac{-b - \sqrt{D}}{2a} = -\dfrac{b}{2a} - \dfrac{\sqrt{D}}{2a}$임을 알 수 있습니다. 여기서 계수 a, b, c가 유리수이면 두 근의 형태가 $p + q\sqrt{D}$, $p - q\sqrt{D}$입니다. 그러나 계수가 무리수인 이차방정식 $x^2 - \sqrt{2}x - (1 + \sqrt{2}) = 0$은 $(x - 1 - \sqrt{2})(x + 1) = 0$이므로 한 근이 $x = 1 + \sqrt{2}$이지만 다른 한 근은 $x = -1$입니다. 이처럼 계수 a, b, c가 유리수가 아닌 실수이면 이것은 성립하지 않습니다. 마찬가지로 계수 a, b, c가 실수이면 두 근의 형태가 $p + qi$, $p - qi$입니다. 그러나 계수 a, b, c가 실수가 아닌 복소수이면 이것은 성립하지 않습니다.

이상을 정리하면 다음과 같습니다.

ATTENTION

방정식의 켤레근과 계수의 관계

(1) 유리수 계수를 갖는 2차 이상의 방정식의 한 근이 $a + b\sqrt{m}$

이면 $a - b\sqrt{m}$도 근이다.

(2) 실수 계수를 갖는 2차 이상의 방정식의 한 근이 $a + bi$이면

    $a - bi$도 근이다.

방정식의 근과 변형된 방정식의 근의 관계 ──────

어떤 n차 방정식 $f(x) = 0$의 근을 알고 있을 때, 세 방정식 $f(x - p) = 0$, $f(px) = 0$, $f\left(\dfrac{1}{x}\right) = 0$의 근을 쉽게 구할 수 있습니다.

즉 n차방정식 $f(x) = 0$의 근이 $a_1, a_2, a_3, \cdots, a_n$이고 상수 p에 대하여

1. 방정식 $f(x - p) = 0$의 모든 근은 $a_1 + p, a_2 + p, a_3 + p, \cdots, a_n + p$입니다.

2. 방정식 $f(px) = 0$의 근은 $\dfrac{a_1}{p}, \dfrac{a_2}{p}, \dfrac{a_3}{p}, \cdots, \dfrac{a_n}{p}$입니다.

3. 방정식 $f\left(\dfrac{1}{x}\right) = 0$의 근은 $\dfrac{1}{a_1}, \dfrac{1}{a_2}, \dfrac{1}{a_3}, \cdots, \dfrac{1}{a_n}$입니다. (단, $a_1, a_2, a_3, \cdots, a_n$은 모두 0이 아니어야 한다.)

이차방정식을 예를 들어 살펴봅시다.

x에 대한 이차방정식 $x^2 + x - 6 = 0$의 근은 $x = -3$ 또는 $x = 2$임을 알 수 있습니다. $f(x) = x^2 + x - 6$이라 하면 이것을 이용하여 다음 방정식의 근을 구해봅시다.

(1) $f(x - 1) = 0$인 경우 즉, 방정식 $(x - 1)^2 + (x - 1) - 6 = 0$의 근은 $x -$

$1 = t$라고 치환하면 $t^2 + t - 6 = 0$이므로 $t = -3$ 또는 $t = 2$입니다. 따라서 x로 환원하면 $x = -3 + 1$, $x = 2 + 1$이지요. 따라서 방정식 $(x-1)^2 + (x-1) - 6 = 0$의 근은 $x = -2$, 또는 $x = 3$입니다.

(2) $f(2x) = 0$인 경우 즉, 방정식 $(2x)^2 + 2x - 6 = 0$의 근은 $2x = t$라고 치환하면 $t^2 + t - 6 = 0$이므로 $t = -3$ 또는 $t = 2$입니다. 따라서 x로 환원하면 $x = -\dfrac{3}{2}$ 또는 $x = 1$입니다. 따라서 방정식 $(2x)^2 + 2x - 6 = 0$의 근은 $x = -\dfrac{3}{2}$ 또는 $x = \dfrac{2}{2}$입니다.

(3) $f\left(\dfrac{1}{x}\right) = 0$인 경우 즉, 방정식 $\left(\dfrac{1}{x}\right)^2 + \dfrac{1}{x} - 6 = 0$의 근은 $\dfrac{1}{x} = t$라고 치환하면 $t^2 + t - 6 = 0$이므로 $t = -3$ 또는 $t = 2$입니다. 따라서 x로 환원하면 $x = -\dfrac{1}{3}$ 또는 $x = \dfrac{1}{2}$이 됩니다. 따라서 방정식 $\left(\dfrac{1}{x}\right)^2 + \dfrac{1}{x} - 6 = 0$의 근은 $x = -\dfrac{1}{3}$ 또는 $x = \dfrac{1}{2}$입니다.

지금까지 삼차방정식과 사차방정식의 풀이법, 삼차방정식과 사차방정식의 근과 계수의 관계, 방정식의 켤레근과 계수의 관계, 방정식의 근과 변형된 방정식의 근의 관계에 대하여 알아보았습니다. 인수정리를 이용하여 방정식을 풀 수 있어야 하며, 방정식의 근과 계수의 관계를 꼭 기억해야 합니다.

1. 삼차방정식과 사차방정식의 풀이

일반적으로 인수정리를 이용하여 한 근을 구한 후 조립제법을 이용하여 (일차식) × (이차식 또는 삼차식) = 0 꼴로 변형하여 삼차방정식 또는 사차방정식의 근을 구한다.

2. 삼차방정식을 풀기 위해 꼭 알아야 하는 인수분해공식

(1) $x^2 + 2ax + a^2 = (x+a)^2$

(2) $x^2 - 2ax + a^2 = (x-a)^2$

(3) $x^2 - a^2 = (x+a)(x-a)$

(4) $x^2 + (a+b)x + ab = (x+a)(x+b)$

(5) $x^2 - (a+b)x + ab = (x-a)(x-b)$

(6) $acx^2 + (ad+bc)x + bd = (ax+b)(cx+d)$

(7) $x^3 + 3ax^2 + 3a^2x + a^3 = (x+a)^3$

(8) $x^3 - 3ax^2 + 3a^2x - a^3 = (x-a)^3$

(9) $x^3 + a^3 = (x+a)(x^2 - ax + a^2)$

(10) $x^3 - a^3 = (x-a)(x^2 + ax + a^2)$

3. 근과 계수의 관계

이차방정식 $ax^2 + bx + c = 0$에서의 근과 계수의 관계는 $\alpha + \beta = -\dfrac{b}{a}$, $\alpha\beta = \dfrac{c}{a}$이고,

삼차방정식 $ax^3 + bx^2 + cx + d = 0$에서의 근과 계수의 관계는 $\alpha + \beta + \gamma = -\dfrac{b}{a}$, $\alpha\beta + \beta\gamma + \gamma\alpha = \dfrac{c}{a}$, $\alpha\beta\gamma = -\dfrac{d}{a}$이며, 사차방정식 $ax^4 + bx^3 + cx^2 + dx + e = 0$에서의 근과 계수의 관계는 $\alpha + \beta + \gamma + \delta = -\dfrac{b}{a}$, $\alpha\beta + \beta\gamma + \gamma\delta + \delta\alpha = \dfrac{c}{a}$, $\alpha\beta\gamma + \beta\gamma\delta + \gamma\delta\alpha + \delta\alpha\beta = -\dfrac{d}{a}$, $\alpha\beta\gamma\delta = \dfrac{e}{a}$이다. 이것을 표로 정리하면 다음과 같다.

방정식 ＼ 근의 형태	모든 근의 합	모든 두 근의 곱의 합	모든 세 근의 곱의 합	모든 네 근의 곱의 합
$ax^2 + bx + c = 0$	$\alpha + \beta = -\dfrac{b}{a}$	$\alpha\beta = \dfrac{c}{a}$	없음	없음
$ax^3 + bx^2 + cx + d = 0$	$\alpha + \beta + \gamma = -\dfrac{b}{a}$	$\alpha\beta + \beta\gamma + \gamma\delta = \dfrac{c}{a}$	$\alpha\beta\gamma = -\dfrac{d}{a}$	없음
$ax^4 + bx^3 + cx^2 + dx + e = 0$	$\alpha + \beta + \gamma + \delta = -\dfrac{b}{a}$	$\alpha\beta + \beta\gamma + \gamma\delta + \delta\alpha = \dfrac{c}{a}$	$\alpha\beta\gamma + \beta\gamma\delta + \gamma\delta\alpha + \delta\alpha\beta = -\dfrac{d}{a}$	$\alpha\beta\gamma\delta = \dfrac{e}{a}$
부호의 변화 형태	$-$	$+$	$-$	$+$

4. 방정식의 켤레근과 계수의 관계

(1) 유리수 계수를 갖는 2차 이상의 방정식의 한 근이 $a + b\sqrt{m}$이면 $a - b\sqrt{m}$도 근이다.

(2) 실수 계수를 갖는 2차 이상의 방정식의 한 근이 $a + bi$이면 $a - bi$도 근이다.

❶ 삼차방정식 $x^3 - 7x^2 + 5x + 1 = 0$의 근을 구하시오.

풀이 $f(x) = x^3 - 7x^2 + 5x + 1$이라 하면

$f(1) = 0$이므로 $f(x)$는 $x - 1$을 인수로 갖는다.

조립제법을 이용하여 인수분해하면

$x^3 - 7x^2 + 5x + 1 = (x - 1)(x^2 - 6x - 1) = 0$

$\therefore x = 1$ 또는 $x^2 - 6x - 1 = 0$

$\therefore x = 1$ 또는 $x = 3 \pm \sqrt{10}$

❷ 삼차방정식 $x^3 + x^2 - 2 = 0$의 한 실근을 α라 하고 두 허근을 β, γ라 할 때, $\{(\alpha - \beta)(\alpha - \gamma)\}^2$의 값을 구하시오.

풀이 $x^3 + x - 2 = (x - 1)(x^2 + x + 2) = 0$에서

$x = 1$ 또는 $x^2 + x + 2 = 0$

따라서, $\alpha = 1$이고, $\beta + \gamma = -1$, $\beta\gamma = 2$이다.

$\therefore \{(\alpha - \beta)(\alpha - \gamma)\}^2$

$= \{(1 - \beta)(1 - \gamma)\}^2$

$= \{1 - (\beta + \gamma) + \beta\gamma\}^2$

$= \{1 - (-1) + 2\}^2 = 16$

❸ 삼차방정식 $x^3 - 3x^2 + ax + b = 0$의 한 근이 $1 - 2i$ 일 때, 두 실수 a, b의 곱 ab의 값을 구하시오.

풀이 한 근이 $1 - 2i$이므로 방정식에 대입하면

$(1 - 2i)^3 - 3(1 - 2i)^2 + a(1 - 2i) + b = 0$

$(a + b - 2) + (14 - 2a)i = 0$

$a + b = 2, \ 14 - 2a = 0$

$\therefore \ a = 7, \ b = -5$

$\therefore \ ab = -35$

다른풀이 한 근이 $1 - 2i$이므로 다른 한 근은 $1 + 2i$이다. 이때 근과 계수의 관계에 의해

$(1 - 2i) + (1 + 2i) + \alpha = 3$

$\therefore \ \alpha = 1$

$(1 - 2i)(1 + 2i) + (1 + 2i) \times 1 + (1 - 2i) \times 1 = 7 = a$

$(1 - 2i) \times (1 + 2i) \times 1 = 5 = -b$

$\therefore \ ab = 7 \times (-5) = -35$

❹ 다항식 $f(x) = x^3 - 2x^2 + 3x - 1$에 대하여 방정식 $f(x - 1) = 0$의 세 근의 곱을 구하시오.

풀이 방정식 $f(x) = x^3 - 2x^2 + 3x - 1 = 0$의 세 근을 α, β, γ 라 하면

$\alpha + \beta + \gamma = 2,\ \alpha\beta + \beta\gamma + \gamma\alpha = 3,\ \alpha\beta\gamma = 1$

방정식 $f(x-1) = 0$에서 $x-1 = t$라 하면

$f(t) = 0$에서 $t = \alpha, \beta, \gamma$이다.

이때, $x = t+1$이므로

$f(x-1) = 0$의 세 근은 $\alpha+1, \beta+1, \gamma+1$이다.

따라서 $(\alpha+1)(\beta+1)(\gamma+1)$

$= \alpha\beta\gamma + (\alpha\beta + \beta\gamma + \gamma\alpha) + (\alpha + \beta + \gamma) + 1$

$= 1 + 3 + 2 + 1$

$= 7$

❺ 사차식 $x^4 + ax^2 + b$가 이차식 $(x-1)(x-\sqrt{2})$로 나누어떨어질 때, 사차방정식 $x^4 + ax^2 + b = 0$의 네 근의 곱을 구하시오. (단, a, b는 상수이다.)

풀이 사차식 $x^4 + ax^2 + b$가 이차식 $(x-1)(x-\sqrt{2})$로 나누어떨어지므로, $x = 1,\ x = \sqrt{2}$는 사차방정식 $x^4 + ax^2 + b = 0$의 근이다.

$x = 1,\ x = \sqrt{2}$를 각각 $x^4 + ax^2 + b = 0$에 대입하면

$a + b = -1,\ 2a + b = -4$

두 식을 연립하여 풀면 $a = -3,\ b = 2$

$x^4 + ax^2 + b = x^4 - 3x^2 + 2$

$= (x^2 - 1)(x^2 - 2) = 0$

$x^2 - 1 = 0$ 또는 $x^2 - 2 = 0$

$\therefore x = \pm 1,\ x = \pm\sqrt{2}$

따라서 구하는 네 근의 곱은 2이다.

❻ 삼차방정식 $x^3+1=0$의 한 허근을 α라 할 때, 옳은 것만을 〈보기〉에서 있는 대로 고른 것은? (단, $\overline{\alpha}$는 α의 켤레복소수이다.)

─────── 〈보기〉 ───────

ㄱ. $\alpha^2 - \alpha + 1 = 0$

ㄴ. $\alpha + \overline{\alpha} = \alpha\overline{\alpha} = 1$

ㄷ. $\alpha^3 + (\overline{\alpha})^3 = \alpha^2 + (\overline{\alpha})^2$

① ㄱ   ② ㄱ, ㄴ   ③ ㄱ, ㄷ

④ ㄴ, ㄷ   ⑤ ㄱ, ㄴ, ㄷ

풀이   ㄱ. $x^3 + 1 = (x + 1)(x^2 - x + 1) = 0$에서 $\alpha \neq -1$이므로 α는 이 차방정식 $x^2 - x + 1$의 근이다. 따라서 $\alpha^2 - \alpha + 1 = 0$(참)

ㄴ. α가 $x^2 - x + 1 = 0$의 근이므로 $\overline{\alpha}$도 근이 된다.

근과 계수의 관계에서

$\alpha + \overline{\alpha} = \alpha\overline{\alpha} = 1$(참)

ㄷ. α, $\overline{\alpha}$가 방정식 $x^3 + 1 = 0$의 근이므로

$\alpha^3 = (\overline{\alpha})^3 = -1$

$\therefore \alpha^3 + (\overline{\alpha})^3 = -2$

한편, $\alpha + \overline{\alpha} = \alpha\overline{\alpha} = 1$이므로

$\alpha^2 + (\overline{\alpha})^2 = (\alpha + \overline{\alpha})^2 - 2\alpha\overline{\alpha} = 1 - 2 = -1$

$\therefore \alpha^3 + (\overline{\alpha})^3 \ne \alpha^2 + (\overline{\alpha})^2$

따라서 옳은 것은 ㄱ, ㄴ이다.

다른풀이

ㄷ. $\alpha^3 + (\overline{\alpha})^3 = (\alpha + \overline{\alpha})\{\alpha^2 - \alpha\overline{\alpha} + (\overline{\alpha})^2\}$
$\qquad\qquad\quad = \alpha^2 + (\overline{\alpha})^2 - 1 \ne \alpha^2 + (\overline{\alpha})^2$

10강

부정방정식과
연립방정식

Intro

　앞에서 배운 방정식은 미지수가 한 개인 다항식으로 이루어진 다항방정식이었습니다. 그러나 실생활에서 접하는 문제를 수학적으로 해결하다 보면 미지수 한 개로는 부족한 경우가 있습니다. 그리스의 수학자 디오판토스는 저서 『산학 *Arithmetica*』에서 미지수가 2개 또는 3개인 부정방정식(indeterminate equation)의 문제를 다루었고, 중국의 수학책 『구장산술九章算術』에서도 제7장의 '영부족(盈不足)'과 제8장의 '방정(方程)'에서 연립일차방정식의 풀이를 다양한 예를 들어 설명하고 있습니다.

　미지수가 2개인 일차방정식 $x + y = 3$의 해는 방정식 $x + y = 3$을 만족시키는 순서쌍 (x, y)입니다. 그리고 x, y가 자연수일 때 해는 $(1, 2)$, $(2, 1)$로 2개입니다. 그러나 x, y가 정수일 때는 해가 무수히 많습니다. 이처럼 **해를 정할 수 없는 방정식**을 **부정방정식**이라고 합니다. **부정방정식의 특징은 미지수의 개수가 주어진 방정식의 개수보다 많은 방정식**이라는 점입니다.

　한편, 방정식 $\begin{cases} x + y = 4 \\ x - y = 2 \end{cases}$ 와 방정식 $\begin{cases} x - y + z = 4 \\ x + 2y - z = 2 \\ x + y + z = -1 \end{cases}$ 처럼 **두 개 이상의 방정식**

을 한 쌍으로 묶어서 나타낸 방정식을 **연립방정식**이라고 합니다. 연립방정식은 한 쌍으로 묶인 각각의 방정식 중 차수가 가장 높은 방정식을 기준으로 구분합니다. 즉 한 쌍으로 주어진 각각의 방정식이 미지수가 2개 이상인 일차방정식이면 이를 미지수가 2개인 연립일차방정식이라 하고, 두 연립방정식 $\begin{cases} x+y=1 \\ x^2-y^2=5 \end{cases}$ 와 $\begin{cases} x^2+5xy+y^2=3 \\ x^2-y^2=2 \end{cases}$ 같이 한 쌍으로 주어진 방정식 중에서 적어도 하나가 미지수가 2개인 이차방정식이면 이를 미지수가 2개인 연립이차방정식이라고 합니다. 이번 장에서는 미지수의 개수와 주어진 방정식의 개수에 따라 방정식의 해를 구하는 방법에 대하여 살펴보겠습니다.

미지수가 2개인 이차방정식(부정방정식)

방정식을 공부할 때 나오는 '부정'이란 방정식의 해가 무수히 많음을 의미하고, '불능'이란 방정식의 해가 없음을 의미합니다(258쪽 참고). 부정방정식에서 중요한 점은 주어진 방정식을 만족시키는 해를 자연수 중에서 구할 것인지, 정수 중에서 구할 것인지, 실수 중에서 구할 것인지 등과 같이 해의 범위를 정확하게 아는 것입니다.

여러분은 미지수가 2개인 **일차방정식**★에 대해서 중학교 2학년 때 배웠습니다. 예를 들어 "x, y가 자연수일 때, 일차방정식 $x+y=3$의 해를 구하시오"라는 문제를 다루었던 것, 기억나지요?

하지만 지금부터 다루는 부정방정식은 미지수가 2개인 이차방정식의 해의 조건에 따른 특수한 형태의 방정식입니다. 자, 그 해를 구하는 방법을 알아보겠습니다.

Reminder ⭐

미지수가 2개인 일차방정식

$ax + by + c = 0$(단 a, b, c는 상수, $a \neq 0$, $b \neq 0$)

위의 식처럼 미지수 x와 y의 차수가 모두 1차인 방정식을 '미지수가 2개인 일차방정식'이라고 한다. 단, x도 y도 0이 되어서는 안 되므로 $a \neq 0$, $b \neq 0$는 조건이 필요하다. 미지수가 2개인 방정식의 해는 예를 들어 $x = 2$, $y = 3$처럼 쓰거나 (2, 3)처럼 순서쌍으로 쓴다. 이때 중요한 점은 x, y를 반드시 함께 써야 한다는 것이다. 순서쌍은 (x, y)처럼 x를 먼저 쓴다.

◎ 중학교 2학년 〈연립방정식〉

◎ 정수 조건이 주어진 $Axy + Bx + Cy + D = 0$ 형태의 미지수가 2개인 이차방정식

네 개의 상수 A, B, C, D에 대하여 $Axy + Bx + Cy + D = 0$형태의 미지수가 2개인 이차방정식을 풀 때, "해는 정수이다"라는 조건이 있다면 그 방정식을 (일차식) × (일차식) = (정수) 꼴로 변형합니다. 바로 **정수의 성질을 이용**하는 것이지요. 즉, 세 정수 A, B, N에 대하여 $AB = N$이면 A, B는 N의 약수입니다. 따라서 변형한 방정식 (일차식) × (일차식) = (정수)에서 두 일차식은 모두 정수의 약수이므로 부정방정식을 만족시키는 순서쌍 (x, y)를 구할 수 있습니다.

예를 들어 $xy + x + 2y = 0$을 만족시키는 정수 x, y의 값을 구해봅시다. 선생님이 위에서 주어진 방정식을 (일차식) × (일차식) = (정수)꼴로 만들어야 한다고 했지요? 그러므로 우선 양변에 2를 더하여 공통인수가 $y + 1$이 되도록 만듭니다. 즉 $x(y+1) + 2(y+1) = 2$처럼 변형하는 것이지요. 그런 다음 이것을 인수분해하면 $(x+2)(y+1) = 2$가 됩니다. $x+2$와 $y+1$은 정수이고 모두 2의 약수이므로 이를 만족시키는 경우는 다음과 같겠지요?

$$\begin{cases} x+2=1 \\ y+1=2 \end{cases}, \begin{cases} x+2=2 \\ y+1=1 \end{cases}, \begin{cases} x+2=-1 \\ y+1=-2 \end{cases}, \begin{cases} x+2=-2 \\ y+1=-1 \end{cases}$$

즉, $\begin{cases} x=-1 \\ y=1 \end{cases}$, $\begin{cases} x=0 \\ y=0 \end{cases}$, $\begin{cases} x=-3 \\ y=-3 \end{cases}$, $\begin{cases} x=-4 \\ y=-2 \end{cases}$ 입니다.

◎ 실수 조건이 주어진 $Ax^2 + By^2 + Cx + Dy + E = 0$ 형태의 미지수가 2개인 이차방정식

다섯 개의 상수 A, B, C, D, E에 대하여 $Ax^2 + By^2 + Cx + Dy + E = 0$ 형태의 미지수가 2개인 이차방정식을 풀 때, 해가 실수라는 조건이 있다면 그 방정식을 $(Px+Q)^2 + (Ry+S)^2 = 0$꼴로 변형합니다. 이것은 **실수의 성질을 이용**한 것입니다. 즉, 두 실수 A, B에 대하여 $A^2 + B^2 = 0$이면 $A=0$이고 $B=0$입니다. 따라서 변형한 방정식 $(Px+Q)^2 + (Ry+S)^2 = 0$에서 두 일차식은 모두 0이어야 하므로 부정방정식을 만족시키는 순서쌍 $\left(-\dfrac{Q}{P}, -\dfrac{S}{R}\right)$를 구할 수 있습니다. 부정방정식이라고 해서 반드시 해가 무수히 많은 것은 아니에요. 이 형태의 부정방정식은 특수한 형태로 해를 구하면 한 쌍의 해만 존재합니다.

예를 들어 $x^2 + y^2 - 2x - 4y + 5 = 0$을 만족시키는 실수 x, y의 값을 구해보겠습니다. 우선 주어진 방정식을 $(Px+Q)^2 + (Ry+S)^2 = 0$꼴로 만들어야겠지요? 먼저 두 미지수 x, y에 대한 각각의 완전제곱식을 만들기 위해 $x^2 - 2x + 1 + y^2 - 4y + 4 = 0$처럼 변형하고 이것을 완전제곱식으로 바꾸면

$(x-1)^2 + (y-2)^2 = 0$이 됩니다. 따라서 주어진 부정방정식을 만족시키는 실수 x, y의 값은 $x = 1, y = 2$입니다.

미지수가 2개 또는 3개인 연립일차방정식 ———

연립방정식(聯立方程式, simultaneous equation)★이란 여러 문자를 가진 여러 개의 방정식들을 모아놓은 것으로 주어진 방정식들을 모두 만족시키는 미지수의 값의 쌍을 연립방정식의 해(또는 근)라고 합니다. 해를 구하는 것을 연립방정식을 '푼다'라고 말합니다.

Reminder ★

연립방정식이란

연립방정식이란 두 개 이상의 방정식을 묶어 놓은 것이다. 이때의 해는 묶여 있는 방정식을 모두 만족시키는 미지수의 값을 말한다(중학교에서 배운 연립방정식은 미지수가 2개인 2개의 방정식을 묶은 것). 먼저 각 방정식의 해를 구한 다음 양쪽 모두에 포함되는 해를 찾으면 된다.

소거(消去)**법** : 연립방정식을 풀기 위해 1개의 미지수를 없애는 것
가감(加減)**법** : 미지수를 없애는 방법 중 하나로 두 방정식을 더하거나 빼는 것

대입(代入)법 : 미지수를 없애는 방법 중 하나로 1개의 방정식을 다른 방정식에 대입하는 것

◎ 중학교 2학년 〈연립방정식〉

방정식 $\begin{cases} x - y = 3 \\ x + 2y = 9 \end{cases}$ 처럼 문자가 2개이고 미지수 x, y의 차수가 모두 1차인 경우 이것을 미지수가 2개인 연립일차방정식이라고 합니다. 미지수가 2개인 연립일차방정식을 푸는 방법으로 '대입법, 등치법, 가감법' 등이 있습니다. 이러한 풀이 방법은 한 방정식에 포함된 미지수의 개수를 줄여나가 결국 하나의 미지수만 포함된 방정식을 얻는 것이 목표입니다. 그럼 지금부터 미지수가 2개인 연립일차방정식의 풀이법을 하나씩 살펴봅시다.

◎ **대입법**

$\begin{cases} y = -2x + 6 & \cdots \ \text{㉠} \\ 3x - 2y = -5 & \cdots \ \text{㉡} \end{cases}$ 처럼 주어진 두 방정식 중에서 두 미지수 x, y의 계수가 1인 방정식을 다른 방정식에 대입하여 푸는 방법입니다. 즉, ㉡의 방정식에서 미지수 y를 없애기 위하여 ㉠을 ㉡에 대입하면 $3x - 2(-2x + 6) = -5$이므로 $7x = 7$과 같이 미지수가 1개인 방정식을 얻어 $x = 1 \cdots$ ㉢인 값을 얻는다. ㉢을 ㉠에 대입하여 $y = 4$인 값을 구하면 주어진 연립일차방정식의 해는 $x = 1, y = 4$입니다. 이와 같이 **한 방정식을 한 미지수에 대하여 푼 다음 다른 방정식에 대입하여 연립일차방정식을 푸는 방법을 대입법**이라고 합니다.

◎ 등치법

대입법의 특별한 형태로 주어진 연립일차방정식이 $\begin{cases} y = -2x + 6 & \cdots \text{㉠} \\ y = 3x - 4 & \cdots \text{㉡} \end{cases}$ 처럼 미지수 y에 대하여 두 방정식이 표현되어 있을 때 사용하는 방법입니다. 즉, $y = -2x + 6$이고 $y = 3x - 4$이므로 $-2x + 6 = 3x - 4 \cdots \text{㉢}$입니다. ㉢을 간단히 하여 x의 값을 구하면 $x = 2$이고 x의 값을 ㉠ 또는 ㉡에 대입하여 $y = 2$의 값을 구합니다. 따라서 연립일차방정식의 해는 $x = 2$, $y = 2$입니다. 이와 같이 두 방정식이 한 미지수에 대하여 표현되어 있을 때 그 두 개의 식을 등치시켜서 푸는 방법을 **등치법**이라고 합니다.

◎ 가감법

미지수 한 개를 없애기 위해 양변에 적당한 상수를 곱해 그 미지수의 계수를 같게 한 후 두 방정식을 변끼리 더하거나 빼서 다른 미지수의 값을 구하는 방법을 **가감법**이라고 합니다. 즉, 연립일차방정식 $\begin{cases} 2x + y = 6 & \cdots \text{㉠} \\ 3x - 2y = -5 & \cdots \text{㉡} \end{cases}$ 에서 미지수 y를 없애기 위해 ㉠의 양변에 2를 곱해 $4x + 2y = 12 \cdots \text{㉢}$을 얻은 후 두 방정식 ㉡과 ㉢을 변끼리 더해서

$$\begin{array}{r} 4x + 2y = 12 \\ + \quad 3x - 2y = -5 \\ \hline 7x \qquad = 7 \cdots \text{㉣} \end{array}$$

과 같이 방정식 ㉣을 얻어 $x = 1$의 값을 구하고, 이것을 ㉠ 또는 ㉡에 대입하여 $y = 4$의 값을 구하면 주어진 연립일차방정식의 해는 $x = 1$, $y = 4$가 됩니다.

지금까지 연립방정식의 해를 구할 수 있는 방법들을 소개했습니다. 이제 여러분은 대입법, 등치법, 가감법 중 주어진 미지수가 2개인 연립일차방정식의 형태에 맞게 그 방정식을 쉽게 풀 수 있는 방법을 선택하여 해를 구

하면 되겠습니다. 그러나 **미지수가 2개인 연립일차방정식의 해가 항상 한 쌍인 것은 아닙니다.**

예를 들어 첫째, 미지수가 2개인 연립일차방정식 $\begin{cases} x+y-2=0 & \cdots \text{㉠} \\ 2x+2y-4=0 & \cdots \text{㉡} \end{cases}$ 에서 ㉠ × 2 − ㉡을 하면 $0=0$이 됩니다. 이것은 주어진 두 방정식이 같은 방정식이라는 뜻입니다. 즉, **연립일차방정식의 형태로 주어졌지만 알고 보면 한 방정식만 주어진 것과 다름없는 것**이지요. 따라서 주어진 연립일차방정식의 해는 부정방정식처럼 해가 무수히 많습니다.

둘째, 미지수가 2개인 연립일차방정식 $\begin{cases} x+y-2=0 & \cdots \text{㉠} \\ 2x+2y-8=0 & \cdots \text{㉡} \end{cases}$ 에서 ㉠ × 2 − ㉡을 하면 $4=0$이 됩니다. 이것은 어떤 x, y에 대해서도 주어진 연립일차방정식은 항상 성립하지 않는다는 뜻입니다. 이처럼 해가 없는 연립방정식도 있습니다. 따라서 x, y에 대한 연립일차방정식 $\begin{cases} ax+by+c=0 \\ a'x+b'y+c'=0 \end{cases}$ 의 해를 결정하는 것은 x, y의 계수와 상수항입니다. **한 쌍의 해를 가질 때는 대응하는 미지수를 포함한 항의 계수의 비가 같지 않을 때이며, 해가 무수히 많을 때는 대응하는 모든 항의 계수가 똑같은 상수배**[059] **차이일 때이고, 해가 없을 때는 상수항만 다른 상수배 차이일 때입니다.**

---

059 상수(常數)의 배수(倍數).

ATTENTION

x, y에 대한 연립일차방정식 $\begin{cases} ax+by+c=0 \\ a'x+b'y+c'=0 \end{cases}$의 해 (단, 모든 계수는 0이 아니다.)

1) 해가 한 쌍인 경우 : $\dfrac{a}{a'} \neq \dfrac{b}{b'}$

2) 해가 무수히 많은 경우 : $\dfrac{a}{a'} = \dfrac{b}{b'} = \dfrac{c}{c'}$ (부정)

3) 해가 없는 경우 : $\dfrac{a}{a'} = \dfrac{b}{b'} \neq \dfrac{c}{c'}$ (불능)

이제 미지수의 개수와 방정식의 개수가 하나씩 더 많은 연립방정식에 대하여 살펴봅시다. 미지수가 3개인 연립일차방정식은 방정식이 적어도 3개가 주어져야 합니다. 미지수가 3개인 연립일차방정식도 앞에서 살펴본 대입법, 등치법, 가감법 등을 이용하여 풀 수 있습니다. 고등학교 때 주로 다루는 미지수가 3개인 연립일차방정식은 가감법을 사용하는 것이 좋습니다.

미지수가 3개인 연립일차방정식을 풀 때는 먼저 없애고자 하는 미지수 하나를 정하고, 가감법을 이용하여 나머지 미지수 2개로 이루어진 연립일차방정식을 얻습니다. 그 다음, 다시 없애고자 하는 미지수를 정해 미지수가 1개인 일차방정식을 얻어 해를 구하면 됩니다.

연립방정식 $\begin{cases} x+y=13 \\ y+z=-4 \\ z+x=3 \end{cases}$와 같이 특별한 형태를 갖는 연립방정식은 그 형태에 따라 적절한 방법을 이용하여 풀어야 합니다. 주어진 연립방정식은 변끼리 다 더해서 $2x+2y+2z=12$, 즉 $x+y+z=6$을 이용하면 해를 쉽게 구할 수 있습니다.

즉, $x + y = 13$이므로 $x + y + z = 6$에 대입하면 $z = -7$을, $y + z = -4$에 대입하면 $y = 3$, $z = -7$을 $z + x = 3$에 대입하면 $x = 10$이 됩니다. 따라서 주어진 연립방정식 $\begin{cases} x + y = 13 \\ y + z = -4 \\ z + x = 3 \end{cases}$의 해는 $x = 10$, $y = 3$, $z = -7$입니다.

미지수가 2개이고 일차방정식과 이차방정식이 주어진 연립이차방정식

일차방정식과 이차방정식으로 구성되어 있는 연립방정식을 **미지수가 2개인 연립이차방정식**이라고 합니다. 이런 형태의 연립이차방정식의 해를 구하는 방법으로는 대입법이 가장 많이 쓰입니다. 즉, 일차방정식을 어느 한 문자에 대하여 정리한 다음 이차방정식에 대입하여 해를 구하는 것이지요.

연립방정식 $\begin{cases} x - y = 1 \\ (x-1)^2 + y^2 = 8 \end{cases}$을 만족시키는 해를 구해봅시다. 주어진 연립방정식은 일차방정식과 이차방정식으로 구성되어 있으므로 일차식 $x - y = 1$을 x에 관한 식으로 정리한 $y = x - 1$을 이차방정식 $(x-1)^2 + y^2 = 8$에 대입하면 $(x-1)^2 + (x-1)^2 = 8$이고 이 식을 정리하면 $x^2 - 2x - 3 = 0$이 됩니다. 이것을 인수분해하면 $(x + 1)(x - 3) = 0$이고 x의 값을 구하면 $x = -1$ 또는 $x = 3$입니다. 그리고 이것을 일차식 $x - y = 1$에 대입하여 정리하면 $\begin{cases} x = -1 \\ y = -2 \end{cases}$ 또는 $\begin{cases} x = 3 \\ y = 2 \end{cases}$을 얻습니다. 따라서 연립방정식 $\begin{cases} x - y = 1 \\ (x-1)^2 + y^2 = 8 \end{cases}$의 해는 $\begin{cases} x = -1 \\ y = -2 \end{cases}$ 또는 $\begin{cases} x = 3 \\ y = 2 \end{cases}$이 됩니다.

미지수가 2개이고 2개의 이차방정식이 주어진 연립이차방정식 —————

앞에서 다룬 일차방정식과 이차방정식으로 구성되어 있는 미지수가 2개인 연립이차방정식보다 좀 더 복잡한 형태의 연립이차방정식입니다. 두 개의 이차방정식으로 구성되어 있는 것이지요. 두 개의 이차방정식으로 구성되어 있는 미지수가 2개인 연립이차방정식의 해를 구하는 방법은 그리 간단하지 않습니다. 고등학교에서는 주로 다음 세 가지 형태를 다룹니다. 하나씩 살펴볼게요.

◎ 두 일차식의 곱으로 인수분해가 가능한 이차방정식을 포함한 형태

연립방정식 $\begin{cases} x^2 - 3xy + 2y^2 = 0 & \cdots ㉠ \\ x^2 + xy + y^2 = 12 & \cdots ㉡ \end{cases}$ 와 같은 형태로 주어진 연립이차방정식의 해를 구해봅시다.

먼저 ㉠을 인수분해하여 $(x-y)(x-2y) = 0$ 두 일차식을 얻습니다.

즉, $\begin{cases} x = y & \cdots ㉢ \\ x = 2y & \cdots ㉣ \end{cases}$

㉡에 ㉢을 대입하면, $3y^2 = 12$

정리하여 해를 구하면, $y = \pm 2$, $x = \pm 2$이고,

㉡에 ㉣을 대입하면, $7y^2 = 12$

정리하여 해를 구하면, $y = \pm\sqrt{\dfrac{12}{7}}$, $x = \pm 2\sqrt{\dfrac{12}{7}}$ 입니다.

즉, 주어진 연립방정식의 해는 $\begin{cases} x = 2 \\ y = 2 \end{cases}$, $\begin{cases} x = -2 \\ y = -2 \end{cases}$, $\begin{cases} x = 2\sqrt{\dfrac{12}{7}} \\ y = \sqrt{\dfrac{12}{7}} \end{cases}$, $\begin{cases} x = -2\sqrt{\dfrac{12}{7}} \\ y = -\sqrt{\dfrac{12}{7}} \end{cases}$ 가 됩니다.

◎두 이차방정식의 상수항을 소거하여 두 일차식의 곱으로 인수분해가 가능한 이차방정식을 얻을 수 있는 형태

연립방정식 $\begin{cases} 2x^2 - \dfrac{3}{2}xy + 3y^2 = 3 & \cdots ㉠ \\ 3x^2 + 4y^2 = 6 & \cdots ㉡ \end{cases}$ 와 같은 형태로 주어진 연립이차방

정식의 해를 구해봅시다. 이차방정식 ㉠과 ㉡ 모두 인수분해가 쉽지 않아요. 이때는 두 식을 더하거나 빼어 상수항이나 이차항을 소거합니다. 그런데 xy항이 있으므로 우선 상수항을 소거해보겠습니다. ㉠ × 2 - ㉡을 하면 $x^2 - 3xy + 2y^2 = 0$인데요, 이것은 인수분해가 가능하므로 인수분해하면 $(x-y)(x-2y) = 0$과 같이 두 개의 일차식을 얻을 수 있습니다.

즉, $\begin{cases} x = y & \cdots ㉢ \\ x = 2y & \cdots ㉣ \end{cases}$

그리고 나서 ㉡에 ㉢을 대입하면 $7y^2 = 6$입니다.

이를 정리하여 해를 구하면, $y = \pm\sqrt{\dfrac{6}{7}}$, $x = \pm\sqrt{\dfrac{6}{7}}$이고,

㉡에 ㉣을 대입하면 $16y^2 = 6$입니다.

이것을 정리하여 해를 구하면, $y = \pm\sqrt{\dfrac{3}{8}}$, $x = \pm 2\sqrt{\dfrac{3}{8}}$이 됩니다.

즉, 주어진 연립방정식의 해는 $\begin{cases} x = \sqrt{\dfrac{6}{7}} \\ y = \sqrt{\dfrac{6}{7}} \end{cases}, \begin{cases} x = -\sqrt{\dfrac{6}{7}} \\ y = -\sqrt{\dfrac{6}{7}} \end{cases}, \begin{cases} x = 2\sqrt{\dfrac{3}{8}} \\ y = \sqrt{\dfrac{3}{8}} \end{cases}, \begin{cases} x = -2\sqrt{\dfrac{3}{8}} \\ y = -\sqrt{\dfrac{3}{8}} \end{cases}$

인 것이지요.

이제까지 여러분은 선생님과 함께 부정방정식과 연립방정식에 대하여 살펴보았습니다. 부정방정식의 형태는 미지수의 개수보다 주어진 방정식의 개수가 적은 경우로 부정방정식을 만족시키는 해는 일반적으로 무수히 많

습니다. 그러나 해의 범위를 정수로 제한하거나 실수로 제한하면 해의 개
수가 유한개로 줄어들 수 있습니다. 연립방정식은 미지수의 개수와 주어진
방정식의 개수가 같은 경우로 소거법, 가감법, 대입법 등을 이용하여 한 방
정식에 포함된 미지수의 개수를 줄여나가 결국 하나의 미지수만 포함된
방정식을 얻어 그 해를 구합니다.

정수 조건이 주어진 $Axy + Bx + Cy + D = 0$ 형태의 미지수가 2개인 부정방정식

일차식의 곱 꼴로 인수분해하여 (일차식) × (일차식) = (정수)의 형태로 만든 후 해를 구하고, 실수 조건이 주어진 $Ax^2 + By^2 + Cx + Dy + E = 0$ 형태의 미지수가 2개인 부정방정식은 x, y에 대하여 각각 완전제곱식 형태로 인수분해하여 $(Px + Q)^2 + (Ry + S)^2 = 0$의 형태로 만든 후 해를 구한다.

모든 계수는 0이 아닌 x, y에 대한 연립일차방정식 $\begin{cases} ax + by + c = 0 \\ a'x + b'y + c' = 0 \end{cases}$의 해는 계수의 비의 값에 따라 $\dfrac{a}{a'} \neq \dfrac{b}{b'}$인 경우 해가 한 쌍이고, $\dfrac{a}{a'} = \dfrac{b}{b'} = \dfrac{c}{c'}$인 경우 해가 무수히 많으며, $\dfrac{a}{a'} = \dfrac{b}{b'} \neq \dfrac{c}{c'}$인 경우 해가 없음을 꼭 기억해야 한다. 정리하면 아래 표와 같다.

─── ⟨ 보 기 ⟩ ───

x, y에 대한 연립일차방정식 $\begin{cases} ax + by + c = 0 \\ a'x + b'y + c' = 0 \end{cases}$의 해 (단, 모든 계수는 0이 아니다.)

1) 해가 한 쌍인 경우 : $\dfrac{a}{a'} \neq \dfrac{b}{b'}$

2) 해가 무수히 많은 경우 : $\dfrac{a}{a'} = \dfrac{b}{b'} = \dfrac{c}{c'}$ (부정)

3) 해가 없는 경우 : $\dfrac{a}{a'} = \dfrac{b}{b'} \neq \dfrac{c}{c'}$ (불능)

❶ 방정식 $x^2 + y^2 + 4x - 6y + 13 = 0$을 만족하는 실수 x, y의 값을 구하시오.

풀이 $x^2 + y^2 + 4x - 6y + 13 = 0$에서

$(x^2 + 4x + 4) + (y^2 - 6y + 9) = 0$

$(x + 2)^2 + (y - 3)^2 = 0$

x, y는 실수이므로 $x + 2 = 0, y - 3 = 0$

$\therefore x = -2, y = 3$

❷ 연립방정식 $\begin{cases} x + 3y - z = 2 \\ 2x - y + z = -1 \\ 3x + y + 2z = 5 \end{cases}$의 해를 구하시오.

풀이 $\begin{cases} x + 3y - z = 2 & \cdots ㉠ \\ 2x - y + z = -1 & \cdots ㉡ \\ 3x + y + 2z = 5 & \cdots ㉢ \end{cases}$

㉠ + ㉡을 하면 $3x + 2y = 1 \quad \cdots ㉣$

㉡ × 2 - ㉢을 하면 $x - 3y = -7 \quad \cdots ㉤$

㉣ - ㉤ × 3을 하면 $11y = 22 \quad \therefore y = 2$

$y = 2$를 ㉤에 대입하면 $x - 6 = -7 \quad \therefore x = -1$

$x = -1, y = 2$를 ㉠에 대입하면 $-1 + 6 - z = 2 \quad \therefore z = 3$

따라서 구하는 해는 $x = -1, y = 2, z = 3$

❸ x, y에 대한 연립방정식 $\begin{cases} x - y = 3 \\ x^2 - y^2 = 15 \end{cases}$ 의 해를 $x = \alpha$, $y = \beta$라 할 때, $\alpha\beta$의

값을 구하시오.

풀이 $\begin{cases} x - y = 3 & \cdots \text{㉠} \\ x^2 - y^2 = 15 & \cdots \text{㉡} \end{cases}$

㉡에서 $(x + y)(x - y) = 3(x + y) = 15$

$\therefore x + y = 5 \cdots \text{㉢}$

㉠ + ㉢에서 $2x = 8$ $\therefore x = 4$

$x = 4$를 ㉠에 대입하면 $y = 1$

$\therefore \alpha = 4,\ \beta = 1$

따라서 $\alpha\beta = 4$이다.

❹ 연립방정식 $\begin{cases} x^2 - xy - 2y^2 = 0 \\ x^2 + 2xy - y^2 = 7 \end{cases}$ 의 해 중에서 , x, y의 값이 모두 양수인 것

을 $x = \alpha$, $y = \beta$라 할 때, $\alpha + \beta$의 값을 구하시오.

풀이 $\begin{cases} x^2 - xy - 2y^2 = 0 & \cdots \text{㉠} \\ x^2 + 2xy - y^2 = 7 & \cdots \text{㉡} \end{cases}$

㉠에서 $(x + y)(x - 2y) = 0$

$\therefore x = -y,\ x = 2y$

이 때 x, y의 값이 모두 양수이려면 $x = 2y$

이를 ㉡에 대입하면

$(2y)^2 + 2 \cdot 2y \cdot y - y^2 = 7$

$7y^2 = 7, \ y^2 = 1$

$\therefore \ y = 1 \ (\because \ y > 0)$

$x = 2y$에서 $x = 2$

$\therefore \ \alpha + \beta = 2 + 1 = 3$

❺ 연립방정식 $\begin{cases} x^2 - y^2 + 2x + y = 8 \\ 2x^2 - 2y^2 + x + y = 9 \end{cases}$를 만족하는 정수 x, y의 값을 구하시오.

풀이 $\begin{cases} x^2 - y^2 + 2x + y = 8 & \cdots \ \text{㉠} \\ 2x^2 - 2y^2 + x + y = 9 & \cdots \ \text{㉡} \end{cases}$

㉠ $\times 2 -$ ㉡을 하면 $3x + y = 7$

$\therefore \ y = -3x + 7 \quad \cdots \ \text{㉢}$

㉠에 ㉢을 대입하면

$x^2 - (-3x + 7)^2 + 2x + (-3x + 7) = 8$

$8x^2 - 41x + 50 = 0, \ (x - 2)(8x - 25) = 0$

$\therefore \ x = 2 \ (\because \ x$ 는 정수$)$

㉢에 대입하면 $y = 1$

❻ 0이 아닌 세 실수 x, y, z가 $\begin{cases} x + y = 4xy \\ y + z = 6yz \\ z + x = 8zx \end{cases}$를 만족할 때, $15(x + y + z)$의 값을 구하시오.

풀이 $x + y = 4xy$에서 $\dfrac{1}{y} + \dfrac{1}{x} = 4 \quad \cdots \ \text{㉠}$

$y + z = 6yz$에서 $\dfrac{1}{z} + \dfrac{1}{y} = 6 \quad \cdots \ \text{㉡}$

$z + x = 8zx$ 에서 $\dfrac{1}{x} + \dfrac{1}{z} = 8 \quad \cdots \ \boxdot$

㉠+㉡+㉢을 하면 $2\left(\dfrac{1}{x} + \dfrac{1}{y} + \dfrac{1}{z} \right) = 18$

$\dfrac{1}{x} + \dfrac{1}{y} + \dfrac{1}{z} = 9$

$\therefore \ \dfrac{1}{z} = 5, \ \dfrac{1}{x} = 3, \ \dfrac{1}{y} = 1$

$x = \dfrac{1}{3}, \ y = 1, \ z = \dfrac{1}{5}$

$\therefore \ 15(x + y + z) = 15\left(\dfrac{1}{3} + 1 + \dfrac{1}{5} \right) = 23$

정답   1. $x = -2, \ y = 3$ 2. $x = -1, \ y = 2, \ z = 3$ 3. $\alpha\beta = 4$

        4. $\alpha + \beta = 2 + 1 = 3$ 5. $x = 2, \ y = 1$ 6. 23

11강

부등식

Intro

　실생활에서 발생하는 크고 작은 여러 가지 문제들, 즉 상품 생산에 따른 최대 이윤 및 최소 이윤을 남기기 위한 생산비·판매 예상량·판매가격 등을 산출하고자 할 때, 또 학생들이 미술관 관람을 하려고 할 때 학생 개개인이 입장료를 지불하는 것과 단체 관람료를 지불하여 입장하는 것 중 어느 것이 더 적은 돈으로 입장할 수 있는가를 알고자 할 때, 인터넷 사용료를 가장 저렴하게 지불하고자 하는 조건 등을 알 필요가 있을 때 부등식을 사용하면 쉽게 해결할 수 있습니다. 이와 같이 부등식은 방정식과 함께 자연 현상 및 실생활의 문제를 해결하는 데 많이 활용됩니다. 따라서 우리는 복잡한 부등식을 만들어 이를 해결하는 데에만 집중하지 말고 실생활에서 마주하는 다양한 문제를 부등호를 사용하여 간단한 식으로 표현하고, 그 의미를 충분히 이해하는 데 더 큰 의미를 두어야 할 것입니다. 그러려면 일상생활에서 일어나는 문제 상황들을 많이 다루어볼 필요가 있겠지요?

▲ 해리엇 Thomas Harriot

수나 식의 대소 관계를 나타낼 때 우리는 기호 '$<$, $\leq$, $>$, $\geq$'를 사용합니다. 이 기호를 '부등호(不等號)'라고 부릅니다. **부등식**이란 **부등호를 사용하여 두 수나 식의 대소 관계를 나타낸 식**으로 부등호 $<$, $>$는 영국의 수학자 해리엇(Thomas Harriot, 1560~1621)[060]이 1631년에 발간 된 그의 저서 『해석술의 연습』에서 처음 사용했고, 부등호 $\leqq$, $\geqq$는 프랑스의 과학자 피에르 부게르(Pierre bouguer, 1698~1758)[061]가 1734년에 처음으로 사용했습니다. 현재는 $\leqq$, $\geqq$ 대신 국제 표준기호 사용에 따라 $\leq$, $\geq$를 사용하고 있습니다. 이번 장에서는 부등식에 대하여 살펴보겠습니다.

▲ 피에르 부게르 Pierre bouguer

스토리 수학

프랑스의 수학자이자 수리물리학자인 코시는 어려서부터 수학적 재능이 뛰어났던 사람이다. 라플라스(Pierre-Simon Marquis de Laplace, 1749~1827)[062]와 라그랑주(Joseph-Louis Lagrange, 1736~1813)[063]에 의해 이미 그 명성이 알려져 있었다. 이들은 코시에게 수학을 공부할 것을 권유했고, 수학에 남다른 관심과 열정을 가진 코시는 라그랑주가 코시의 아버지

---

060 같은 시대의 수학자 비에트와 더불어 방정식의 발달을 이끈 영국의 수학자이자 천문학자. 대수식에서 수나 미지의 양을 문자로 나타낸 비에트의 방법을 발전시켜 모든 대수적인 표현을 기호로 나타내는 데 힘썼다. 그의 저서 「해석술 연습」은 대수학 분야의 책인데 그는 이 책에서 부등호 기호 '$<$, $>$'를 사용했다. 하지만 이 책은 그가 죽은 뒤 10년이 지난 다음에야 발간되었다고 한다.
061 프랑스의 물리학자이자 수학자, 측지학자. 프랑스 과학아카데미 회원으로 활동하면서 항해학, 측지학, 측광학 등 여러 분야에서 업적을 남겼다. 흔히 '선박건조술의 아버지'로 불린다.

▲ 라플라스 Pierre-Simon
Marquis de Laplace

▲ 라그랑주 Joseph-Louis
Lagrange

에게 코시가 17살이 되기 전에는 수학책을 보이지 않는 곳에 숨겨두라고 했을 만큼 책에 파묻혀 지냈다. 코시는 근대 수학의 근간을 제공한 수학자로 눈에 띄게 발전한 19세기 수학에 한 몫을 했다. 슈바르츠(Karl Hermann Amandus Schwarz, 1843~1921)[064]는 처음에 베를린에서 화학을 연구했지만 수학 교수 바이어슈트라스(Karl Theodor Wilhelm Weierstrass, 1815~1897)[065]의 영향을 받아 전공을 수학으로 바꾸게 된다. 그 후 바이어슈트라스의 일흔 살 생일파티에 초대 받은 슈바르츠는 마침내 수학사에 이름을 남길 놀라운 성과를 낸다. 그날 손님들에게 제시되었던 문제를 슈바르츠가 풀어낸 것이다. 다른 여러 수학자들을 제치고서! 이때 제시된 문제의 증명방법에 포함된 그의 아이디어는 매우 획기적인 것으로 오늘날 우리는 이 부등식을 '코시-슈바르츠 부등식'이라고 부른다.

▲ 슈바르츠 Karl Hermann
Amandus Schwarz

모든 계수가 실수일 때,
$$(a^2+b^2)(x^2+y^2) \geq (ax+by)^2$$ **과**
$$(a^2+b^2+c^2)(x^2+y^2+z^2) \geq (ax+by+cz)^2$$ **이**
성립한다.

이 코시-슈바르츠 부등식처럼 몇 가지 특정 조건에서 항상 성립하는 부등식을 **절대 부등식**이라고 하는데, 코시-슈바르츠 부등식은 프랑스의 수학자 코시와 독일의 수학자 슈바르츠의 이름을 기념하기 위하여 붙인 것으로 오늘날까지 여러 분야에서 중요하게 이용되고 있다.

▲ 바이어슈트라스 Karl Theodor
Wilhelm Weierstrass

부등식의 기본적인 성질 ─────

부등식은 이름 그대로 등식이 아닌 것을 말합니다. 즉, 여러 개의 수 사이에 어느 것이 더 크고 작은가를 나타내는 식이 부등식입니다. 이때 쓰이는 기호를 **부등호**[★]라고 하는데, 부등호에는 '>, <, ≥, ≤' 네 가지가 있습니다.

부등식은 크기를 비교할 때 쓰이므로 허수를 포함한 식에는 부등호를 사용할 수 없습니다. 예를 들면, 두 허수 i와 $2i$는 크기를 비교할 수 없습니다. 왜냐하면, i와 $2i$에 대하여 $2i > i$라 하면 $2i - i = i > 0$이고, $2i < i$라 하면 $2i - i = i < 0$이 되므로 i는 양수 또는 음수가 됩니다. 양수든 음수든 제곱하면 모두 양수이므로 $i^2 = -1 > 0$이라는 오류가 생기므로 **부등식에서 다루는 모든 문자는 실수의 범위에서만 생각**합니다.

부등식을 만족시키는 문자의 값을 해라 하고, 해를 구하는 것을 '부등식을 푼다'라고 합니다.

부등식을 풀 때 사용하는 부등식의 기본 성질에 대하여 살펴봅시다.

─────

062 프랑스의 수학자. 그의 저서 『천체역학』(총 5권)에서는 고전역학에서 뉴턴이 택했던 방식인, 기하학적 접근방식에 대한 번역을 실어, 당시 물리학을 집대성하고 확장한 것으로 평가된다. 『확률론의 해석이론』 등의 명저를 남겼으며, 수리 물리학 발전에 엄청난 공헌을 했다. '라플라스 변환', '라플라스 방정식' 등에 그의 이름이 남아 있다.

063 이탈리아 태생으로 프랑스와 프로이센에서 활동했다. 수학자이자 천문학자로 해석학, 정수론, 고전역학과 천체역학 전반에 걸쳐 중대한 기여를 했다. 라그랑주의 「해석역학」은 베를린에서 쓰여 1788년 출판된 논문인데 이는 아이작 뉴턴 이래로 고전역학을 가장 포괄적으로 다루고 19세기 수리물리학의 발전의 기반을 마련한 저작으로 평가된다.

064 독일의 수학자. '복소해석학(complex analysis)'으로 유명하다. 처음에는 베를린에서 화학을 공부했으나 쿰머(Kummer)와 바이어슈트라스(WeierstraB)의 권유로 수학을 연구하게 되었다.

065 독일의 수학자. 미적분학의 기초를 견고히 하고, 1변수 복소함수, 로그함수의 멱급수에 대한 이론을 정비하는 등의 업적을 남겼다.

Reminder ★

부등호	의미	예
>	왼쪽이 오른쪽보다 큼을 나타낼 때 쓰는 기호	$6 > 3$
<	왼쪽이 오른쪽보다 작음을 나타낼 때 쓰는 기호	$3 < 6$
≥	왼쪽이 오른쪽보다 크거나 같음을 나타낼 때 쓰는 기호	실수 x에 대하여 $x^2 \geq 0$
≤	왼쪽이 오른쪽보다 작거나 같음을 나타낼 때 쓰는 기호	실수 x에 대하여 $x \leq |x|$

ATTENTION

부등식의 기본 성질1

(1) 두 실수 a, b에 대하여 $a > b$, $a = b$, $a < b$인 세 개의 관계 중, 어느 한 개만은 반드시 성립한다.

(2) $a > b$, $b > c$이면 $a > c$이다.

(3) $a > 0$, $b > 0$이면 $ab > 0$이다.

(4) $a < 0$, $b < 0$이면 $ab > 0$이다.

(5) $a > b$이면 $a + c > b + c$과 $a - c > b - c$이 성립한다.

(6) $a > b$, $c > 0$이면 $ac > bc$이다.

(7) $a > b$, $c < 0$이면 $ac < bc$이다.

(8) $a < 0$이면 $-a > 0$이고 $-a > 0$이면 $a < 0$이다.

(9) $-a > -b$이면 $a < b$이고 $a < b$이면 $-a > -b$이다.

(10) $a > b + c$이면 $a - b > c$이고 $a - b > c$이면 $a > b + c$이다.

위의 부등식의 기본 성질 외에도 부등식의 해를 구하는 데 많이 쓰이는 성질은 다음과 같습니다.

ATTENTION

부등식의 기본 성질2

(1) 모든 실수 a에 대하여 $a^2 \geq 0$이 성립한다.

(2) $a > b > 0$이면 $\dfrac{1}{a} < \dfrac{1}{b}$이고 $a < b < 0$이면 $\dfrac{1}{a} > \dfrac{1}{b}$이다.

(3) $a \geq b \geq 0$ 또는 $a \leq b \leq 0$이면 $a^2 \geq b^2$이다.

두 실수의 대소 관계를 비교할 때 사용하는 부등식의 성질은 다음과 같습니다. 특히 두 수가 양수일 때 대소 관계를 비교하는 방법에 대하여 기억해야 합니다.

ATTENTION

부등식의 대소 관계

(1) 두 실수의 차를 이용한 대소 관계의 비교

두 실수 a, b에 대하여

1) $a - b < 0$이면 $a < b$이다.

2) $a - b = 0$이면 $a = b$이다.

3) $a - b > 0$이면 $a > b$이다.

(2) 제곱한 두 실수의 차를 이용한 대소 관계의 비교

$a > 0, b > 0$인 두 실수 a, b에 대하여

1) $a^2 - b^2 < 0$이면 $a < b$이다.

2) $a^2 - b^2 = 0$이면 $a = b$이다.

3) $a^2 - b^2 > 0$이면 $a > b$이다.

(3) 나눗셈을 이용한 대소 관계의 비교

$a > 0, b > 0$인 두 실수 a, b에 대하여

1) $a \div b < 1$이면 $a < b$이다.

2) $a \div b = 1$이면 $a = b$이다.

3) $a \div b > 1$이면 $a > b$이다.

일차부등식 ————————

부등식을 이항하여 정리하였을 때, (일차식) > 0, (일차식) ≥ 0, (일차식) < 0, (일차식) ≤ 0의 네 가지 중 어느 하나로 변형되는 부등식을 **일차부등식**이라 합니다. 부등식을 풀 때에는 부등식의 성질을 이용하여 주어진 부등식을 $x >$ (수), $x ≥$ (수), $x <$ (수), $x ≤$ (수) 의 하나로 고쳐서 해를 구합니다. 네 가지의 일차부등식 중 일차부등식 $ax < b$의 풀이를 통해 일차부등식의 풀이를 익혀봅시다.

ATTENTION

일차부등식 $ax < b$의 풀이

(1) $a > 0$일 때, 일차부등식 $ax < b$의 해는 $x < \dfrac{b}{a}$이다.

(2) $a < 0$일 때, 일차부등식 $ax < b$의 해는 $x > \dfrac{b}{a}$이다.

(3) $a = 0$이고 $b > 0$일 때, 일차부등식 $ax < b$의 해는 모든 실수이다.

(4) $a = 0$이고 $b ≤ 0$일 때, 일차부등식 $ax < b$의 해는 없다.

지금까지 일차부등식의 해를 구해보았습니다. 위의 (3)처럼 모든 실수를 해로 갖는 일차부등식이 존재하고 이렇게 부등식이 모든 실수 x에 대해 참이 될 때 '부정'이라고 합니다. 위의 (4)처럼 어떤 실수도 해로 갖지 않는 일차부등식이 존재하고 이렇게 부등식이 어떤 실수 x에 대해서도 성립하지 않을 때

'**불능**'이라고 합니다. 따라서 일차부등식 $ax < b$이 부정이 될 조건은 $a = 0$ 이고 $b > 0$이고, 불능이 될 조건은 $a = 0$이고 $b \leq 0$입니다.

절댓값 기호를 포함한 부등식 ────────

수직선의 원점에서 실수 x까지의 거리를 **x의 절댓값**이라 하고, 기호로는 $|x|$로 나타냅니다. 즉, $|x|$는 원점에서 x까지의 거리입니다. 따라서 모든 실수 a에 대하여 $|a| \geq a$, $|a|^2 = a^2$이 성립함을 알 수 있으며 기본적인 절댓값 기호를 포함한 일차부등식은 다음과 같이 해를 구합니다.

ATTENTION

절댓값 기호를 포함한 일차부등식

(1) $a > 0$일 때, 부등식 $|x| < a$의 해는 $-a < x < a$이다.

(2) $a > 0$일 때, 부등식 $|x| > a$의 해는 $x < -a$ 또는 $x > a$이다.

(3) $b > 0$일 때, 부등식 $|x + a| < b$의 해는 $-b < x + a < b$이다.

　　즉, $-b - a < x < b - a$

(4) $b > 0$일 때, 부등식 $|x + a| > b$의 해는 $x + a < -b$

　　또는 $x + a > b$이다.

　　즉, $x < -b - a$ 또는 $x > b - a$

---

(1)과 (2)를 수직선에 나타내면 아래 그림과 같고 수직선 위에 부등식을 나타내면 부등식의 해를 좀 더 쉽게 이해할 수 있습니다. 부등식은 꼭 수직선 위에 그림으로 나타내어야 합니다.

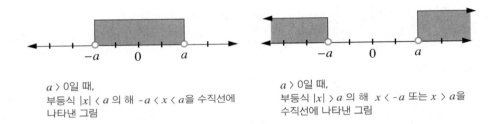

$a > 0$일 때,
부등식 $|x| < a$ 의 해 $-a < x < a$을 수직선에 나타낸 그림

$a > 0$일 때,
부등식 $|x| > a$ 의 해 $x < -a$ 또는 $x > a$을 수직선에 나타낸 그림

절댓값 기호가 2개 이상 있으면 절댓값 기호 안을 0으로 하는 값을 경계로 범위를 나누어 각각의 범위에서 절댓값 기호를 없앤 후 부등식의 해를 구해야 합니다.

예를 들어 부등식 $|x - 1| + |x - 3| < 6$의 해를 구하면,

$|x - 1|$의 부호는 $x = 1$을 경계로 달라지고

$|x - 3|$의 부호는 $x = 3$을 경계로 달라집니다.

따라서 x의 조건을 다음 세 가지로 나누어 생각해야 합니다.

(1) $x < 1$일 때

$|x - 1| + |x - 3| = -(x - 1) - (x - 3) = -2x + 4$

따라서 주어진 부등식은 $-2x + 4 < 6$이고

이 부등식의 해는 $x > -1$입니다.

이것과 처음 조건 $x < 1$의 공통 범위는 $-1 < x < 1$입니다.

(2) $1 \leq x < 3$일 때

$$|x - 1| + |x - 3| = (x - 1) - (x - 3) = 0 \cdot x + 2$$

따라서 주어진 부등식은 $0 \cdot x + 2 < 6$이고

이 부등식의 해는 모든 실수입니다.

이것과 처음 조건 $1 \leq x < 3$의 공통 범위는 $1 \leq x < 3$입니다.

(3) $x \geq 3$일 때

$$|x - 1| + |x - 3| = (x - 1) + (x - 3) = 2x - 4$$

따라서 주어진 부등식은 $2x - 4 < 6$이고

이 부등식의 해는 $x < 5$입니다.

이것과 처음 조건 $x \geq 3$의 공통 범위는 $3 \leq x < 5$입니다.

(1), (2), (3)에 의해 구하는 해는

$-1 < x < 1$ 또는 $1 \leq x < 3$ 또는 $3 \leq x < 5$입니다.

즉, $-1 < x < 5$입니다.

이차부등식 ——————

$5x < 5 - x^2$, $6 < 7x + x^2$처럼 x에 대한 이차식이 포함된 부등식을 **이차부등식**이라고 합니다. 즉, 부등식을 이항하여 정리하였을 때 (이차식) > 0, (이차식) ≥ 0, (이차식) < 0, (이차식) ≤ 0의 네 가지 중 어느 하나로 변형되는 부등식을 말합니다. **모든 이차부등식은 모든 항을 좌변 또는 우변으로 옮겨서 항상 이차항의 계수가 양수인 꼴로 바꾸어 부등식의 해를 구하는 것이 좋**

습니다. 이를 테면, 이차부등식 $5x < 5 - x^2$은 모든 항을 좌변으로 옮겨서 $x^2 + 5x - 5 < 0$으로 바꾸고, $6 < 7x + x^2$은 모든 항을 우변으로 옮겨서 $x^2 + 7x - 6 > 0$으로 바꾸는 것이지요.

선생님과 함께 이차부등식의 해를 구해볼까요?

이차방정식 $ax^2 + bx + c = 0$의 두 해를 $\alpha, \beta \, (\alpha < \beta)$라고 할 때

이차부등식 $ax^2 + bx + c > 0$은 $a(x - \alpha)(x - \beta) > 0$이므로

두 실수 a, b에 대해 $ab > 0$이 될 조건을 생각해보면

앞에서 공부한 '부등식의 기본 성질1'에서

(3) $a > 0, b > 0$이면 $ab > 0$이다.

(4) $a < 0, b < 0$이면 $ab > 0$이다.

$a > 0, b > 0$일 때와 $a < 0, b < 0$일 때 모두 $ab > 0$이었으므로,

$ab > 0$이려면 $a > 0, b > 0$이거나 $a < 0, b < 0$이어야 합니다.

이차부등식 $a(x - \alpha)(x - \beta) > 0$는 x^2의 계수 a의 부호에 따라 구분하여 부등식의 해를 구해야 합니다.

(1) $a > 0$일 때,

이차부등식 $a(x - \alpha)(x - \beta) > 0$의 양변을 양수 a로 나누면 부등호의 변화가 없으므로

$(x - \alpha)(x - \beta) > 0$이 되고 '부등식의 기본 성질1'에 의해 이는

$x - \alpha > 0, \; x - \beta > 0$ 또는 $x - \alpha < 0, \; x - \beta < 0$입니다.

즉, $x > \alpha$, $x > \beta$ 또는 $x < \alpha$, $x < \beta$ 이므로 이것을 수직선에 나타내면

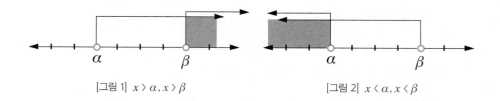

[그림 1] $x > \alpha, x > \beta$ [그림 2] $x < \alpha, x < \beta$

따라서 해집합은 두 부분의 합집합이므로 해는 $x < \alpha$ 또는 $x > \beta$입니다.

(2) $a < 0$일 때,

이차부등식 $a(x - \alpha)(x - \beta) > 0$의 양변을 음수 a로 나누면 부등호가 바뀌어야 하므로

$(x - \alpha)(x - \beta) < 0$이 되고 '부등식의 기본 성질1'에 의해 이는

$x - \alpha > 0$, $x - \beta < 0$ 또는 $x - \alpha < 0$, $x - \beta > 0$입니다.

즉, $x > \alpha$, $x < \beta$ 또는 $x < \alpha$, $x > \beta$ 이므로 이것을 수직선에 나타내면

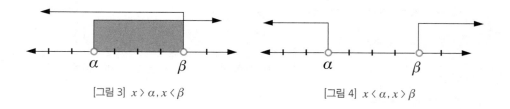

[그림 3] $x > \alpha, x < \beta$ [그림 4] $x < \alpha, x > \beta$

따라서 해집합은 두 부분의 합집합이므로 해는 $\alpha < x < \beta$입니다.

이차부등식의 해

(1) $ax^2 + bx + c = a(x - \alpha)(x - \beta) > 0$에서 (단, $\alpha < \beta$일 때)

   $a > 0$일 때, $(x - \alpha)(x - \beta) > 0 \Rightarrow x < \alpha$ 또는 $x > \beta$

   $a < 0$일 때, $(x - \alpha)(x - \beta) < 0 \Rightarrow \alpha < x < \beta$

(2) $ax^2 + bx + c = a(x - \alpha)(x - \beta) < 0$에서

   $a > 0$일 때, $(x - \alpha)(x - \beta) < 0 \Rightarrow \alpha < x < \beta$

   $a < 0$일 때, $(x - \alpha)(x - \beta) > 0 \Rightarrow x < \alpha$ 또는 $x > \beta$

(3) $a(x - \alpha)^2 > 0$에서

   $a > 0$일 때, $(x - \alpha)^2 > 0 \Rightarrow x \neq \alpha$인 모든 실수

   $a < 0$일 때, $(x - \alpha)^2 < 0 \Rightarrow$ 해가 없다.

(4) $a(x - \alpha)^2 \geq 0$에서

   $a > 0$일 때, $(x - \alpha)^2 \geq 0 \Rightarrow x$는 모든 실수

   $a < 0$일 때, $(x - \alpha)^2 \leq 0 \Rightarrow x = \alpha$

연립부등식 ——————

　미지수가 한 개인 두 개 이상의 일차부등식을 한 쌍으로 묶어놓은 것을 **연립부등식**이라 합니다. 연립부등식을 이루는 각 부등식의 공통인 해를 그 연립부등식의 해라 하고, 해를 구하는 것을 '연립부등식을 푼다'고 합니다.

　연립부등식 $\begin{cases} A \\ B \end{cases}$의 해를 밴다이어그램으로 나타내면 다음 그림과 같습니다.

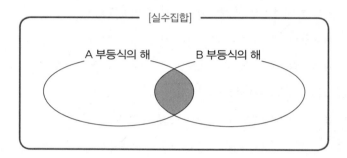

　즉, 두 부등식 **A**와 **B**를 연립한 연립부등식의 해는 두 부등식의 각각의 해의 **교집합**입니다.

　연립부등식의 해는 각 부등식의 해를 구한 후 수직선 위에 각 부등식의 해를 나타내어 이들의 공통부분을 구하면 됩니다.

연립부등식의 풀이

(1) 두 부등식의 해를 각각 구한다.

(2) 각 부등식의 해를 수직선에 나타내어 공통부분을 구한다.

(3) $A < B < C$꼴의 연립부등식은 $\begin{cases} A < B \\ B < C \end{cases}$로 변형해서 푼다.

이차부등식의 응용

◎ 이차부등식의 해와 이차함수의 그래프 및 이차방정식과의 관계

이차부등식의 해는 이차함수 $y = ax^2 + bx + c$의 그래프와 이차방정식 $ax^2 + bx + c = 0$의 판별식 $D = b^2 - 4ac$을 이용하면 좀 더 쉽게 이해할 수 있습니다. 이차방정식 $ax^2 + bx + c = 0$의 두 실근을 $\alpha, \beta \, (\alpha \le \beta)$라 하면 이차부등식의 해는 다음의 표와 같습니다.

판별식의 부호	$D > 0$	$D = 0$	$D < 0$
$y = ax^2 + bx + c$의 그래프 (단, $a > 0$)	α β x	$\alpha(=\beta)$ x	x
$ax^2 + bx + c > 0$의 해	$x < \alpha$ 또는 $x > \beta$	$x \neq \alpha$인 모든 실수	모든 실수
$ax^2 + bx + c \geq 0$의 해	$x \leq \alpha$ 또는 $x \geq \beta$	모든 실수	모든 실수
$ax^2 + bx + c < 0$의 해	$\alpha < x < \beta$	해가 없다	해가 없다
$ax^2 + bx + c \leq 0$의 해	$\alpha \leq x \leq \beta$	$x = \alpha$	해가 없다

◎ 이차방정식의 근의 분리

이차방정식 $ax^2 + bx + c = 0\,(a > 0)$의 두 실근을 α, $\beta\,(\alpha \leq \beta)$라 하면

특정한 실수 k에 대하여 두 실근 α, β가 k보다 크도록 할 때, a, b, c가 만족해야 할 조건, k보다 작도록 할 때, a, b, c가 만족해야 할 조건, 두 실근 α, β 사이에 k가 있도록 할 때, a, b, c가 만족해야 할 조건 등을 생각할 수 있어요. 이것은 이차함수 $y = ax^2 + bx + c$의 그래프와 이차방정식 $ax^2 + bx + c = 0$의 판별식 $D = b^2 - 4ac$를 이용하여 다음 세 가지 경우를 생각해야 합니다.

(1) 판별식 D의 부호

(2) $x = k$에서의 이차함수의 함숫값 $f(k)$의 부호

(3) 대칭축 $x = -\dfrac{b}{2a}$와 k의 위치에 따른 $-\dfrac{b}{2a}$의 부호

이차방정식의 근의 분리

① 두 실근 α, β가 k보다 클 조건 $\Rightarrow D \geq 0$, $f(k) > 0$, $-\dfrac{b}{2a} > k$의 공통부분	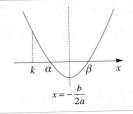
② 두 실근 α, β가 k보다 작을 조건 $\Rightarrow D \geq 0$, $f(k) > 0$, $-\dfrac{b}{2a} < k$의 공통부분	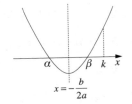
③ 두 실근 α, β 사이에 k가 있을 조건 $\Rightarrow D \geq 0$, $f(k) < 0$, $\alpha < -\dfrac{b}{2a} < \beta$의 공통부분	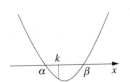

1. 부등식을 만족시키는 문자의 값을 해라 하고, '해'를 구하는 것
을 '부등식을 푼다'라고 한다.

2. 부등식을 풀 때 사용하는 부등식의 기본 성질

    (1) 두 실수 a, b에 대하여

       $b > a, b = a, b < a$인 세 개의 관계 중, 어느 한 개만은 반드시 성립

       한다.

    (2) $a > b, b > c$이면 $a > c$이다.

    (3) $a > 0, b > 0$이면 $ab > 0$이다.

    (4) $a < 0, b < 0$이면 $ab > 0$이다.

    (5) $a > b$이면 $a + c > b + c$과 $a - c > b - c$이 성립한다.

    (6) $a > b, c > 0$이면 $ac > bc$이다.

    (7) $a > b, c < 0$이면 $ac < bc$이다.

    (8) $a < 0$이면 $-a > 0$이고 $-a > 0$이면 $a < 0$이다.

    (9) $-a > -b$이면 $a < b$이고 $a < b$이면 $-a > -b$이다.

    (10) $a > b + c$이면 $a - b > c$이고 $a - b > c$이면 $a > b + c$이다.

       부등식의 기본 성질 중에서 (5), (6), (7)을 이용하여 일차부등식은

       $ax < b$ 꼴로 바꾼 후 해를 구한다.

3. 일차부등식의 해

   (1) $ax + b > 0$에서

       $a > 0$이면 $x > -\dfrac{b}{a}$, $a < 0$이면 $x < -\dfrac{b}{a}$

   (2) 일차부등식의 부정과 불능

       $ax + b > 0$에서

       $a = 0$, $b \leq 0$이면 불능, $a = 0$, $b > 0$이면 부정

4. 이차부등식의 해

이차부등식은 (이차식) > 0, (이차식) ≥ 0, (이차식) < 0, (이차식) ≤ 0의 꼴로 바꾸어 해를 구한다.

   (1) $D > 0$일 때 (단, $\alpha < \beta$일 때)

       $a > 0$일 때 $a(x - \alpha)(x - \beta) > 0 \Rightarrow x > \beta$ 또는 $x < \alpha$

       $a < 0$일 때 $a(x - \alpha)(x - \beta) > 0 \Rightarrow \alpha < x < \beta$

   (2) $D = 0$일 때

       $a > 0$일 때 $a(x - \alpha)^2 > 0 \Rightarrow x \neq \alpha$인 모든 실수

       $a < 0$일 때 $a(x - \alpha)^2 > 0 \Rightarrow$ 해가 없다.

   (3) $D < 0$

       $a > 0$일 때 $ax^2 + bx + c > 0 \Rightarrow$ 모든 실수

       $a < 0$일 때 $ax^2 + bx + c > 0 \Rightarrow$ 해가 없다.

5. 연립부등식의 풀이

두 부등식의 해를 각각 구하고, 각 부등식의 해를 수직선에 나타내어 공통부분을 구한다. 특히, $A < B < C$꼴의 연립부등식은 $\begin{cases} A < B \\ B < C \end{cases}$로 변형해서 해를 구한다.

6. 이차부등식의 응용

(1) 이차부등식의 해와 이차함수의 그래프 및 이차방정식과의 관계

판별식의 부호	$D > 0$	$D = 0$	$D < 0$
$y = ax^2 + bx + c$의 그래프 (단, $a > 0$)			
$ax^2 + bx + c > 0$의 해	$x < \alpha$ 또는 $x > \beta$	$x \neq \alpha$인 모든 실수	모든 실수
$ax^2 + bx + c \geq 0$의 해	$x \leq \alpha$ 또는 $x \geq \beta$	모든 실수	모든 실수
$ax^2 + bx + c < 0$의 해	$\alpha < x < \beta$	해가 없다	해가 없다
$ax^2 + bx + c \leq 0$의 해	$\alpha \leq x \leq \beta$	$x = \alpha$	해가 없다

(2) 이차방정식의 근의 분리

① 두 실근 α, β가 k보다 클 조건 $\Rightarrow D \geq 0,\ f(k) > 0,\ -\dfrac{b}{2a} > k$의 공통부분	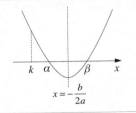
② 두 실근 α, β가 k보다 작을 조건 $\Rightarrow D \geq 0,\ f(k) > 0,\ -\dfrac{b}{2a} < k$의 공통부분	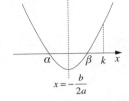
③ 두 실근 α, β 사이에 k가 있을 조건 $\Rightarrow D \geq 0,\ f(k) < 0,\ \alpha < -\dfrac{b}{2a} < \beta$의 공통부분	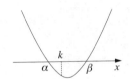

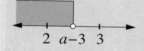

① 부등식 $3x - a < 2x - 3$의 해 중 가장 큰 정수가 2일 때, 상수 a의 값의
범위를 구하시오.

풀이 $3x - a < 2x - 3$에서 $x < a - 3$
가장 큰 정수가 2가 되려면 $2 < a - 3 \le 3$이어야 한다.

$$2 \quad a{-}3 \quad 3$$

따라서 $5 < a \le 6$

② 부등식 $(x - 2)^2 \ge (x - 2)(2x - 9)$의 해를 구하시오.

풀이 $(x - 2)^2 \ge (x - 2)(2x - 9)$
$(x - 2)^2 - (x - 2)(2x - 9) \ge 0$
$(x - 2)(x - 2 - 2x + 9) \ge 0$
$(x - 2)(x - 7) \le 0$
$\therefore \ 2 \le x \le 7$

❸ 연립부등식 $2x - 7 < \dfrac{3x + 2}{5} \le 4x - 3$을 만족시키는 모든 자연수의 합을 구하시오.

> **풀이** 부등식의 각 변에 5를 곱하면
>
> $5(2x - 7) < 3x + 2 \le 5(4x - 3)$
>
> $10x - 35 < 3x + 2 \le 20x - 15$
>
> 연립부등식 $\begin{cases} 10x - 35 < 3x + 2 \\ 3x + 2 \le 20x - 15 \end{cases}$를 풀면 $x < \dfrac{37}{7}$, $x \ge 1$
>
> $\therefore 1 \le x < \dfrac{37}{7}$
>
> 따라서 이 부등식을 만족시키는 자연수는 1, 2, 3, 4, 5이므로 1, 2, 3, 4, 5의 합은 15이다.

❹ x에 대한 부등식 $|4x + 2| - 1 \le k$의 해가 $-2 \le x \le 1$일 때 상수 k의 값을 구하시오.

> **풀이** $|4x + 2| - 1 \le k$
>
> $\Leftrightarrow |4x + 2| \le k + 1$
>
> $\Leftrightarrow -k - 1 \le 4x + 2 \le k + 1$
>
> $\Leftrightarrow -k - 3 \le 4x \le k - 1$
>
> $\Leftrightarrow \dfrac{-k - 3}{4} \le x \le \dfrac{k - 1}{4}$
>
> 이 부등식의 해가 $-2 \le x \le 1$이므로
>
> $\dfrac{-k - 3}{4} = -2$, $\dfrac{k - 1}{4} = 1$이어야 한다.
>
> $\therefore k = 5$

❺ x에 대한 이차부등식 $x^2 + (a+1)x + a + 4 > 0$을 만족하지 않는 실수 x가 오직 하나 뿐일 때, 양수 a의 값을 구하시오.

> **풀이** 이차부등식 $x^2 + (a+1)x + a + 4 > 0$을 만족하지 않는 실수 x가 오직 하나 뿐이다라는 것은 이차부등식 $x^2 + (a+1)x + a + 4 \leq 0$을 만족하는 실수가 오직 하나뿐이다라는 것과 같으므로 이차방정식 $x^2 + (a+1)x + a + 4 = 0$은 중근을 가져야 한다. 따라서, 판별식을 D라 하면
>
> $D = (a+1)^2 - 4(a+4) = a^2 - 2a - 15 = (a-5)(a+3) = 0$
> $\therefore a = 5 \; (\because a > 0)$

❻ 임의의 두 실수 a, b에 대하여 두 부등식 $a > b$, $\dfrac{1}{b} > \dfrac{1}{a}$이 모두 성립할 때, 옳은 것만을 〈보기〉에서 있는 대로 고른 것은?

〈보기〉

ㄱ. $a^2 > b^2$

ㄴ. $ab > 0$

ㄷ. $a + b > 0$이면 $-2b > -5b$이다.

---

① ㄱ   ② ㄴ   ③ ㄷ

④ ㄱ, ㄴ   ⑤ ㄴ, ㄷ

풀이 $a > b, \dfrac{1}{b} > \dfrac{1}{a}$

$\Leftrightarrow a > b, \dfrac{1}{b} - \dfrac{1}{a} > 0$

$\Leftrightarrow a > b, \dfrac{a-b}{ab} > 0$

$\Leftrightarrow a > b, ab > 0$

$\Leftrightarrow a > b > 0$ 또는 $0 > a > b$

ㄱ. [반례] $a = -1, b = -2$일 때, 조건을 만족하지만,

   $a^2 < b^2$ ∴ 거짓

ㄴ. $a > b > 0$ 또는 $0 > a > b$ 이므로, $ab > 0$ ∴ 참

ㄷ. $a + b > 0$ 이므로, $a > b > 0$

   이때, $b > 0$ 이므로, $-2b > -5b$이다. ∴ 참

   따라서, 옳은 것은 ㄴ, ㄷ이다.

정답 1. $5 < a \le 6$ 2. $2 \le x \le 7$ 3. 15

4. $k = 5$ 5. $a = 5$ 6. ⑤

12강

집합

Intro

집합은 1895년 칸토어(Georg Ferdinand Ludwig Philipp Cantor, 1845~1918)가 만들어낸 이론입니다. 칸토어는 1845년 3월 3일, 러시아의 성 페테르부르크에서 덴마크인 부모 밑에서 태어나서 1856년에 부모와 함께 독일의 프랑크푸르트로 이주했습니다. 아버지는 신교로 개종한 유태인이었고, 어머니는 태어날 때부터 가톨릭 신자였지요. 그는 공업 기술사가 되라는 아버지의 제안을 철학·물리·수학을 공부하기 위해 포기하고 취리히·괴팅겐·베를린 대학교에서 공부하다가 1869년부터 1905년까지 할레 대학에서 오랫동안 강의를 했습니다. 칸토어는 '무한'의 개념을 수학에 도입하여 수학사에 빛나는 업적을 남겼으나 1918년 할레에 있는 정신병원에서 죽게 됩니다(칸토어 덕분에 20세기 모든 수학의 기초가 집합론을 토대로 하는 시도를 하게 됩니다). 칸토어는 29세에 일생에서 가장 중요한 업적인 '집합론'을 발표합니다. 그는 **대상이 명확한 사물의 모임을 집합**이라고 정의하고, "두 집합의 원소 사이에 일대일대응이 존재할 때 두 집합은 같은 농도, 즉 원소의 개수가 같다"라는 정의를 통해 두 유한 집합의

▲ 칸토어 Georg Ferdinand Ludwig Philipp Cantor

원소의 개수를 비교하듯 두 무한 집합에서의 원소의 개수를 비교하는 '농도의 개념'을 도입했습니다. '무수히 많다'라는 애매모호한 무한이라는 개념을 명확하게 하려고 노력했고요. 칸토어의 이

§ I
The Conception of Power or Cardinal Number

By an ''aggregate'' (*Menge*) we are to understand any collection into a whole (*Zusammenfassung zu einem Ganzen*) M of definite and separate objects *m* of our intuition or our thought. These objects are called the ''elements'' of M.

▲ 칸토어가 집합에 대한 정의를 내린 문장이 포함된 구절

론은 크로네커의 반론으로 인정받지 못했지만, 데데킨트의 도움에 힘입어 칸토어의 논문은 마침내 널리 알려지게 됩니다.

현대 수학에서 집합론은 모든 수학의 기초를 확실하게 하는 도구가 되었으며 수학에서 없어서는 안 될 중요한 위치를 차지하게 되었습니다. 그러나 영국의 철학자이자 수학자인 러셀(Bertrand Russell, 1872~1970)[066]은 "모든 집합을 포함하는 집합은 존재하지 않는다"라고 하면서 집합론에 오류가 있다는 것을 발견했습니다. 이러한 모순은 칸토어의 집합에 대한 정의가 완전하지 않았기 때문에 발생한 것이지요.

▲ 러셀 Bertrand Russell

[066] 영국의 철학자·수학자·사회 평론가. 수리 철학, 기호 논리학을 집대성하여 분석 철학의 기초를 쌓았다. 평화주의자로 제1차 세계 대전과 나치에 반대하였으며, 원폭 금지 운동·베트남 전쟁 반대 운동에 앞장섰다. 1950년에 노벨 문학상을 수상하였으며 저서에 『정신의 분석』, 『의미와 진리의 탐구』 등이 있다. 그 밖에 화이트헤드와 함께 논리학을 다룬 『수학의 원리』, 신실재론을 주장한 『철학의 제 문제』 등의 저서가 있다.

▲ 아내와 함께 반핵 행진에 참가한 러셀(By Tony French, CC-BY-SA-3.0)

영국의 수학자 벤(John Venn, 1834~1923)[067]은 1880년에 발표한 한 논문에서 집합 사이의 포함 관계를 설명하는 방법으로 겹치는 원을 이용하였으며, 추상적인 수학을 그림으로 구체화한 다이어그램을 생각해냈습니다. 이것을 '벤 다이어그램'이라고 합니다. 이 그림으로 벤은 수학사에 이름을 남긴 사람이 되었지요.

벤 다이어그램은 현재까지 여러 가지 현상을 체계적으로 일목요연하게 정리하여 나타내는 데 유용하게 쓰이고 있습니다.

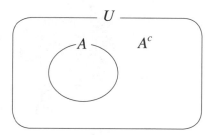

[두 집합 A와 A^C의 관계를 나타낸 벤 다이어그램]

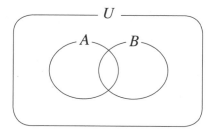

[두 집합 A와 B의 관계를 나타낸 벤 다이어그램]

---

067 영국의 논리학자. 집합의 포함 관계를 나타내는 '벤 다이어그램'으로 유명하다.

1806년 인도에서 태어난 드모르간(Augustus De Mor-gan, 1806~1871)[068]은 영국 사람이지만 아버지가 동인도 회사와 관련된 일을 하고 있었기 때문에 인도에서 태어났어요. 태어나면서부터 한 쪽 눈이 보이지 않았고 다른 사람들과 경쟁하거나 시험을 치르는 것을 싫어했기 때문에 수학 분야에서 학위를 받는 것을 포기하고 자유롭게 많은 시간과 열정을 수학공부에 쏟았습니다. 드모르간은 단 한 편의 수학 관련 논

▲ 드모르간 Augustus De Morgan

문도, 학위도 없었지만 1828년 22세의 나이로 새로 신설된 런던대학 수학 교수가 됩니다. 런던 대학에서 매우 뛰어난 수학 강사로 유명한 드모르간은 여성들의 권리를 공개적으로 지지했던 사람으로서 여성들이 수학을 공부할 수 있도록 노력한 수학자입니다.

드모르간은 "집합들의 합집합의 여집합은 각각의 여집합의 교집합과 같고, 또한 집합들의 교집합의 여집합은 각각의 여집합의 합집합과 같다." 즉, $(A \cup B)^C = A^C \cap B^C$, $(A \cap B)^C = A^C \cup B^C$이라고 했습니다. 이것을 '드모르간의 법칙'이라고 합니다. 이것은 벤 다이어그램을 통해서 쉽게 확인할 수 있습니다. 드모르간은 집합 기호의 기본이 되는 집합의 원소와 집합 사이의 포함관계, 집합의 연산과 관련된 각종 기호를 부호화했습니다. 지금 사용하고 있는 대부분의 집합과 관련된 기호는 바로 드모르간이 제시한 것입니다. 이번 장에서는 집합에 대하여 살펴보겠습니다.

---

068 영국의 수학자·논리학자. 집합 연산의 기초적 법칙인 '드모르간의 법칙'을 발견하였다. 저서에 『대수 원론』, 『대수학의 기초에 대하여』 등이 있다.

집합이란? ———————

어떤 조건에 의하여 대상을 분명하게 정할 수 있을 때, 그 대상들의 모임을 **집합**이라고 합니다. 이때 집합을 이루는 대상 하나하나를 그 집합의 **원소**★라고 합니다. 예를 들어, '5 이하의 자연수의 모임'은 그 대상을 분명하게 정할 수 있으므로 집합이고, 이 집합의 원소는 1, 2, 3, 4, 5입니다. 그러나 '큰 자연수의 모임'은 '크다'라는 조건이 명확하지 않아 그 대상을 분명하게 정할 수 없으므로 집합이라고 할 수 없습니다.

일반적으로 **집합**은 대문자 A, B, C, …로 나타내고, 원소는 소문자 a, b, c, …로 나타냅니다. a가 집합 A의 원소일 때, a는 집합 A에 속한다고 하며, 이것을 기호로 $a \in A$와 같이 나타냅니다. 한편 b가 집합 A의 원소가 아닐 때, b는 집합 A에 속하지 않는다고 하며, 이것을 기호로 $b \notin A$와 같이 나

Reminder ★

집합 특정 조건에 맞는 원소들의 모임. 임의의 한 원소가 그 모임에 속하는지를 알 수 있고, 그 모임에 속하는 임의의 두 원소가 다른가 같은가를 구별할 수 있는 명확한 표준이 있는 것을 이른다.

원소 집합을 이루는 낱낱의 요소. 영어 Element의 첫 글자 E를 기호화하여 $\in$로 쓴다.

1. $a \in A$: a가 집합 A의 원소일 때, a는 집합 A에 속한다.

2. $b \notin A$: b가 집합 A의 원소가 아닐 때, b는 집합 A에 속하지 않는다.

◎ 중학교 1학년 〈집합〉

타냅니다. 즉, 자연수 전체의 집합을 N이라고 하면, 2는 집합 N의 원소이므로 $2 \in N$와 같이 나타내고, -3은 집합 N의 원소가 아니므로 $-3 \notin N$와 같이 나타냅니다.

　집합을 나타내는 방법에 대하여 알아봅시다.

　집합을 나타내는 방법은 크게 세 가지입니다. 첫째, 집합에 속하는 모든 원소를 { }안에 나열하여 집합을 나타내는 방법을 **원소나열법**이라고 합니다. 집합을 원소나열법으로 나타낼 때는 나열하는 순서는 생각하지 않으며 같은 원소는 중복하여 쓰지 않고 한 번만 씁니다. 둘째, 집합의 원소들이 갖는 공통 성질을 조건으로 제시하여 집합을 나타내는 방법을 **조건제시법**이라고 합니다. 예를 들어, 원소나열법으로 표현되어 있는 집합 $\{1, 2, 3, 4, 5\}$를 조건제시법으로 나타내면 $\{x | x$는 5이하의 자연수$\}$입니다. 셋째, 집합을 그림으로 구체화한 다이어그램으로 나타내는 방법으로 **벤 다이어그램**이라고 합니다. 집합 $A = \{1, 2, 3, 4, 5\}$를 벤 다이어그램으로 나타내면 아래 그림과 같습니다.

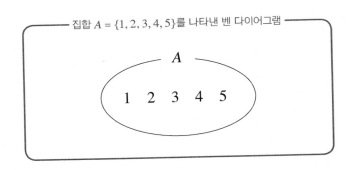
集合 $A = \{1, 2, 3, 4, 5\}$를 나타낸 벤 다이어그램

집합의 종류는 원소의 개수로 구분할 수 있습니다. 원소가 유한개인 집합

▲ 베유 André Weil

을 **유한집합**이라고 하고, 원소가 무수히 많은 집합을 **무한집합**이라고 합니다. 한편 원소가 하나도 없는 집합을 **공집합**이라고 하며 공집합은 기호로 ø과 같이 나타냅니다. 물론 공집합은 유한집합으로 약속합니다. 공집합의 기호 ø은 프랑스의 수학자 베유(André Weil, 1906~1998)[069]가 1939년에 덴마크의 알파벳에서 따온 기호입니다.

유한집합의 원소의 개수를 나타내는 기호도 있습니다. 집합 A가 유한집합일 때, 집합 A의 원소의 개수를 기호로 나타내면 $n(A)$와 같이 나타냅니다. 특히 공집합은 원소가 하나도 없으므로 $n(ø) = 0$입니다. $n(A)$의 n은 개수를 뜻하는 number의 첫 글자입니다.

---

069 프랑스의 수학자이다. 수론과 대수기하학에서 지대한 공헌을 했다. 부르바키 그룹의 창립 멤버였으며, 사실상 초기 리더였다. 철학자 시몬 베유의 오빠이다.

집합

(1) 집합은 대문자 $A, B, C, \cdots$로 나타내고, 원소는 소문자 $a, b, c, \cdots$로 나타낸다.

(2) a가 집합 A의 원소일 때, $a \in A$로 나타내고, 그렇지 않을 때, $a \notin A$로 나타낸다.

(3) 집합을 나타내는 방법

　　1) 원소나열법: { } 속에 원소를 중복되지 않게 차례로 나열하는 방법

　　2) 조건제시법: { } 속에 원소가 가지는 공통 성질을 조건으로 제시하는 방법

　　3) 벤 다이어그램: 그림으로 구체화한 다이어그램으로 나타내는 방법

(4) 유한집합 : 원소가 유한개인 집합

(5) 무한집합 : 원소가 무수히 많은 집합

(6) ∅: 공집합

(7) $n(A)$: 집합 A의 원소의 개수

집합 사이의 포함 관계 ──────

두 집합 사이의 포함 관계에 대하여 살펴봅시다.

두 집합 A, B가 $A = \{1, 2, 3\}$, $B = \{1, 2, 3, 4\}$일 때, A의 모든 원소가 B에 속하므로 **A를 B의 부분집합**이라고 합니다. 이때 "집합 A는 집합 B에 포함된다" 또는 "집합 B는 집합 A를 포함한다"라고 하며, 이것을 기호로 $A \subset B$ 또는 $B \supset A$와 같이 나타냅니다. 한편 집합 A가 집합 B의 부분집합이 아닐 때, 이것을 기호로 $A \not\subset B$ 또는 $B \not\supset A$와 같이 나타냅니다. 기호 $\subset$는 포함이라는 뜻을 가진 영어 Contain의 첫 글자 C를 기호화한 것입니다. 이것을 처음 사용한 사람은 독일의 수학자 슈뢰더(Ernst Schröder, 1841~1902)[070]입니다.

이것을 벤 다이어그램으로 나타내면 아래 그림과 같습니다.

▲ 슈뢰더 Ernst Schröder

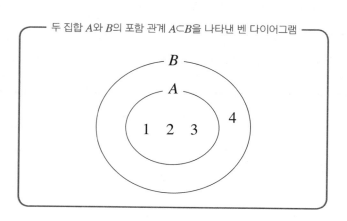

두 집합 A와 B의 포함 관계 $A \subset B$을 나타낸 벤 다이어그램

B

A

1 2 3 4

$$A \subset B : \text{집합 } A\text{의 모든 원소가 집합 } B\text{의 원소일 때,}$$

$$A\text{는 } B\text{의 부분집합이다. (또는, } A\text{는 } B\text{에 포함된다.)}$$

모든 집합은 자기 자신을 부분집합으로 생각합니다. 즉, 집합 A에 대하여 $A \subset A$이라고 합니다. 또한 공집합 ∅은 모든 집합의 부분집합으로 약속합니다. 즉, 집합 A에 대하여 ∅ $\subset A$입니다.

두 집합 A, B에 대하여 두 집합 A, B가 서로의 부분집합이 되는 경우도 있을까요? 즉, 두 집합 A, B에 대하여 $A \subset B$이고 $B \subset A$이면 A와 B는 서로 같다고 하며 이것을 기호로 $A = B$와 같이 나타냅니다. **두 집합이 서로 같으면 두 집합의 모든 원소는 같습니다.**

$$A \subset B\text{이고 } B \subset A\text{이면, } A = B\text{이다.}$$

$$A = B\text{이면, } A \subset B\text{이고 } B \subset A\text{이다.}$$

그럼 두 집합 A, B에 대하여 $A \subset B$이지만 $A \neq B$인 두 집합을 뭐라고 할까요? 부분집합에서 자기 자신을 뺀 나머지 부분집합을 **진부분집합**이라고 합니다. 즉, A를 B의 진부분집합이라고 합니다.

예를 들어, 집합 $A = \{1, 2, 3\}$의 모든 부분집합은

∅, {1}, {2}, {3}, {1, 2}, {1, 3}, {2, 3}, {1, 2, 3}이고,

진부분집합은 ∅, {1}, {2}, {3}, {1, 2}, {1, 3}, {2, 3}입니다.

---

070 독일 칼스루에 출신의 수학자. 저서 『대수적 로직Algebraic Logic』이 유명하다.

유한집합에서 부분집합의 개수를 구하는 방법에 대하여 살펴보겠습니다.

예를 들어, 집합 $\{a, b\}$의 부분집합은

$$\varnothing, \{a\}, \{b\}, \{a, b\} \cdots \text{㉠}$$

입니다. 이들 집합에 원소를 하나씩 넣으면

$$\{c\}, \{a, c\}, \{b, c\}, \{a, b, c\} \cdots \text{㉡}$$

가 되는데, 이때 ㉠과 ㉡는 모두 집합 $\{a, b, c\}$의 부분집합입니다. 즉, 기존의 부분집합에 새로운 원소를 하나씩 넣을 때마다 부분집합의 개수는 2배로 늘어나는 것을 알 수 있습니다.

따라서, 다음이 성립합니다.

(1) $\varnothing$의 부분집합은 $\varnothing$이므로 1개입니다.

(2) $\{a\}$의 부분집합은 $\varnothing$, $\{a\}$이고, 이것은 기존의 부분집합 $\varnothing$에 새로운 원소 a를 넣은 것으로 보면 부분집합의 개수는 2배로 늘어나므로 $1 \times 2 = 2$개입니다.

(3) $\{a, b\}$의 부분집합은 $\varnothing$, $\{a\}$, $\{b\}$, $\{a, b\}$이고, 위와 같은 방법으로 $2 \times 2 = 2^2$개입니다.

(4) $\{a, b, c\}$의 부분집합은 $\varnothing$, $\{a\}$, $\{b\}$, $\{c\}$, $\{a, b\}$, $\{a, c\}$, $\{b, c\}$, $\{a, b, c\}$이고, 위와 같은 방법으로 $2^2 \times 2 = 2^3$개입니다.

이것을 일반화하면 다음과 같습니다.

원소가 k개인 집합의 부분집합은 2^k개다.

즉, 집합 A의 부분집합의 개수는 $2^{n(A)}$이다.

합집합과 교집합 —————

두 집합 A, B에 대하여 A에 속하거나 B에 속하는 모든 원소로 이루어진 집합을 **A와 B의 합집합**이라고 하며, 이것을 기호로 $A \cup B$와 같이 나타냅니다.

합집합을 조건제시법으로 나타내면 $A \cup B = \{x | x \in A$ 또는 $x \in B\}$이고, 합집합을 벤 다이어그램으로 나타내면 다음과 같습니다.

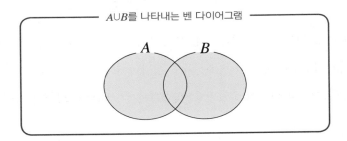

$A \cup B$를 나타내는 벤 다이어그램

또, 두 집합 A, B에 대하여 A에도 속하고 B에도 속하는 모든 원소로 이루어진 집합을 **A와 B의 교집합**이라고 하며, 이것을 기호로 $A \cap B$와 같이 나타냅니다. 교집합을 조건제시법으로 나타내면 $A \cap B = \{x | x \in A$ 그리고 $x \in B\}$이고, 교집합을 벤 다이어그램으로 나타내면 다음과 같습니다.

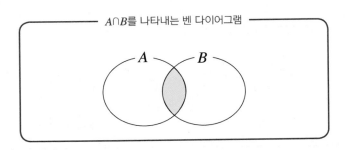

$A \cap B$를 나타내는 벤 다이어그램

두 집합 A, B와 두 집합 A, B의 합집합과 교집합의 포함관계는 벤 다이어그램을 통하여 쉽게 알 수 있습니다.

즉, $A\cap B$를 나타내는 벤 다이어그램  에서 $(A\cap B)\subset A$임을 알 수 있고,

$A\cup B$를 나타내는 벤 다이어그램 에서

$A\subset(A\cup B)$임을 알 수 있습니다. 따라서 $(A\cap B)\subset A\subset(A\cup B)$가 성립합니다. 마찬가지로 $(A\cap B)\subset B\subset(A\cup B)$도 성립합니다.

즉, **교집합은 각 집합에 포함되고, 합집합은 각 집합을 포함**합니다.

수의 계산에 사칙연산이 있듯이 집합에는 합집합과 여집합을 집합의 계산에서 연산처럼 생각할 수 있습니다. 합집합에서는 다음과 같은 여러 가지 성질들이 성립합니다. 이 성질들은 벤 다이어그램을 통하여 쉽게 알 수 있습니다.

(1) 교환법칙 $A\cup B = B\cup A$

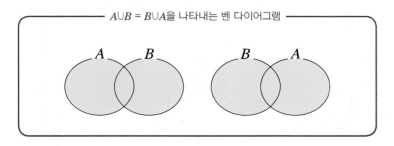

$A\cup B = B\cup A$을 나타내는 벤 다이어그램

(2)결합법칙 $(A \cup B) \cup C = A \cup (B \cup C)$

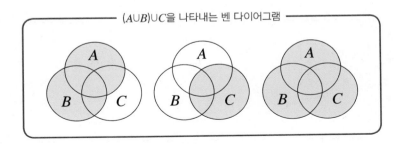

$(A \cup B) \cup C$을 나타내는 벤 다이어그램

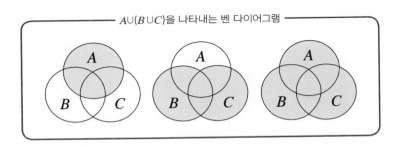

$A \cup (B \cup C)$을 나타내는 벤 다이어그램

위와 마찬가지로 교집합에 대한 교환법칙, 결합법칙이 성립합니다.

(3) 교환법칙 $A \cap B = B \cap A$

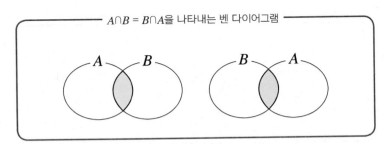

$A \cap B = B \cap A$을 나타내는 벤 다이어그램

(4)결합법칙 $(A \cap B) \cap C = A \cap (B \cap C)$

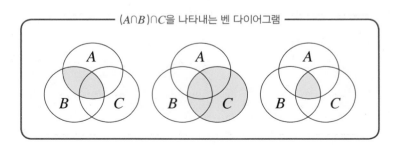

(A∩B)∩C을 나타내는 벤 다이어그램

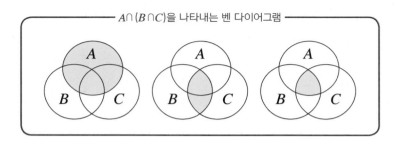

A∩(B∩C)을 나타내는 벤 다이어그램

합집합과 교집합에 대한 분배법칙도 성립합니다.

(5)분배법칙 $A \cap (B \cup C) = (A \cap B) \cup (A \cap C)$

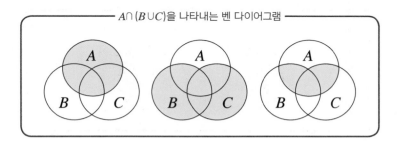

A∩(B∪C)을 나타내는 벤 다이어그램

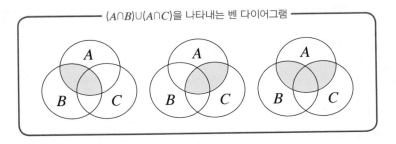

──── $(A∩B)∪(A∩C)$을 나타내는 벤 다이어그램 ────

(6) 분배법칙 $A∪(B∩C) = (A∪B)∩(A∪C)$

(6)과 유사한 또 다른 분배법칙이 성립함을 여러분은 벤 다이어그램을 그려서 꼭 확인해보세요.

이 밖에 집합에서 중요한 여러 가지 성질들을 정리해봅시다.

ATTENTION

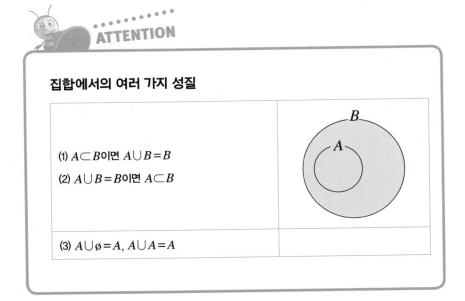

집합에서의 여러 가지 성질

(1) $A⊂B$이면 $A∪B=B$ (2) $A∪B=B$이면 $A⊂B$	
(3) $A∪∅=A$, $A∪A=A$	

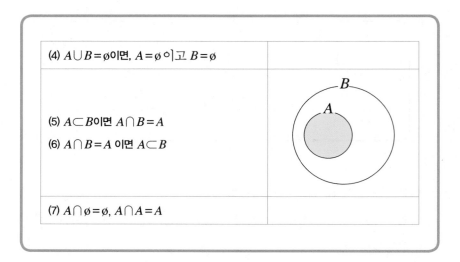

(4) $A \cup B = \emptyset$이면, $A = \emptyset$이고 $B = \emptyset$	
(5) $A \subset B$이면 $A \cap B = A$ (6) $A \cap B = A$ 이면 $A \subset B$	
(7) $A \cap \emptyset = \emptyset$, $A \cap A = A$	

집합 A와 B가 같은 원소를 하나도 갖지 않을 때, 즉 $A \cap B = \emptyset$일 때, **A와 B를 서로소인 집합**이라고 합니다. 서로소인 집합을 벤 다이어그램으로 나타내면 다음과 같습니다.

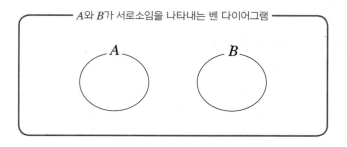

두 유한집합의 합집합과 교집합의 원소의 개수 사이의 관계를 알아봅시다. 두 집합 A와 B의 원소의 개수가 그림과 같다.

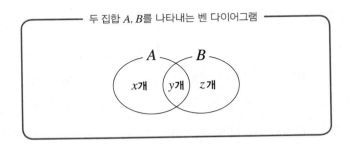

두 집합 A, B를 나타내는 벤 다이어그램

$n(A \cup B) = x + y + z = (x + y) + (y + z) - y = n(A) + n(B) - n(A \cap B)$이므로

$n(A \cup B) = n(A) + n(B) - n(A \cap B)$이다.

즉, 두 유한집합 A, B에 대하여 합집합 $A \cup B$의 원소의 개수를 구하기 위하여 집합 A의 원소의 개수와 집합 B의 원소의 개수를 더하면, 교집합 $A \cap B$의 원소의 개수가 두 번 더해지므로 교집합 $A \cap B$의 원소의 개수를 한 번 빼주어야 합니다.

특히, 그림처럼 A와 B가 서로소일 때는

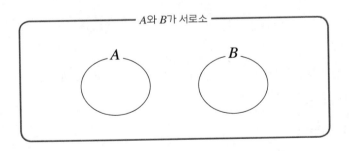

A와 B가 서로소

$n(A \cup B) = n(A) + n(B) - n(A \cap B)$에서 $n(A \cap B) = 0$이므로

$n(A \cup B) = n(A) + n(B)$가 성립합니다.

여집합과 차집합 ————————

어떤 집합에 대하여 그 부분집합을 생각할 때, 처음의 집합을 **전체집합**이라고 하고, 보통 U로 나타냅니다. U는 전체를 나타내는 universal의 첫 글자입니다. 전체집합 U의 부분집합 A에 대하여 U의 원소 중에서 A에 속하지 않는 모든 원소로 이루어진 집합을 **U에 대한 A의 여집합**이라고 하며, 이것을 기호로 A^c와 같이 나타냅니다. A^c의 C는 여집합을 뜻하는 complement의 첫 글자입니다. 전체집합 U에 대한 A의 여집합을 조건제시법으로 나타내면 $A^c = \{x \mid x \in U$ 그리고 $x \notin A\}$이고, 벤 다이어그램으로 나타내면 다음과 같습니다.

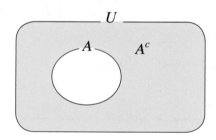

위의 벤 다이어그램을 통하여 다음과 같은 성질을 쉽게 알 수 있습니다.

(1) $A \cap A^c = \varnothing$

(2) $A \cup A^c = U$

(3) $(A^c)^c = A$

(4) $n(A) + n(A^c) = n(U)$

이 밖에도 중요한 여집합에 관한 성질들을 정리해봅시다.

ATTENTION

여집합에 관한 여러 가지 성질

(1) $A \subset B$이면 $B^C \subset A^C$이다.	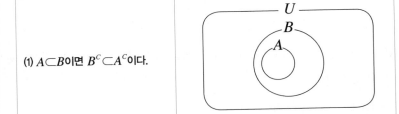
(2) $U^C = \varnothing$ (3) $\varnothing^C = U$	
(4) $A \cap B = \varnothing$이면 $A \subset B^C$이다.	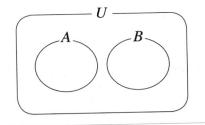

두 집합 A, B에 대하여 A에 속하지만 B에는 속하지 않는 원소로 이루어진 집합을 **A에 대한 B의 차집합**이라 하고, 이것을 기호로 $A - B$와 같이 나타냅니다. 집합 A에 대한 B의 차집합 $A - B$을 조건제시법으로 나타내면 $A - B = \{x \,|\, x \in A$ 그리고 $x \notin B\}$이고, 벤 다이어그램으로 나타내면 다음과 같습니다.

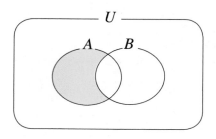

집합 A에 대한 B의 차집합 $A-B$의 조건제시법에서 다음과 같은 사실을 알 수 있습니다.

$$A-B = \{x | x \in A \text{ 그리고 } x \notin B\}$$
$$= \{x | x \in A \text{ 그리고 } x \in B^c\}$$
$$= A \cap B^c$$

즉, $A-B = A \cap B^c$입니다.

위의 벤 다이어그램을 통하여 다음과 같은 성질을 쉽게 알 수 있습니다.

(1) $A = (A-B) \cup (A \cap B)$

(2) $B = (B-A) \cup (A \cap B)$

(3) $A \cup B = (A-B) \cup (A \cap B) \cup (B-A)$

이 밖에 차집합에 관한 중요한 성질들을 정리해봅시다.

차집합에 관한 여러 가지 성질

(1) $A{\subset}B$이면 $A-B=\varnothing$이다.	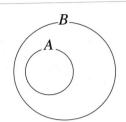
(2) $A{\cap}B=\varnothing$이면 $A-B=A$이다. (3) $A{\cap}B=\varnothing$이면 $B-A=B$이다.	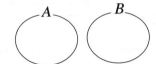
(4) 두 집합 A, B가 서로소일 때 $\quad n(A{\cup}B)$ $\quad = n(A) + n(B) - n(A{\cap}B)$ 이므로 $\quad n(A-B) = n(A) - n(A{\cap}B)$ $\quad = n(A{\cup}B) - n(B)$이다.	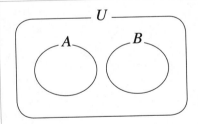
(5) $A-A=\varnothing$ (6) $A-\varnothing=A$ (7) $\varnothing-A=\varnothing$ (8) $A-U=\varnothing$ (9) $U-A=A^{c}$	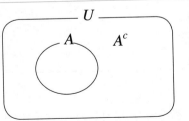

영국 수학자 드모르간이 발견한 드모르간의 법칙에 대하여 살펴봅시다.

전체집합 U의 두 부분집합 A, B에 대하여

$(A \cap B)^c = A^c \cup B^c$가 성립함을 벤 다이어그램을 이용하여 확인해봅시다.

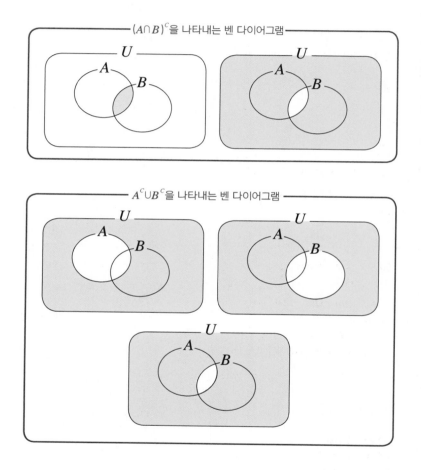

또 하나의 드모르간의 법칙 $(A \cup B)^c = A^c \cap B^c$은 여러분이 벤 다이어그램을 그려서 직접 확인해보세요.

1. 집합

어떤 조건에 의하여 대상을 분명하게 정할 수 있을 때, 그 대상들의 모임이다. 집합을 표현하는 세 가지 방법으로 원소나열법, 조건제시법, 벤 다이어그램이 있다. 그중에서 조건제시법으로 표현된 집합은 원소나열법으로 바꿔서 표현해보아야 한다.

2. 집합 A의 원소의 개수는 기호로 $n(A)$와 같이 나타내며, 집합 A의 부분집합의 개수는 $2^{n(A)}$이다.

3. 합집합, 교집합, 여집합, 차집합에 대한 조건제시법

$A \cup B = \{x \,|\, x \in A \text{ 또는 } x \in B\}$

$A \cap B = \{x \,|\, x \in A \text{ 그리고 } x \in B\}$

$A^c = \{x \,|\, x \in U \text{ 그리고 } x \notin A\}$

$A - B = \{x \,|\, x \in A \text{ 그리고 } x \notin B\}$

4. 합집합과 교집합에 대한 연산법칙

복잡한 집합의 표현을 간단히 할 때 사용되므로 꼭 기억한다.

(1) 교환법칙 $A \cup B = B \cup A$

교환법칙 $A \cap B = B \cap A$

(2) 결합법칙 $(A \cup B) \cup C = A \cup (B \cup C)$

결합법칙 $(A \cap B) \cap C = A \cap (B \cap C)$

(3) 분배법칙 $A \cap (B \cup C) = (A \cap B) \cup (A \cap C)$

분배법칙 $A \cup (B \cap C) = (A \cup B) \cap (A \cup C)$

5. 유한집합의 합집합과 교집합의 원소의 개수 사이의 관계식

$n(A \cup B) = n(A) + n(B) - n(A \cap B)$이고, 특히 A와 B가 서로소일 때는 $n(A \cap B) = 0$이므로 $n(A \cup B) = n(A) + n(B)$이다.

❶ 집합 $A = \{a, b, \{a, b\}\}$에 대하여 다음 중 옳지 않은 것은?

① $a \in A$ ② $\{a, b\} \in A$ ③ $\{b\} \in A$

④ $\{a, b\} \subset A$ ⑤ $\{a, b, \{a, b\}\} \subset A$

풀이 $A = \{a, b, \{a, b\}\}$이므로 $\{a, b\}$는 집합 $\{a, b\}$의 원소도 되고 부분집합도 된다. 그러나 $\{b\}$는 A가 원소가 아니므로 $\{b\} \notin A$이다.

❷ 전체집합 U의 공집합이 아닌 두 부분집합 A, B에 대하여 $A - B = A$일 때, 다음 중 항상 성립하는 것은?

① $A \cap B = A$ ② $A \cap B = \varnothing$ ③ $A \cup B = A$

④ $A \cup B = B$ ⑤ $A \cup B = U$

풀이 $A - B = A$이므로 A와 B는 서로소이다.

$\therefore A \cap B = \varnothing$

❸ 전체집합 $U = \{x | x$는 20 이하의 자연수$\}$의 세 부분집합 $A = \{x | x$는 18의 약수$\}$, $B = \{x | x$는 12의 약수$\}$, $C = \{x | x$는 6의 약수$\}$에 대하여 다음 중 옳은 것은?

① $A \cup C = U$ ② $A \cap B = C$ ③ $A \cup B^c = C$

④ $A - C = B$ ⑤ $B - C = \emptyset$

풀이 주어진 집합을 조건제시법으로 나타내면 $U = \{1, 2, 3, \cdots 20\}$, $A = \{1, 2, 3, 6, 9, 18\}$, $B = \{1, 2, 3, 4, 6, 12\}$, $C = \{1, 2, 3, 6\}$이므로

① $A \cup C = A$

② $A \cap B = C$

③ $A \cup B^c = (A^c \cap B)^c = U - (A^c \cap B)$

$$= U - \{4, 12\}$$

④ $A - C = \{9, 18\}$

⑤ $B - C = \{4, 12\}$

❹ 세 집합 A, B, C의 관계가 다음 벤 다이어그램과 같을 때, 다음 중 어두운 부분을 나타내는 집합은?

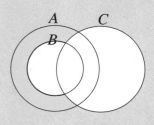

① $(A - C) \cap B$ ② $(A - C) \cup B$ ③ $(A \cup B) - C$

④ $(A - B) \cap C$ ⑤ $(A - B) - C$

풀이

① $(A-C)\cap B$

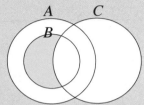

② $(A-C)\cup B$

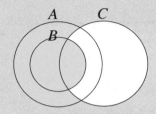

③ $(A\cup B)-C$

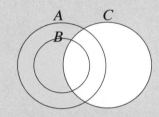

④ $(A-B)\cap C$

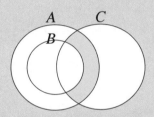

⑤ $(A-B)-C$

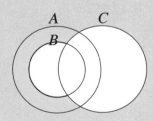

따라서 어두운 부분이 나타내는 것은 ⑤이다.

❺ 전체집합 U의 두 부분집합 A, B에 대하여 항상 옳은 것만을 〈보기〉에서 있는 대로 고른 것은?

〈보기〉

ㄱ. $A^c \cap B = B \cap A^c$

ㄴ. $(A^c \cup B)^c = A \cup B^c$

ㄷ. $(A - B)^c = B - A$

① ㄱ   ② ㄴ   ③ ㄱ, ㄴ

④ ㄱ, ㄷ   ⑤ ㄴ, ㄷ

풀이   ㄱ. 교환법칙에 의하여 $A^c \cap B = B \cap A^c$(참)

ㄴ. 드모르간의 법칙에 의하여 $(A^c \cup B)^c = A \cap B^c$ (거짓)

ㄷ. $(A - B)^c = (A \cap B^c)^c = A^c \cup B$이고 $B - A = B \cap A^c$이므로

$\therefore (A - B)^c \neq B - A$(거짓)

❻ 전체집합 $U = \{1, 2, 3, 4, 5\}$의 공집합이 아닌 부분집합 중 모든 원소의 곱이 짝수인 부분집합의 개수를 구하시오.

풀이   모든 원소의 곱이 짝수인 집합이려면 그 집합의 원소 중 적어도 하나는 짝수이어야 한다. 집합 U의 공집합이 아닌 부분집합의 개수는

$2^5 - 1 = 32 - 1 = 31$

집합 U의 공집합이 아닌 부분집합 중에서 모든 원소가 홀수인 집합의 개수는 $2^3 - 1 = 8 - 1 = 7$

따라서 구하는 부분집합의 개수는 $31 - 7 = 24$이다.

13강

지수

 **Intro**

　현대 사회를 살아가는 우리는 일상생활에서 매우 큰 수 혹은 매우 작은 수를 쉽게 접할 수 있습니다. 컴퓨터에서는 정보의 처리량 또는 메모리 용량을 나타내기 위해서 GB(기가바이트), 혹은 TB(테라바이트) 등 매우 큰 수를, 컴퓨터의 정보처리 속도를 나타내기 위해 μs(마이크로초), ns(나노초) 등의 매우 작은 숫자를 접하게 됩니다. 1TB(테라바이트)는 13자리 숫자로 1,099,511,627,776(byte)입니다. 또한 1ns(나노초)는 $\dfrac{1}{1000000000}$초를 나타냅니다. 세상이 점점 더 복잡해지고 정보의 양이 많아지면서 컴퓨터의 메모리 단위는 점점 커지고 있고 정보 처리 속도는 점점 빨라지고 있습니다. 그런데 매번 이렇게 매우 크거나 매우 작은 수를 적절한 기호를 사용하지 않고 그대로 표현한다면 얼마나 불편할까요? 가령 전자의 질량은 0.000000000000000000000000000910955(g)이라고 합니다. 매번 전자의 질량을 이 표현 그대로 사용한다면 정말 번거로울 것입니다. 사실 선생님조차도 0의 개수를 제대로 썼는지 조심스럽지 않을 수 없습니다. 이러한 불편함을 덜기 위해서 사람들은 '거듭제곱'이라는 표현방법을 생각했습니다. 그래서 1TB = 2^{40}Byte, 1ns = 10^{-9}초, 0.000000000000000000000000000910955 (g) = $9.10955 \times \dfrac{1}{10^{28}}$(g)와 같이 표현하는 것을 약속했습니다. 거듭제곱은

같은 수나 문자를 일정한 횟수만큼 반복해서 곱한 것입니다. 우리는 이번 단원에서 이러한 거듭제곱으로 표현된 수에서 시작된 '지수'에 대한 개념과 그와 관련된 여러 가지 성질을 배울 것입니다. 궁금하지요? 자, 그럼 이제 한걸음씩 나아가볼까요?

지수란 무엇일까?

앞서 말했듯이 **거듭제곱**이란 같은 수나 문자를 거듭해서 곱하는 것으로 예를 들어, 2를 10번 곱하는 경우 $2 \times 2 \times 2 \times 2 \times 2 \times 2 \times 2 \times 2 \times 2 \times 2$을 2^{10}과 같이 표현할 수 있습니다. 이때 **곱하는 수 2를 밑**이라 하고, **곱한 횟수**를 나타내는 10을 **지수**라고 부릅니다. 이러한 사실을 일반화하여 임의의 실수 a와 임의의 자연수 m에 대하여 a^m은 a를 m번 곱한 값 즉, $a^m = a \times a \times a \times \cdots \times a$의 뜻을 가진 수를 나타내는 것으로 약속했으며 이때, a를 밑, m을 지수라고 부릅니다. 이러한 거듭제곱의 정의를 이해하면 우리는 다음과 같은 〈지수법칙(1)〉을 잘 이해할 수 있을 것입니다. 이 내용은 앞서 '다항식의 곱셈'에서 이미 학습했기 때문에 자세한 설명은 생략하겠습니다.

ATTENTION

지수법칙(1)

실수 a, b와 자연수 m, n에 대하여,

$$(1)\ a^m \times a^n = a^{m+n} \qquad (2)\ (a^m)^n = a^{mn}$$

$$(3)\ (ab)^n = a^n b^n \qquad (4)\ \left(\frac{b}{a}\right)^n = \frac{b^n}{a^n} \ (\text{단},\ a \neq 0)$$

$$(5)\ a^m \div a^n = \frac{a^m}{a^n} = \begin{cases} a^{m-n} & (m > n) \\ 1 & (m = n) \\ \dfrac{1}{a^{n-m}} & (m < n) \end{cases} (\text{단},\ a \neq 0)$$

거듭제곱의 의미를 가진 a^b과 같은 지수 기호를 사용하기 시작한 것은 그리 오래되지 않았습니다. 불과 400여 년 전만 해도 x^3과 같은 표현이 일 반적이지 않았다고 해요. 약 15세기까지도 지수에 관련된 수학적인 표현 방법은 말로 풀어서 쓰는 형태였다고 하는데, x^3은 'x를 3번 곱한 값'과 같 이 문장 형태로 표현했겠지요? 심지어 '+', '−'와 같은 간단한 기호도 1514 년 네덜란드의 수학자 호이케(Giel Vander Hoecke)에 의하여 사용[071]되었다 고 합니다(그 이전 사용되었을 수도 있으나 현재로서는 호이케의 사용을 최초로 인정 하고 있습니다).

16세기 프랑스의 수학자 비에트는 현대적 수학의 기호 표현법 사용에 큰 영향을 미쳤는데 모음들을 미지수로, 자음들을 이미 알고 있는 수로 표현하는 데 사용했습니다. 비에트는 현재 사용하는 x, x^2, x^3 등을 *A, A quadratum, A cubum*과 같이 복잡하게 나타냈습니다. 17세기 데카르트에

071 『수학의 위대한 순간들』, Howard Eves 지음, 허민·오혜영 공역, 경문사

의하여 오늘날의 x, x^2, x^3과 같은 표현이 비로소 등장하게 되었고 오일러에 의하여 $f(x)$, Σ 등의 현대적인 수학적 기호가 많이 도입되게 됩니다. **수학에서 사용하는 기호**는 수학적 개념을 함축한 일종의 '언어'로써 매우 중요한 역할을 합니다.

스토리 수학

지수라는 이름을 처음으로 사용한 슈티펠

▲ 슈티펠 Michael Stifel

거듭제곱을 나타내는 '지수(exponent)'라는 용어는 독일의 천주교 사제이자 수학자인 슈티펠(Michael Stifel, 1487~1567)이 1544년에 출판한 『산술백과 *Arithmeica integra*』에서 처음으로 언급되었다. 이 책은 유리수, 무리수 및 대수학의 세 부분으로 구성되어 있다. 16세기 독일의 가장 뛰어난 수학자로 이름을 떨쳤던 성직자 슈티펠은 종교계의 부패에 맞서다가 수도원에서 쫓겨났으나 종교 개혁가인 마르틴 루터(Martin Luther, 1483~1546)의 도움을 받아 종교 개혁에 앞장서게 되었다고 한다.

또한 그는 숫자 신비주의에 매료되어 성경을 연구하다가 1533년 10월 18일에 세상의 종말이 올 것이라고 예언했으나 이 예언이 빗나가는 바람에 화가 난 소작인들을 피해 스스로 감옥에 갇혀 있기도 했다.

▲ 슈티펠 우표

▲ 산술백과의 타이틀 페이지

지수의 확장_ 정수 지수 ─────────

지금껏 여러분은 a^m과 같은 표현에서 m은 자연수로 제한하여 공부했습니다. 앞서 살펴보았듯이 $\left(\dfrac{1}{2}\right)^2 = \dfrac{1}{2} \times \dfrac{1}{2}$ 을 의미하는 것이지요. 그런데 m이 자연수가 아닐 때는 어떻게 될까요? 가령 예를 들어 3^{-1}과 같은 수는 무슨 뜻일까요? 또 3^0은 얼마일까요? 앞서 공부한 것처럼 의미를 두자면 3^{-1}은 3을 −1번 곱한다는 뜻이고 3^0은 3을 0번 곱한다는 뜻인데 도대체 이게 무슨 소리지요? 이 장에서는 이처럼 지수가 자연수가 아닌 정수인 경우 이런 수의 의미와 이와 관련된 여러 가지 성질들을 살펴볼 것입니다.

지수가 자연수가 아닌 정수인 경우는 그 수의 의미를 거듭제곱과 같은 뜻으로 사용하지 않습니다. 즉, **지수가 자연수가 아닌 정수인 경우는 지수가 자연수일 때와 다르게 기호의 뜻을 정의합니다.** 정의한다는 말이 무슨 뜻인지 이해하지요? 정의한다는 것은 어떠한 사실을 약속한다는 것입니다. m이 자연수일 때 a^m이 $a \times a \times \cdots \times a$인 이유는 우리가 그렇게 약속했기 때문입니다. 이것을 정의했다고 하지요. 이제 지수가 자연수가 아닌 정수일 때 a^m의 뜻을 정의할 것입니다.

ATTENTION

정수 지수의 정의

0이 아닌 실수 a와 자연수 m에 대하여 $a^0 = 1$, $a^{-m} = \dfrac{1}{a^m}$

위의 정의대로라면 3^{-1}은 무슨 뜻인가요? 예, $3^{-1} = \dfrac{1}{3}$ 입니다. 그리고 $3^0 = $ 1을 뜻하는 것입니다. 여기서 **주의할 것은 0^0이나 0^{-2}과 같이 밑이 0이 되는 경우는 약속하지 않는다**는 것입니다. 정의대로라면 $0^{-2} = \dfrac{1}{0^2}$일 텐데, $0^2 = 0$ 이 되고 분모가 0인 수가 되어 모순이 되지요? 그래서 **자연수가 아닌 정수 지수는 밑이 0이 아니라는 사실**을 반드시 주의해야 합니다.

그런데 자연수가 아닌 정수인 지수에 대하여 이처럼 정의하는 것이 과연 적절한 것일까요? 미리 정의한 거듭제곱의 개념에 입각하여 적절성을 생각해보겠습니다.

자연수 지수인 경우 지수법칙 $a^m \times a^n = a^{m+n}$을 생각해봅시다. 이때 $m = $ 0인 경우 즉, $a^0 \times a^n = a^{0+n}$일 때 우변은 $a^{0+n} = a^n$이지요? 결론적으로 $a^0 \times a^n = a^n$이 됩니다. 이제 양변을 a^n으로 나누어볼까요? 그러면 $a^0 = 1$이라는 결과를 얻게 되지요? 어떤가요? $a^0 = 1$로 정의하는 것은 매우 적절해 보이지 않나요?

이제 $a^{-m} = \dfrac{1}{a^m}$의 경우도 생각해봅시다. 위의 경우와 마찬가지로 지수법칙 $a^m \times a^n = a^{m+n}$을 생각해보겠습니다. 이 식에서 $n = -m$이면 $a^m \times a^{-m} = $ $a^{(m-m)}$이지요? 그런데 우변은 $a^{(m-m)} = a^0$이고 $a^0 = 1$이라 정의했으니 $a^m \times a^{-m} = 1$이 됩니다. 이제 양변을 a^m으로 나누겠습니다. 그러면 $a^{-m} = \dfrac{1}{a^m}$ 이 됩니다. 어떤가요? 이 경우도 $a^0 = 1$로 정의한 것과 마찬가지로 a^{-m} $= \dfrac{1}{a^m}$로 정의한 것이 매우 적절해 보이지요? 자연수 이외의 정수 지수에 대한 확장은 단순히 자연수 이외의 정수 지수에 대한 호기심에서 비롯되었을 수도 있지만, 어쩌면 이와 같은 산술적인 계산 과정에서 그 필요성이 발견되었는지도 모르겠습니다. 아무튼 $a^0 = 1$, $a^{-m} = \dfrac{1}{a^m}$로 정의하는 것은 앞서 정의한 거듭제곱의 정의와 〈지수법칙(1)〉과 아무런 충돌 없이 자연스럽게 이어지니 매우 적절한 정의라고 생각됩니다. 이처럼 어떤 개념을 새롭게 정의할 때는 이미 기존에 만들어진 개념과 모순이 생기지 않도록 해야 합니다. 이런 경우 수학자들은 '잘 정의했다(well-defined)'라고 표현합니다.

구체적인 수의 계산을 통하여 정수 지수로의 확장에 대한 이해를 좀 더 해보겠습니다. $(-2)^{-3}$의 값은 얼마일까요? 위의 정의에 따르면 $(-2)^{-3} = \dfrac{1}{(-2)^3}$ 이지요? 이때 분모 $(-2)^{-3} = -8$이니 $(-2)^{-3} = -\dfrac{1}{8}$인 것입니다.

한 문제 더 풀어볼까요? $\left(-\dfrac{2}{3}\right)^{-2}$의 값은 얼마일까요? 이 값을 구하는 과정을 한번에 써보겠습니다.

$\left(-\dfrac{2}{3}\right)^{-2} = \dfrac{1}{\left(-\dfrac{2}{3}\right)^2} = \dfrac{1}{\dfrac{4}{9}} = \dfrac{9}{4}$ 입니다. 위의 계산 과정에서 $\dfrac{1}{\dfrac{4}{9}}$와 같이 표현된

수를 **번분수**라고 합니다. 유리함수 단원에서 공부했을 것입니다. 분수의 분모, 분자 중 적어도 하나가 분수인 복잡한 분수를 말합니다. 위에서 $\dfrac{1}{\dfrac{4}{9}}$는 $\dfrac{4}{9}$의 역수를 말하는 것이니 $\dfrac{1}{\dfrac{4}{9}} = \dfrac{9}{4}$임을 이해하는 것이 어렵지 않을 것이라고 생각됩니다. 그런데 여러분은 $(-2)^{-3} = -\dfrac{1}{8}$임을 이해하는 것뿐만 아니라 역으로 $-\dfrac{1}{8} = (-2)^{-3}$ 혹은 $-\dfrac{1}{8} = -2^{-3}$임을 알 수 있어야 합니다. 즉, $a^{-m} = \dfrac{1}{a^m}$**을 양방향으로 모두 사용할 수 있음을 명심하기 바랍니다.**

정수 지수로의 확장으로 우리는 유리수를 다른 방법으로 표현할 수 있게 되었습니다. $0.125 = \dfrac{1}{8} = 2^{-3}$인 것과 $\dfrac{9}{4} = \left(-\dfrac{2}{3}\right)^{-2}$ 등과 같은 예를 앞서 살펴보았습니다. 그러면 이처럼 지수가 정수로 확장된 경우에도 앞서 배운 〈지수법칙(1)〉이 성립할까요? 〈지수법칙(1)〉에서 실수 a, b에 대하여 m, n이

자연수가 아닌 정수인 경우 지수법칙이 성립하는지 생각해봅시다.

먼저 (1) $a^m \times a^n = a^{m+n}$의 경우를 생각해보겠습니다.

우선 m과 n이 모두 0이면 $a^m = 1$, $a^n = 1$이고 $m + n = 0$이므로 $a^{m+n} = a^0 = 1$이 되어 $a^m \times a^n = 1 = a^{m+n}$이 성립합니다. …… ㉠

이제 m과 n이 모두 음의 정수인 경우를 생각해봅시다. 예를 들면 $2^{-2} \times 2^{-3}$와 같은 경우이지요? 이것은 $2^{-2} = \dfrac{1}{2^2} = \left(\dfrac{1}{2}\right)^2$, $2^{-3} = \dfrac{1}{2^3} = \left(\dfrac{1}{2}\right)^3$ 이므로 $2^{-2} \times 2^{-3} = \left(\dfrac{1}{2}\right)^2 \times \left(\dfrac{1}{2}\right)^3$입니다. 그런데 〈지수법칙(1)〉에 의해서 $\left(\dfrac{1}{2}\right)^2 \times \left(\dfrac{1}{2}\right)^3 = \left(\dfrac{1}{2}\right)^{2+3} = \left(\dfrac{1}{2}\right)^5 = 2^{-5}$ 임을 알 수 있지요? 결론적으로 $2^{-2} \times 2^{-3} = 2^{(-2)+(-3)}$이 성립한다는 것입니다. 이러한 사실을 일반화해봅시다. $a^m \times a^n$에서 $m = -m'$, $n = -n'\,(m' > 0,\ n' > 0)$이라 생각합시다. 그러면

$$a^m \times a^n = a^{-m'} \times a^{-n'} = \left(\dfrac{1}{a}\right)^{m'} \times \left(\dfrac{1}{a}\right)^{n'} = \left(\dfrac{1}{a}\right)^{m'+n'} = a^{-m'-n'} = a^{(-m')+(-n')} = a^{m+n}$$

이 성립함을 알 수 있습니다. …… ㉡

㉠, ㉡에 의하여 실수 a, b에 대하여 m, n이 자연수가 아닌 정수인 경우 지수법칙 (1) $a^m \times a^n = a^{m+n}$이 성립함을 알 수 있습니다.

이와 같은 방식으로 실수 a, b에 대하여 m, n이 자연수가 아닌 정수인 경우에 〈지수법칙(1)〉의 (2)~(4)가 모두 성립하는 것을 확인할 수 있습니다. 이것은 여러분이 직접 증명해본 다음 아래 증명 과정과 비교해보기 바랍니다.

(2)에 대한 증명

$(a^m)^n$에서 $m=-m'$, $n=-n'(m'>0, n'>0)$이라 생각하자. 그러면

$$(a^m)^n = \left(\frac{1}{a^{m'}}\right)^{-n'} = \frac{1}{\left(\frac{1}{a^{m'}}\right)^{n'}} = \frac{1}{\frac{1}{(a^{m'})^{n'}}} = (a^{m'})^{n'} = a^{m'n'} = a^{(-m)(-n)} = a^{mn}$$

따라서, $(a^m)^n = a^{mn}$

(3)에 대한 증명

$(ab)^n$에서 $n=-n'(n'>0)$이라 생각하자. 그러면

$$(ab)^n = (ab)^{-n'} = \frac{1}{(ab)^{n'}} = \frac{1}{a^{n'}b^{n'}} = \frac{1}{a^{n'}}\cdot\frac{1}{b^{n'}} = a^{-n'}b^{-n'} = a^n b^n$$

(4)에 대한 증명

$\left(\dfrac{b}{a}\right)^n$(단, $a\neq 0$)에서 $n=-n'(n'>0)$이라 생각하자. 그러면

$$\left(\frac{b}{a}\right)^n = \left(\frac{b}{a}\right)^{-n'} = \frac{1}{\left(\frac{b}{a}\right)^{n'}} = \frac{1}{\frac{b^{n'}}{a^{n'}}} = \frac{a^{n'}}{b^{n'}} = \frac{b^{-n'}}{a^{-n'}} = \frac{b^n}{a^n}$$

그런데 자연수 지수가 아닌 정수 지수의 확장으로 인해 아래와 같은 〈지수법칙(1)〉의 (5)번은 m과 n의 대소 관계에 상관없이 $a^m \div a^n = a^{m-n}$으로 일반화시킬 수 있다는 사실을 알 수 있습니다.

$$a^m \div a^n = \frac{a^m}{a^n} = \begin{cases} a^{m-n} & (m>n) \\ 1 & (m=n) \\ \dfrac{1}{a^{n-m}} & (m<n) \end{cases}$$

먼저 $m = n$이면 $a^m \div a^n = a^{m-n} = a^0 = 1$임은 쉽게 확인할 수 있겠지요?

$m < n$일때는 $a^m \div a^n = \dfrac{1}{a^{n-m}}$ 입니다. 그런데 $\dfrac{1}{a^{n-m}} = a^{-(n-m)} = a^{-n+m} = a^{m-n}$이므로 결론적으로 $a^m \div a^n = a^{m-n}$이 되는 것입니다. 따라서 m과 n의 **대소 관계에 상관없이 $a^m \div a^n = a^{m-n}$가 성립**하는 것입니다. 예를 들어 $2^3 \div 2^6 = 2^{-3}$인 것입니다. 지수를 정수 범위 까지 확장하여 그 의미를 잘 정의하니 지수로 표현된 복잡하고 크거나 작은 수에 대한 계산을 쉽게 해결할 수 있음을 알 수 있지요? 게다가 정수 지수로 지수가 확장됨에 따라서 우리는 다음과 같은 〈지수법칙(2)〉를 정리할 수 있습니다.

ATTENTION

지수법칙(2)

실수 a, b와 **정수** m, n에 대하여,

(1) $a^m \times a^n = a^{m+n}$ (2) $(a^m)^n = a^{mn}$

(3) $(ab)^n = a^n b^n$ (4) $\left(\dfrac{b}{a}\right)^n = \dfrac{b^n}{a^n}$ (단, $a \neq 0$)

(5) $a^m \div a^n = a^{m-n}$ (단, $a \neq 0$)

거듭제곱근

지수의 범위를 정수로 확장하니 너무 어려워졌나요? 하지만 자연스럽게

궁금해지는 게 있을 거예요. 지수가 유리수일 때는 어떤지 말입니다. 예를 들어 $2^{\frac{1}{3}}$과 같은 수는 무엇을 의미할까요? 정수 지수의 수를 정의할 때와 마찬가지로 $2^{\frac{1}{3}}$이 2를 $\frac{1}{3}$번 곱하는 게 아니라는 것을 여러분은 예감할 수 있지요? 2를 $\frac{1}{3}$번 곱하다니, 이게 말이 되겠어요? 따라서 우리는 지수가 정수인 경우와 마찬가지로 유리수 지수일 때도 그 수의 뜻을 잘 정의해야 합니다. 앞에서 $2^0 = 1$, $2^{-3} = \frac{1}{8}$과 같이 정의했듯이 이번에는 $2^{\frac{1}{3}}$의 값을 정의할 것입니다.

그런데 이 유리수 지수를 사용하여 표현한 수의 뜻을 잘 정의하려면 먼저 '거듭제곱근'을 이해해야 합니다. 명심하세요. **유리수 지수로 표현된 수는 '거듭제곱근'의 개념을 이용하여 정의한다**는 사실을 말입니다.

여러분은 이미 중학교에서 **제곱근**★을 공부했습니다.

제곱근은 $\sqrt{}$를 사용하여 나타내는 것, 다 알고 있지요?[072] 2의 제곱근은 $x^2 = 2$를 만족하는 x이며 그 값은 $x = \pm\sqrt{2}$ (루트 2)입니다. 이때, $\sqrt{2}$는 넓이가 2인 정사각형의 한 변의 길이임을 알 수 있습니다. 여기서 주의할 것은 $\sqrt{}$에는 생략된 표현이 있다는 것입니다. **우리가 2를 2^1과 같이 지수**

Reminder★

제곱근

어떤 수 x를 제곱하여 a가 되었을 때, x를 a의 제곱근이라고 한다.

◎ 중학교 3학년 〈실수와 그 계산〉

를 이용하여 표현하지 않듯이, $\sqrt{}$도 본래 $\sqrt[2]{}$와 같이 표현해야 합니다. 그런데 $\sqrt[2]{}$는 '제곱한 수'에서 유래했다는 뜻의 '2'를 기호 $\sqrt{}$ 앞에 강조한 것으로 제곱근인 경우 이 '2'를 생략하고 나타냅니다. 그러나 생략한 것이지 '2'가 없어진 것은 아니므로 그 뜻을 잘 이해하고 있어야 합니다.

제곱근이 가지는 또 다른 의미를 살펴보겠습니다. 2의 제곱근은 방정식의 근을 뜻하는 것이기도 합니다. 방정식 $x^2 = 2$의 근은 함수 $y = x^2$의 그래프와 직선 $y = 2$가 만나는 교점의 x좌표 값을 말하는 것입니다. 아래 그림의 점 C와 D의 x좌표 각각의 값이 바로 2의 제곱근을 나타내는 것입니다.

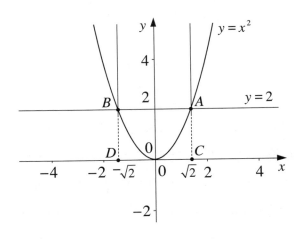

중학교에서 이미 배우고 올라온 내용이었어요. 선생님이랑 함께 공부했던 '5강 함수' 편에서도 다루었고요. 조금씩 기억이 나시나요? 이제 조금

---

072 제곱근 기호 $\sqrt{}$는 독일의 수학자 루돌프(Christoff Rudolff, 1499~1545)가 처음 사용했으며 이 기호는 근을 뜻하는 root 또는 radical의 첫 글자 r에서 따온 것이라고 한다.

더 복잡한 이야기를 해보겠습니다. 아래 그림과 같이 한 변의 길이가 x인 정육면체가 있습니다. 이 정육면체의 부피가 8이라고 한다면 x의 값은 얼마일까요?

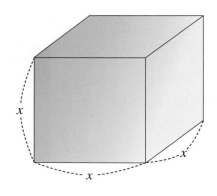

[한 변의 길이가 x인 정육면체]

예, 그렇습니다. x의 값은 2가 됩니다. 한 변의 길이가 x인 정육면체의 부피는 x^3입니다. 그런데 이 값이 8이라 했으므로 $x^3 = 8$을 만족하는 x의 값이 2임을 알 수 있습니다. 이와 같이 **n제곱하여 a가 되는 수, 즉 $x^n = a$를 만족하는 수 x를 a의 n제곱근**이라고 합니다. 또한 a의 제곱근, 세제곱근, 네제곱근 등을 통틀어 **a의 거듭제곱근**이라고 합니다. 위의 예에서 2는 8의 세제곱근인 것입니다. 그런데 이 경우는 운이 참 좋았습니다. 8이 2^3임을 우리가 쉽게 알 수 있었기 때문이지요.

가령 부피가 3인 경우 x의 값은 얼마가 되는 것일까요? $x^3 = 3$을 만족하는 x값인데 그 값을 우리는 쉽게 알 수 없습니다. 그 값이 존재하긴 하는 것일까요? x의 값은 도형의 한 변의 길이를 나타내는 값이니 실수이겠지요? 따라서 위의 제곱근에서처럼 그래프를 그려서 그 존재성을 살펴보도록 하겠습니다. 즉, $y = x^3$의 그래프와 $y = 3$의 그래프가 만나는 점이 있느냐 하는 것입니다. 아래 그림에서 알 수 있듯이 $y = x^3$의 그래프와 $y = 3$의 그래프는 한 점에서 만나고 따라서 $x^3 = 3$을 만족하는 실수 x의 값은 존재하는 것을 알 수 있습니다. 즉 점 B의 x좌표 값이 바로 3의 세제곱근을 나타내는 것입니다.

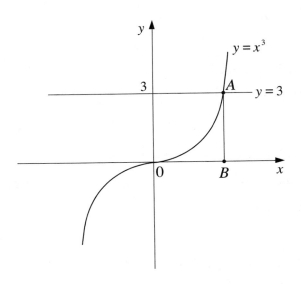

값이 존재하는데 그 값이 얼마인지 모른다?? 어떻게 하면 좋을까요? $\sqrt{2}$가 그랬듯이 이번에도 그 값을 표현하는 기호를 우리가 약속해야 할 것 같습니다. $x^3 = 3$을 만족하는 실수 x의 값을 우리는 $\sqrt[3]{3}$이라 표현할 것입니다. 즉, 3의 세제곱근 중 양의 실수인 값은 $\sqrt[3]{3}$이 되는 것입니다.

ATTENTION

일반적으로 양의 실수 a와 자연수 n에 대하여, a의 n제곱근 중 양의 실수인 수를 $\sqrt[n]{a}$로 표현한다.

위 박스의 정리 내용에 따르면 436쪽에 제시한 예에서 8의 세제곱근 중 양의 실수는 $\sqrt[3]{8}$인 것입니다. 그리고 그 값이 2이므로 $\sqrt[3]{8} = 2$가 되는 것 이지요. 그런데 이상한 점이 한 가지 있습니다. 8의 세제곱근은 $x^3 = 8$을 만족하는 수라고 했지요? 즉, 3차 방정식의 해입니다. 그렇다면 x의 값은 3개 존재해야 하지 않을까요? 그런데 왜 우리는 1개밖에 발견하지 못했나 요? 예, 우리가 발견한 근은 실수입니다. 나머지 두 근은 $x^3 - 8 = (x - 2)$ $(x^2 + 2x + 4) = 0$에서 $x^2 + 2x + 4 = 0$의 두 근이 됩니다. 이때 두 근은 모두 복소수이지요. 이 단원에서 우리는 복소수 근은 생각하지 않고 실근만을 생각하도록 제한하겠습니다

위에서 우리는 양의 실수 a에 대한 a의 n제곱근을 살펴보았습니다. a가 음수일 때는 어떨까요? 또한 n이 짝수 혹은 홀수인 상황과는 상관이 없을 까요? 이런 사실들을 정리해보도록 하겠습니다. a의 n제곱근은 $x^n = a$의 해입니다. 특별히 우리가 실근만을 생각한다면 이 방정식의 해는 함수 $y = x^n$의 그래프와 $y = a$의 그래프가 만나는 교점의 x좌표 값임을 앞에서 살 펴보았습니다. 그렇다면 $y = x^n$의 그래프의 특징을 살펴보면 되겠군요. 일 반적으로 n이 짝수 혹은 홀수일 때 $y = x^n$의 그래프는 그림과 같습니다.

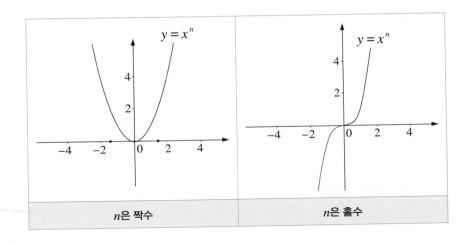

| n은 짝수 | n은 홀수 |

이제 $y = a$의 그래프를 그려 $y = x^n$의 그래프와 만나는 교점의 개수를 생각해봅시다. n이 홀수일 때는 a의 값이 양수 혹은 음수에 상관없이 1개 존재하지만, n이 짝수일 때는 a가 양수이면 2개, a가 음수이면 0개, a가 0이면 1개 존재함을 알 수 있습니다. 따라서 a의 n제곱근 중 실수는 n이 홀수일 때는 $\sqrt[n]{a}$로 유일하게 존재하지만 n이 짝수일 때는 a가 양수일 때 $\pm\sqrt[n]{a}$로 두 개 존재함을 알 수 있습니다.

너무 어려웠나요? 하지만 이런 거듭제곱근의 개념을 잘 이해하고 있어야 합니다. 이번 단원에서 우리의 목적은 '유리수 지수'를 이해하는 것인데 이 거듭제곱근의 개념이 그대로 유리수 지수를 정의하는 데 쓰이기 때문입니다.

자, 이렇게 우리는 이제껏 알지 못했던 수를 알게 되었습니다. 즉, 거듭제곱근 $\sqrt[n]{a}$인 꼴들의 수를 알게 되었지요. 이로써 우리가 알게 된 수들의 범위가 더 넓어졌네요. 이렇게 새로운 수를 만들었으니 그 수들이 가지고 있는 사칙연산에 대한 여러 가지 성질들을 알아봐야겠지요? 일반적으로 다음과 같은 거듭제곱근의 성질이 성립합니다.

ATTENTION

거듭제곱근의 성질

$a > 0$, $b > 0$이고 m, n이 양의 정수일 때,

(1) $\sqrt[n]{a}\sqrt[n]{b} = \sqrt[n]{ab}$ (2) $(\sqrt[n]{a})^m = \sqrt[n]{a^m}$

(3) $\sqrt[m]{\sqrt[n]{a}} = \sqrt[mn]{a}$ (4) $\dfrac{\sqrt[n]{a}}{\sqrt[n]{b}} = \sqrt[n]{\dfrac{a}{b}}$

이 사실은 지수법칙(1)을 사용하여 증명할 수 있어요.

먼저 (1) $\sqrt[n]{a}\sqrt[n]{b} = \sqrt[n]{ab}$ 이 성립함을 증명해봅시다. 좌변의 식 $\sqrt[n]{a}\sqrt[n]{b}$ 을 n제곱해볼까요? 그러면 지수법칙 (1)에 의해서 다음과 같이 됩니다.

$$(\sqrt[n]{a}\sqrt[n]{b})^n = (\sqrt[n]{a})^n (\sqrt[n]{b})^n = ab$$

어때요, 거듭제곱근의 정의에 의하여 $\sqrt[n]{a}\sqrt[n]{b} = \sqrt[n]{ab}$ 임을 쉽게 알 수 있지요?

(2) $(\sqrt[n]{a})^m = \sqrt[n]{a^m}$ 의 경우도 생각해봅시다. 주어진 식의 좌변을 n제곱하겠습니다.

$$((\sqrt[n]{a})^m)^n = (\sqrt[n]{a})^{mn} = ((\sqrt[n]{a})^n)^m = a^m$$

따라서 거듭제곱근의 정의에 의하여 $(\sqrt[n]{a})^m = \sqrt[n]{a^m}$ 임을 알 수 있습니다.

(3), (4)번도 같은 이유로 성립함을 알 수 있으니 이것은 여러분이 직접 증명해보시기 바랍니다.

그럼 간단한 문제를 한 번 풀어볼까요?

예제 다음 식의 값을 구하시오.

① $\sqrt[3]{5}\sqrt[3]{25}$

② $\sqrt{\sqrt[3]{64}}$

③ $\dfrac{\sqrt[3]{625}}{\sqrt[3]{5}}$

풀이 거듭제곱근의 성질을 그대로 적용하면 쉽게 해결할 수 있겠지요?

① $\sqrt[3]{5}\sqrt[3]{25} = \sqrt[3]{125} = \sqrt[3]{5^3} = 5$

② $\sqrt{\sqrt[3]{64}} = \sqrt[6]{64} = \sqrt[6]{2^6} = 2$

③ $\dfrac{\sqrt[3]{625}}{\sqrt[3]{5}} = \sqrt[3]{\dfrac{625}{5}} = \sqrt[3]{125} = \sqrt[3]{5^3} = 5$

지수의 확장_ 유리수 지수 —————

거듭제곱근의 뜻과 그 성질을 잘 이해하셨나요? 이제 여러분은 지수가 유리수인 수에 대한 정의를 이해할 수 있게 되었습니다. 앞 단원에서 지수가 정수인 수의 의미를 공부했습니다. 즉, 5^{-2}과 같은 경우 이 수가 $5^{-2} = \dfrac{1}{5^2} = \dfrac{1}{25}$임을 알게 되었지요. 이것은 음의 정수 지수에 대한 정의라고 설명했습니다. 즉, 약속이지요. 이제 우리는 지수가 유리수인 수를 정의할 것입니다. 그리고 그런 수들의 연산을 공부할 것입니다. 공부하기에 앞서 한 가지 중요한 사실을 기억합시다. **유리수 지수를 다룰 때는 밑이 반드시 양의 실수이어야 한다는 것**입니다. 왜 그래야 하는지 수학적으로 엄밀하게 설명하지 않겠습니다. 다만 특별한 예를 통해서 밑이 음의 실수일 경우 모순이 생기는 점을 알아볼 것입니다. 먼저, 유리수 지수로 표현된 수를 정의해보겠습니다.

앞에서 우리는 $3^{\frac{1}{2}}$과 같이 표현된 수의 의미를 새롭게 정의하기로 하였지요? 지수가 유리수인 경우, 우리는 그 수를 거듭제곱근을 이용하여 다음과 같이 정의합니다.

ATTENTION

유리수 지수의 정의

$a > 0$, m은 정수이고 n이 2이상의 정수일 때,

$$a^{\frac{1}{n}} = \sqrt[n]{a} \ , \ a^{\frac{m}{n}} = \sqrt[n]{a^m}, \ a^{-\frac{m}{n}} = \frac{1}{a^{\frac{m}{n}}} = \frac{1}{\sqrt[n]{a^m}}$$

이런 유리수 지수의 정의에 입각하여 생각해보자면 위에서 말한 $3^{\frac{1}{2}}$은 어떤 수인가요? 그렇습니다. $\sqrt{3}$ 입니다. 혼란스러운가요? 그냥 약속으로 생각하면 됩니다. $5^{-2} = \frac{1}{25}$ 처럼 말입니다. 다른 예를 살펴볼까요?

$$5^{\frac{2}{3}} = \sqrt[3]{5^2} = \sqrt[3]{25} \;,\; 2^{-\frac{2}{3}} = \frac{1}{\sqrt[3]{2^2}} = \frac{1}{\sqrt[3]{4}}$$

이해할 수 있겠지요? 그런데 이렇게 유리수 지수를 정의하는 것은 정수 지수의 확장에서처럼 '잘 정의했다(well-defined)'라고 말할 수 있을까요?

실수 $a^{\frac{m}{n}}$을 n제곱해봅시다. 그러면 $\left(a^{\frac{m}{n}}\right)^n$이고 이것은 $a^{\frac{m}{n}}$을 n번 곱한 것입니다. 따라서 아래와 같이 됩니다.

$$\left(a^{\frac{m}{n}}\right)^n = a^{\frac{m}{n}} \times a^{\frac{m}{n}} \times a^{\frac{m}{n}} \cdots \times a^{\frac{m}{n}} = a^{\frac{m}{n}+\frac{m}{n}+\cdots+\frac{m}{n}} = a^{\frac{nm}{n}} = a^m$$

$a^{\frac{m}{n}}$을 n번 제곱하여 a^m이 되었습니다. 그러면 거듭제곱근의 정의에 의하여 $a^{\frac{m}{n}} = \sqrt[n]{a^m}$이라 할 수 있습니다.

어떤가요? 정수 지수의 확장처럼 유리수 지수로 표현된 수 $a^{\frac{m}{n}} = \sqrt[n]{a^m}$로 정의한 것이 매우 적절해 보이지 않나요? 위에서 말한 것처럼 어쩌면 유리수 지수에 대한 확장은 단순히 유리수 지수에 대한 호기심에서 비롯되었을 수도 있지만 어쩌면 이와 같은 산술적인 계산 과정에서 그 필요성이 발견되었는지도 모르겠습니다. 아무튼 유리수 지수의 정의는 거듭제곱의 정의와 지수법칙(1)과 아무런 충돌 없이 자연스럽게 이어지니 '잘 정의했다(well-defined)'라고 말할 수 있겠습니다.

또한 이처럼 지수를 유리수까지 확장하여도 위에서 공부한 지수법칙은 다음과 같이 그대로 성립합니다.

지수법칙(3)

$a > 0$, $b > 0$이고 m, n이 유리수일 때,

(1) $a^m \times a^n = a^{m+n}$　　(2) $(a^m)^n = a^{mn}$

(3) $(ab)^n = a^n b^n$　　(4) $\left(\dfrac{b}{a}\right)^n = \dfrac{b^n}{a^n}$

(5) $a^m \div a^n = a^{m-n}$

그런데 이번에는 한 가지 이상한 점이 있군요. 자연수 지수나 정수 지수와 다르게 왜 '$a > 0$, $b > 0$'인 제한 조건을 두었을까요? 다음과 같은 이상한 계산을 생각해봅시다.

$$-1 = (-1)^1 = (-1)^{2 \times \frac{1}{2}} = \{(-1)^2\}^{\frac{1}{2}} = 1^{\frac{1}{2}} = \sqrt{1} = 1$$

이런! $-1 = 1$인 결론이 생겼습니다. 무엇이 잘못된 것일까요? 바로 지수법칙(3)을 잘못 이해했기 때문입니다. $(-1)^{2 \times \frac{1}{2}} = \{(-1)^2\}^{\frac{1}{2}}$은 잘못된 계산입니다. 그 이유는 밑인 -1은 음수이기 때문이지요. 따라서 지수법칙(3)을 적용해서 $(-1)^{2 \times \frac{1}{2}} = \{(-1)^2\}^{\frac{1}{2}}$ 과 같이 계산할 수 없습니다. 여러분은 **유리수 지수의 지수법칙에서는 반드시 밑이 양수이어야 함**을 기억하기 바랍니다.

그럼 이번에는 '지수법칙(1)'의 내용을 증명해볼까요?

유리수 m, n을 정수 p, q, r, s에 대하여 $m = \dfrac{q}{p}$, $n = \dfrac{s}{r}$라 하면, 유리수 지

수의 정의에 의하여 다음과 같이 표현할 수 있겠지요?

$$a^m \times a^n = a^{\frac{q}{p}} \times a^{\frac{s}{r}} = a^{\frac{qr}{pr}} \times a^{\frac{sp}{rp}} = \sqrt[pr]{a^{qr}} \times \sqrt[rp]{a^{sp}}$$

그런데 〈거듭제곱근의 성질〉①에 의하여 $\sqrt[pr]{a^{qr}} \times \sqrt[rp]{a^{sp}} = \sqrt[pr]{a^{qr}a^{sp}}$ 이고 p, q, r, s은 모두 정수이므로 $\sqrt[pr]{a^{qr}} \times \sqrt[rp]{a^{sp}} = \sqrt[pr]{a^{qr}a^{sp}} = \sqrt[pr]{a^{qr+sp}}$ 입니다.

다시 유리수 지수의 정의에 의하여

$\sqrt[pr]{a^{qr}} \times \sqrt[rp]{a^{sp}} = \sqrt[pr]{a^{qr}a^{sp}} = \sqrt[pr]{a^{qr+sp}} = a^{\frac{qr+sp}{pr}} = a^{\frac{q}{p}+\frac{s}{r}} = a^{m+n}$ 이 성립함을 알 수 있습니다. 즉, $a^m \times a^n = a^{m+n}$ 이 성립합니다.

(2)~(5)의 내용도 이와 같은 방법으로 증명할 수 있습니다. 여러분이 직접 증명해본 다음 아래 풀이와 비교해보세요.

---

(2) $(a^m)^n = a^{mn}$ 에 대한 증명

유리수 m, n을 정수 p, q, r, s에 대하여 $m = \dfrac{q}{p}$, $n = \dfrac{s}{r}$라 하면, 유리수 지수의 정의와 거듭제곱근의 성질에 의하여

$$(a^m)^n = \left(a^{\frac{q}{p}} \right)^{\frac{s}{r}} = (\sqrt[p]{a^q})^{\frac{s}{r}} = \sqrt[r]{(\sqrt[p]{a^q})^s} = \sqrt[r]{(\sqrt[p]{a^{qs}})}$$

$$= \sqrt[pr]{a^{qs}} = a^{\frac{qs}{pr}} = a^{\frac{q}{p} \times \frac{s}{r}} = a^{mn}$$

(3) $(ab)^n = a^n b^n$ 에 대한 증명

유리수 n을 정수 p, q, r, s에 대하여 $n = \dfrac{q}{p}$라 하면, 유리수 지수의 정의와 거듭제곱근의 성질에 의하여

$$(ab)^n = (ab)^{\frac{q}{p}} = \sqrt[p]{(ab)^q} = \sqrt[p]{(a^q b^q)} = \sqrt[p]{a^q}\sqrt[p]{b^q} = a^{\frac{q}{p}}b^{\frac{q}{p}} = a^n b^n$$

(4) $\left(\dfrac{b}{a}\right)^n = \dfrac{b^n}{a^n}$ 에 대한 증명

유리수 n을 정수 p, q, r, s에 대하여 $n = \dfrac{q}{p}$라 하면, 유리수 지수의 정의와 거듭제곱근의 성질에 의하여

$$\left(\frac{b}{a}\right)^n = \left(\frac{b}{a}\right)^{\frac{q}{p}} = \sqrt[p]{\left(\frac{b}{a}\right)^q} = \sqrt[p]{\frac{b^q}{a^q}} = \frac{\sqrt[p]{b^q}}{\sqrt[p]{a^q}} = \frac{b^{\frac{q}{p}}}{a^{\frac{q}{p}}} = \frac{b^n}{a^n}$$

(5) $a^m \div a^n = a^{m-n}$ 에 대한 증명

유리수 m, n을 정수 p, q, r, s에 대하여 $m = \dfrac{q}{p}, n = \dfrac{s}{r}$라 하면, 유리수 지수의 정의와 거듭제곱근의 성질에 의하여

$$a^m \div a^n = \frac{a^{\frac{q}{p}}}{a^{\frac{s}{r}}} = \frac{\sqrt[p]{a^q}}{\sqrt[r]{a^s}} = \frac{\sqrt[pr]{a^{qr}}}{\sqrt[pr]{a^{ps}}} = \sqrt[pr]{\frac{a^{qr}}{a^{ps}}} = \sqrt[pr]{a^{qr-ps}} = a^{\frac{qr-ps}{pr}} = a^{\frac{q}{p}-\frac{s}{r}} = a^{m-n}$$

여러분은 지수를 유리수로 확장하여도 지수법칙이 그대로 성립한다는 것을 알게 되었습니다. 이런 지수법칙을 활용하여 실수의 성질과 관련된 다음 사실을 확인해보겠습니다.

예제 다음 수들의 크기를 비교하시오.

$$\sqrt{2}, \ \sqrt[3]{3}, \ \sqrt[6]{6}$$

풀이 각각은 어떤 의미를 갖는 수인가요? 각각은 제곱해서 2가 되는 수, 세제곱하여 3이 되는 수, 6제곱하여 6이 되는 수를 의미합니다. 어림 계산하여 답할 수 있는 문제가 아닌 것 같습니다. 어떻게 하면 이 수들의 크기를 비교할 수 있을지 생각해봅시다. 먼저 주어진 수들을 모두 유리수 지수를 이용해 나타내보겠습니다.

$$\sqrt{2} = 2^{\frac{1}{2}}, \ \sqrt[3]{3} = 3^{\frac{1}{3}}, \ \sqrt[6]{6} = 6^{\frac{1}{6}}$$

이때 각각의 수의 지수에 해당하는 분수를 모두 분모가 일치하도록 조정해보겠습니다.

$$\sqrt{2} = 2^{\frac{1}{2}} = 2^{\frac{6}{12}}, \ \sqrt[3]{3} = 3^{\frac{1}{3}} = 3^{\frac{4}{12}}, \ \sqrt[6]{6} = 6^{\frac{1}{6}} = 6^{\frac{2}{12}}$$

이것은 다시 아래와 같이 표현할 수 있습니다.

$$\sqrt{2} = 2^{\frac{1}{2}} = 2^{\frac{6}{12}} = 64^{\frac{1}{12}}, \ \sqrt[3]{3} = 3^{\frac{1}{3}} = 3^{\frac{4}{12}} = 81^{\frac{1}{12}}, \ \sqrt[6]{6} = 6^{\frac{1}{6}} = 6^{\frac{2}{12}} = 36^{\frac{1}{12}}$$

이렇게 지수를 모두 같게 만들었더니 크기 비교하기가 쉬워졌습니다. $64^{\frac{1}{12}}$, $81^{\frac{1}{12}}$, $36^{\frac{1}{12}}$ 는 각각 12제곱하여 64, 81, 36이 되는 수이므로 가장 큰 수는 $81^{\frac{1}{12}}$ 이고, 가장 작은 수는 $36^{\frac{1}{12}}$ 가 됩니다. 따라서 $\sqrt[6]{6} < \sqrt{2} < \sqrt[3]{3}$ 임을 알 수 있습니다. 어떤가요? 여러분이 예상했던 것과 같은 결과가 나왔나요?

지수의 확장_ 실수 지수 ──────────

　이제 마지막 단계만 남았네요. 바로 실수 지수인 경우입니다. 앞에서 유리수 지수인 경우에 대하여 모두 학습했으니 여기서는 무리수 지수인 경우만 학습하면 되겠네요. 그런데 이 경우는 앞의 경우보다 좀 더 어렵습니다. 그것은 여러분이 '수열'과 '극한'이라는 개념을 알고 있어야 하는 탓입니다. 그런데 이것은 여러분의 수준을 다소 넘어서는 것이어서 여기서는 엄밀히 다루지 않고 직관적으로 이해하고 넘어가겠습니다.

　예를 들어 $3^{\sqrt{2}}$와 같은 수가 의미하는 것이 무엇일까요?

　먼저 $\sqrt{2}$는 어떤 수이지요? 예, 제곱하여 2가 되는 수로서 바로 무리수입니다. 분수로 나타낼 수 없으며 순환하지 않는 무한소수로 나타낼 수 있다는 것을 앞에서 학습했습니다. 그런데 $\sqrt{2}$에 가까워지는 유리수들의 나열을 생각해볼 수 있는데요, 이는 1, 1.4, 1.41, 1.414, 1.4142, … 와 같습니다. 이번에는 3을 밑으로 하고 이 수들을 지수로 하는 수들의 나열을 살펴보겠습니다. 즉, 3^1, $3^{1.4}$, $3^{1.41}$, $3^{1.414}$, $3^{1.14142}$, …입니다. 그런데 이 값들을 계산해보면 어떤 일정한 값(4.7288043878374149…)에 한없이 가까워진다고 알려져 있어요. 이 일정한 값을 $3^{\sqrt{2}}$로 정의합니다. 모든 무리수 지수인 수에 대해서는 이와 같은 방법으로 정의합니다. 무리수 지수의 경우 앞에서 말했듯이 여러분이 엄밀히 이해하기는 어려우므로 이 정도만 설명할까 합니다.

　그런데 이렇게 어려운 무리수 지수인 경우에 대해서도 앞에서 살펴본 지수법칙은 그대로 성립한다는 것입니다. 즉, 다음과 같아요.

지수법칙(4)

$a > 0$, $b > 0$이고 m, n이 실수일 때,

(1) $a^m \times a^n = a^{m+n}$ (2) $(a^m)^n = a^{mn}$

(3) $(ab)^n = a^n b^n$ (4) $\left(\dfrac{b}{a}\right)^n = \dfrac{b^n}{a^n}$

(5) $a^m \div a^n = a^{m-n}$

이 경우에도 **유리수 지수에서와 마찬가지로 밑이 양수인 경우로 제한함**을 잘 알고 있어야 합니다. 자, 이제 이런 지수법칙을 이용하여 몇 가지 계산을 해볼까요?

예제 다음 식의 값을 구하시오.

① $2^{\sqrt{3}} \times 2^{\sqrt{3}}$

② $(2^{\sqrt{3}})^{\sqrt{3}}$

③ $2^{\sqrt{3}} \times 3^{\sqrt{3}}$

④ $2^{2\sqrt{3}} \div 2^{\sqrt{3}}$

풀이 지수법칙(4)를 그대로 적용하면 문제를 쉽게 해결할 수 있겠지요?

$$① \quad 2^{\sqrt{3}} \times 2^{\sqrt{3}} = 2^{\sqrt{3}+\sqrt{3}} = 2^{2\sqrt{3}}$$

$$② \quad (2^{\sqrt{3}})^{\sqrt{3}} = 2^{\sqrt{3}\times\sqrt{3}} = 2^{3} = 8$$

$$③ \quad 2^{\sqrt{3}} \times 3^{\sqrt{3}} = (2 \times 3)^{\sqrt{3}} = 6^{\sqrt{3}}$$

$$④ \quad 2^{2\sqrt{3}} \div 2^{\sqrt{3}} = 2^{2\sqrt{3}-\sqrt{3}} = 2^{\sqrt{3}}$$

입니다.

이렇게 해서 여러분은 지수에 관련된 사항을 모두 학습했습니다. 자연수 지수의 정의에서부터 시작하여 정수, 유리수, 무리수 지수인 경우에 그 의미와, 각각의 경우 모두 지수법칙이 성립한다는 것을 알게 되었습니다. 이로써 우리는 여러 가지 실수를 효과적으로 표현할 수 있는 기능을 익히게 되었으며 이들의 간단한 연산까지 할 수 있게 되었습니다. 이것들은 모두 실생활에서 매우 큰 수 혹은 매우 작은 수를 나타내는 데에 효과적이라는 사실을 앞에서 말한 바 있지요? 이제 이런 지수와 매우 밀접한 관련을 갖고 있는 로그에 대한 사실들을 공부하게 될 것입니다. 사실 지수보다 먼저 그 개념이 도입되었으나 수학적으로 체계화하는 과정에서 지수를 도입하여 개념을 받아들이고 있는 로그에 대해서는 다음 단원에서 공부하겠습니다.

이번 단원의 핵심은 지수법칙이다. 중학교에서 배운 것과 차이점이 있다면 이때 지수를 실수까지 확장하였다는 것이다. 우리는 이번 단원에서 지수가 유리수인 경우 이 수의 의미를 거듭제곱근을 이용하여 정의하였으며 유리수 지수에 대한 지수법칙을 증명했다. 다시 한 번 거듭제곱근의 정의와 그 성질, 정수, 유리수 지수의 정의와 지수법칙을 정리하자.

1. 거듭제곱근

n제곱하여 a가 되는 수, 즉 $x^n = a$를 만족하는 수 x를 a의 n제곱근이라 하고 그 중 양의 실수인 수를 $\sqrt[n]{a}$로 표현한다.

2. 거듭제곱근의 성질

$a > 0$, $b > 0$이고 m, n이 양의 정수일 때,

(1) $\sqrt[n]{a}\sqrt[n]{b} = \sqrt[n]{ab}$ (2) $(\sqrt[n]{a})^m = \sqrt[n]{a^m}$

(3) $\sqrt[m]{\sqrt[n]{a}} = \sqrt[mn]{a}$ (4) $\dfrac{\sqrt[n]{a}}{\sqrt[n]{b}} = \sqrt[n]{\dfrac{a}{b}}$

3. 정수 지수의 정의

0이 아닌 실수 a와 자연수 m에 대하여 $a^0 = 1$, $a^{-m} = \dfrac{1}{a^m}$

4. 유리수 지수의 정의

$a > 0$, m은 정수이고 n이 2이상의 정수일 때,

$$a^{\frac{1}{n}} = \sqrt[n]{a} \ , \ a^{\frac{m}{n}} = \sqrt[n]{a^m}, \ a^{-\frac{m}{n}} = \frac{1}{a^{\frac{m}{n}}} = \frac{1}{\sqrt[n]{a^m}}$$

5. 지수법칙

$a > 0$, $b > 0$이고 m, n이 실수일 때,

(1) $a^m \times a^n = a^{m+n}$

(2) $(a^m)^n = a^{mn}$

(3) $(ab)^n = a^n b^n$

(4) $\left(\dfrac{b}{a}\right)^n = \dfrac{b^n}{a^n}$

(5) $a^m \div a^n = a^{m-n}$

❶ 다음 거듭제곱근 중 실수인 것을 모두 구하여라.

(1) -1의 세제곱근   (2) 16의 네제곱근

풀이 (1) -1의 세제곱근을 x라고 하면 $x^3 = -1$이므로 $x^3 + 1 = 0$

$(x+1)(x^2 - x + 1) = 0$ $\therefore x = -1$ 또는 $x = \dfrac{1 \pm \sqrt{3}i}{2}$

따라서 -1의 세제곱근 중 실수인 것은 -1이다.

(2) 16의 네제곱근을 x라고 하면 $x^4 = 16$이므로 $x^4 - 16 = 0$

$(x-2)(x+2)(x^2+4) = 0$ $\therefore x = \pm 2$ 또는 $x = \pm 2i$

따라서 16의 네제곱근 중 실수인 것은 2, -2이다.

❷ 다음 식을 간단히 하여라.

(1) $\sqrt[4]{3}\sqrt[4]{27}$ (2) $\dfrac{\sqrt[3]{24}}{\sqrt[3]{3}}$

(3) $(\sqrt[3]{5})^6$ (4) $\sqrt{\sqrt[3]{64}}$

풀이 (1) $\sqrt[4]{3}\sqrt[4]{27} = \sqrt[4]{81} = \sqrt[4]{3^4} = 3$ (2) $\dfrac{\sqrt[3]{24}}{\sqrt[3]{3}} = \sqrt[3]{8} = \sqrt[3]{2^3} = 2$

(3) $(\sqrt[3]{5})^6 = \{(\sqrt[3]{5})^3\}^2 = 5^2 = 25$ (4) $\sqrt{\sqrt[3]{64}} = \sqrt[6]{64} = \sqrt[6]{2^6} = 2$

❸ $a > 0$, $b > 0$일 때, 다음 식을 간단히 하여라.

(1) $\sqrt[6]{a^2b^3} \times \sqrt[3]{a^2b} \div \sqrt[12]{a^6b^{10}}$

(2) $(a^{\frac{1}{3}} + b^{\frac{1}{3}})(a^{\frac{2}{3}} - a^{\frac{1}{3}}b^{\frac{1}{3}} + b^{\frac{2}{3}})$

풀이 (1) $\sqrt[6]{a^2b^3} \times \sqrt[3]{a^2b} \div \sqrt[12]{a^6b^{10}} = (a^2b^3)^{\frac{1}{6}} \times (a^2b)^{\frac{1}{3}} \div (a^6b^{10})^{\frac{1}{12}}$

$= a^{\frac{1}{3}}b^{\frac{1}{2}} \times a^{\frac{2}{3}}b^{\frac{1}{3}} \div a^{\frac{1}{2}}b^{\frac{5}{6}} = a^{\frac{1}{3}+\frac{2}{3}-\frac{1}{2}}b^{\frac{1}{2}+\frac{1}{3}-\frac{5}{6}} = a^{\frac{1}{2}}b^0 = \sqrt{a}$

(2) $(a^{\frac{1}{3}} + b^{\frac{1}{3}})(a^{\frac{2}{3}} - a^{\frac{1}{3}}b^{\frac{1}{3}} + b^{\frac{2}{3}}) = (a^{\frac{1}{3}} + b^{\frac{1}{3}})\{(a^{\frac{1}{3}})^2 - a^{\frac{1}{3}}b^{\frac{1}{3}} + (b^{\frac{1}{3}})^2\}$

$= (a^{\frac{1}{3}})^3 + (b^{\frac{1}{3}})^3 = a + b$

❹ $\sqrt[5]{-243}$ 의 세제곱근은 모두 x개이고, 이 중에서 실수인 것은 y개다. 이 때 x, y의 값을 구하여라.

풀이 $\sqrt[5]{-243} = \sqrt[5]{(-3)^5} = -3$

-3의 세제곱근은 복소수 범위에서 3개 존재하므로 $x = 3$

이 중 실수인 것은 $\sqrt[3]{-3} = -\sqrt[3]{3}$의 1개이므로 $y = 1$

❺ $a > 1$일 때, $\sqrt[3]{a} + \dfrac{1}{\sqrt[3]{a}} = b$라고 하자. 다음 중 $b^3 - 3b = \dfrac{10}{3}$을 만족시키는 a의 값을 구하여라.

풀이 $b = \sqrt[3]{a} + \dfrac{1}{\sqrt[3]{a}}$ 이므로 $b^3 = \left(\sqrt[3]{a} + \dfrac{1}{\sqrt[3]{a}}\right)^3 = a + \dfrac{1}{a} + 3\left(\sqrt[3]{a} + \dfrac{1}{\sqrt[3]{a}}\right)$

$= a + \dfrac{1}{a} + 3b$

$\therefore b^3 - 3b = a + \dfrac{1}{a}$

이때 $b^3 - 3b = \dfrac{10}{3}$ 이므로 $a + \dfrac{1}{a} = \dfrac{10}{3}$

양변에 $3a$를 곱하여 정리하면

$3a^2 - 10a + 3 = 0$, $(3a-1)(a-3) = 0$ $\therefore a = \dfrac{1}{3}$ 또는 $a = 3$

그런데 $a > 1$이므로 $a = 3$

❻ $100^x = 4^y = 5$를 만족시키는 실수 x, y에 대하여 $\dfrac{y-x}{xy}$의 값을 구하여라.

풀이 $100^x = 4^y = 5$이므로 $100^x = 5$에서 $5^{\frac{1}{x}} = (100^x)^{\frac{1}{x}} = 100$

$4^y = 5$에서 $5^{\frac{1}{y}} = (4^y)^{\frac{1}{y}} = 4$

$\therefore 5^{\frac{1}{x} - \frac{1}{y}} = 5^{\frac{1}{x}} \div 5^{\frac{1}{y}} = 100 \div 4 = 25 = 5^2$

따라서 $\dfrac{1}{x} - \dfrac{1}{y} = 2$이므로 $\dfrac{y-x}{xy} = 2$

정답 1. (1) -1 (2) $2, -2$　　 2. (1) 3 (2) 2 (3) 25 (4) 2

3. (1) $\sqrt{a}$　(2) $a+b$　　 4. $x = 3$, $y = 1$　　 5. $a = 3$　　 6. 2

14강

로그

Intro

　지난 단원에서 우리는 이제껏 배웠던 자연수 지수를 확장하여 정수, 유리수, 무리수 지수에 대한 수학적 정의와 이와 관련된 연산을 공부했습니다. 이번 단원에서는 지수와 역함수 관계를 갖는 로그에 대해서 공부하겠습니다.

　수의 확장은 그 필요성에 의해서 끊임없이 이루어졌음을 '수의 연산' 단원에서 공부한 적이 있습니다. 일대일대응 개념으로 완성한 자연수 체계에서부터 $x + 2 = 5$와 같은 방정식의 해를 완성하기 위한 '정수', $3x = 5$와 같은 방정식의 해를 완성할 수 있는 '유리수'. 또한 우리는 이 책에서 $x^2 = 2$와 같은 방정식의 해가 될 수 있는 '무리수'에 대하여 공부했습니다. 뿐만 아니라 지난 단원에서는 유리수 지수를 배워 $5^{\frac{2}{3}}$과 같은 수에 대한 의미도 부여하여 실수의 개념을 점차 확장했지요.

　그런데 이런 수의 확장과 더불어 우리는 다음과 같은 곤란한 방정식 상황에 접하게 됩니다.

$$2^x = 9$$

　이 방정식의 해는 도대체 얼마일까요? 이 방정식을 만족하는 x의 값이 존재하기는 하는 것일까요? **이 부분은 조금 어려운 이야기이지만 지수함수를**

학습하고 나면 이 방정식을 만족하는 x의 값은 반드시 한 개 존재한다는 것을 알 수 있습니다. 존재한다면 도대체 그 값을 어떻게 표현해야 할까요? 이러한 수를 표현하기 위하여 우리는 16~17세기 '네이피어'라는 수학자가 연구한 '로그'라는 개념을 도입하여 설명할 것입니다.

로그의 어원 ————

네이피어(John Napier, 1550~1617)는 스코틀랜드 출신의 수학자입니다. 어려서부터 상상력이 풍부했던 그는 수학적으로 많은 업적을 남깁니다. 우선 **네이피어는 소수 표기법을 처음 도입**한 사람입니다. 현재 우리가 아주 자연스럽게 쓰는 2.718과 같은 소수 표현법은 네이피어 이전에는 다음과 같이 아주 복잡한 방식으로 표현했다고 합니다.[073]

$$2⊙7①2⑧③=2.718$$

스토리 수학

로그를 발견한 네이피어
르네상스와 더불어 16~17세기를 '과학 혁명'의 시대라고 하는데, 이 시대에는 수치 계산이 많이 요구되는 천문학, 공학, 무역, 항해 등에서 큰 수를 보다 정확하고 빠르게 계산할 수 있는 방법의 필요성이 대두했다. 이를 해결

---

073 『네이피어가 들려주는 로그 이야기』, 김승태 지음, 자음과 모음

▲ 네이피어 John Napier

한 사람은 스코틀랜드 태생의 수학자인 네이피어이다. 그는 1614년에 출판된 『경이로운 로그 법칙의 기술』이라는 책을 통해 '로그(Logarithm)'를 처음으로 소개하여 전 유럽을 깜짝 놀라게 했다. 요즘은 로그를 지수와 관련지어 생각하는데, 이것은 네이피어가 사망하고 한참 후에 알게 된 사실이다. 우리 일상생활 전반에서 로그가 이용된다는 사실을 알면 아마 그도 깜짝 놀랄 것이다.

네이피어는 뛰어난 독창력과 상상력으로 기관총, 잠수함, 탱크 등 그 당시에는 상상하기 힘든 무기들을 그림을 곁들여서 예언하였는데, 그의 아이디어를 바탕으로 제작된 무기들이 제1차 세계대전에서 실제로 사용되었다고 한다.

이것은 $\frac{1}{10}$ 의 거듭제곱에 대응하는 표시를 숫자 바로 뒤에 표시함으로써 소수 부분을 나타낸 것으로 보입니다. 네이피어의 또 다른 업적은 '네이

1	2	3	4	5	6	7	8	9
1	2	3	4	5	6	7	8	9
2	4	6	8	10	12	14	16	18
3	6	9	12	15	18	21	24	27
4	8	12	16	20	24	28	32	36
5	10	15	20	25	30	35	40	45
6	12	18	24	30	36	42	48	54
7	14	21	28	35	42	49	56	63
8	16	24	32	40	48	56	64	72
9	18	27	36	45	54	63	72	81

[네이피어 막대]

피어 막대'라는 계산 도구를 발명한 것입니다. 네이피어 막대에는 그림과 같이 1에서 9까지의 숫자들이 곱셈표에 그려져 있습니다.

예를 들어 69 × 4를 계산하려면 6, 9에 해당하는 막대들을 나란히 두고 각각의 막대에서 7번째 정사각형에 있는 수들을 대각선 방향으로 더해서 읽습니다. (이때 자리수가 올라가면 왼쪽 자리에 그만큼 더해주면 됩니다.) 그러면 276이 됩니다. 즉, 69 × 4 = 276입니다. 아래 그림을 보세요.

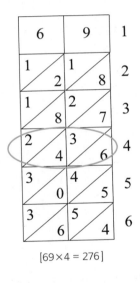

[69×4 = 276]

곱셈보다는 덧셈이 훨씬 계산이 쉽습니다. 네이피어는 이 사실에 착안하여 네이피어 막대를 만든 것 같습니다.

그러나 무엇보다도 네이피어의 가장 큰 업적은 로그의 발견입니다. 계산 법에 있어서 **로그는 곱셈과 나눗셈을 좀 더 간단한 연산인 덧셈과 뺄셈으로**

▲ 네이피어 저작 표지

전환시킬 수 있다는 사실을 보여주었기에 많은 계산이 필요한 천문학이나 항해술, 무역, 공학, 전쟁 등에 큰 도움을 주게 됩니다. 네이피어는 그의 저서 『로그의 놀라운 법칙에 대한 설명*Mirifici logarithmorum canonis descriptio*』에서 처음으로 로그표를 소개했는데, 그리스어인 logos(비율)과 arithmos(수)를 결합하여 logarithm(로그)라는 단어를 만들었다고 합니다. 즉, **로그**는 **비율의 수**를 의미하는 것인데 그 이유는 다음과 같은 네이피어의 최초 로그에 대한 정의에서 찾아볼 수 있습니다.[074]

그림과 같은 선분 AB와 반직선 DE를 생각해봅시다.

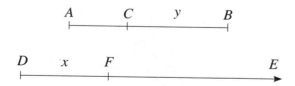

점 C와 F는 각각 점 A와 D에서 속도 1로 동시에 출발하여 움직입니다. 단 C의 속도는 CB의 길이 y와 같도록 줄어들고, F의 속도는 항상 1로 일정할 때 CB의 길이 y에 대해 DF의 길이 x를 'y의 로그'라고 정의했습니다. 이러한 정의는 로그의 밑('밑'에 대한 정의는 잠시 후 공부할 것입니다. 여기서는 그냥 그 사

---

074 『수학의 위대한 순간들』, Howard Eves 지음, 경문사

실만 익히도록 합시다)을 자연대수 e로 사용하여 실용적이지 못했습니다. 이후 영국의 기하학 교수인 브릭스(Henry Briggs, 1561~1630)의 도움으로 밑을 10으로 하는 상용로그(이 단원에서 곧 학습하게 됩니다) 체계를 만들게 됩니다. 우리가 사용하는 수가 10진법 체계이다 보니 상용로그는 실생활의 큰 수를 계산하는 데 매우 편리한 도구가 되었으며 특히 천문학과 같은 학문에 큰 도움을 주게 되어 "로그의 발명으로 천문학자들의 수명이 배로 연장되었다"[075]는 말까지 생기게 되었습니다. 계산기나 컴퓨터가 발견되기 전까지 로그는 공학 및 과학에서 매우 큰 수의 근삿값을 계산하는 데 아주 유용한 도구가 되었습니다.

네이피어의 로그의 정의가 이해되나요? 매우 어렵지요? 걱정하지 마세요. 우리는 이번 단원에서 네이피어가 정의한 방식으로 로그를 정의하지 않을 것입니다. 앞 단원에서 배운 지수의 역함수로서 로그를 정의할 것입니다. 그러나 수학의 역사에서 로그가 먼저 발견되었다는 것은 흥미로운 사실입니다.

로그의 정의 ————

앞서 살펴보았듯이 **로그는 본래 기하적으로 정의되었으나 현대는 대수적인 방법으로 정의합니다.** 이제 그 방법을 알아보겠습니다. 이 단원을 시작하면

---

[075] 프랑스의 수학자 라플라스(Pierre Simon de Laplace, 1749~1827)가 한 말로 천문학 계산에서 로그가 얼마나 중요한지를 보여준다.

서 우리는 방정식 $2^x = 9$의 해가 무엇인지 생각해보았습니다. 존재하기는 하지만 그 값이 얼마인지 알지 못하여 정의하여야 하는 수입니다. 이 수를 우리는 $\log_2 9$이라고 정의할 것입니다. 즉, $2^x = 9 \Leftrightarrow x = \log_2 9$와 같이 정의합니다.

일반적으로 1이 아닌 양의 실수 a와 임의의 양의 실수 b에 대하여 $a^x = b$를 만족시키는 실수 x는 오직 하나 존재하며, 이 실수 x를 a를 밑으로 하는 b의 로그라고 합니다. 또한 이 x를 $x = \log_a b$로 나타냅니다. 이때 b를 $\log_a b$의 진수라고 합니다. 다음과 같이 정리할 수 있습니다.

ATTENTION

$a > 0, a \neq 1, b > 0$일 때, $a^x = b \Leftrightarrow x = \log_a b$

로그의 정의에는 매우 복잡한 제한 조건들이 있습니다.

먼저 **밑은 1이 아닌 양의 실수**이어야 합니다. 우리가 앞 단원에서 지수법칙을 공부할 때 지수의 밑은 어떠했습니까? 모두 양수라고 제한을 두었지요? 이것과 같은 맥락이라고 생각하면 좋겠습니다. **로그는 지수를 이용하여 정의할 것이므로 지수법칙에서 제한한 조건을 그대로 가져온다**는 것입니다. 또한 $a = 1$일 때를 생각해봅시다. 즉, 1^x의 값을 생각해봅시다. 그러면 이 값은 항상 1이므로 특별한 의미가 없겠지요? 따라서 밑은 1이 아닌 양의 실수로 제한하는 것입니다.

진수는 양수이어야 합니다. 1이 아닌 양의 실수 a에 대해서 a^x의 값을 생각해봅시다. x에 어떤 값을 대입해야 a^x의 값이 음수가 될까요? x가 양수일 때는 지수의 정의를 생각해보면 a^x의 값은 항상 양수입니다. 또한 x가 음수가 되어도 a^x의 값은 음수 될 수 없습니다. 왜냐하면 양수 p에 대하여 $x = -p$라 하면 $a^x = a^{-p} = \dfrac{1}{a^p}$이 되며 분모와 분자 모두 양수이므로 a^x의 값은 양수가 되기 때문입니다.

이런 사실을 종합해보면 $2^x = -9$와 같은 식은 의미 없는(성립하지 않는) 식임을 알 수 있습니다. 따라서 $\log_2(-9)$와 같은 로그는 정의할 수 없다는 것입니다.

상당히 어렵지요? 이해합니다. 하지만 수학은 무엇보다 어떠한 개념에 대한 정의가 매우 중요하다는 사실을 기억합시다. 정의를 제대로 이해하지 못하면 다음 개념으로 확장하여 생각할 수 없기 때문이지요. 조금 복잡하고 어렵더라도 꼭 정확하게 이해하시기 바랍니다. 로그의 정의에 관련된 간단한 다음 문제를 풀어봅시다.

예제 다음 등식을 만족하는 x의 값을 로그를 사용하여 나타내봅시다.

① $3^x = 8$

② $\left(\dfrac{1}{5}\right)^x = 7$

풀이 간단한 문제였지요?

① $3^x = 8$에서 $x = \log_3 8$

② $\left(\dfrac{1}{5}\right)^x = 7$에서 $x = \log_{\frac{1}{5}} 7$입니다.

여러분은 이제 무리수나 거듭제곱근과 마찬가지로 실수의 새로운 영역을 알게 되었습니다. 새로운 수들의 집합을 알게 된 것이지요. 지금부터는 이 수들의 정의에서 유도할 수 있는 여러 가지 성질과 사칙연산에 대한 성질을 공부하겠습니다.

로그의 성질(1) ─────

로그의 정의가 지수에서 비롯되었으므로 로그의 성질은 대부분 지수의 성질에서 유추할 수 있습니다. 이런 성질을 이용하여 로그의 값을 효과적으로 계산하는 과정을 설명할 것이므로 잘 알고 있어야 합니다. 로그의 성질을 공부하기에 앞서 로그가 정의되기 위한 기본적인 전제 조건인 밑과 진수의 특별한 조건(밑은 1이 아닌 양의 실수이고, 진수는 양의 실수)은 따로 언급하지 않아도 항상 성립해야 함을 기억하기 바랍니다.

먼저, **$\log_a a = 1$, $\log_a 1 = 0$이 성립**합니다. $a^1 = a$이고 $a^0 = 1$이니 로그의 정의에 의해서 자연스럽게 $\log_a a = 1$, $\log_a 1 = 0$이 됨을 알 수 있습니다. 다시 한 번 강조하지만 이 때 $a \neq 1$임을 잊지 않기 바랍니다.

두 번째로 $\log_a xy = \log_a x + \log_a y$이 성립합니다. 왜 그런지 생각해보겠습니다. $\log_a x = m$, $\log_a y = n$이라 하면 로그의 정의에 의해서 $x = a^m$, $y = a^n$입니다. 따라서 $xy = a^m \times a^n = a^{m+n}$임을 알 수 있습니다. 그러므로 로그의 정의에 의해서 $m + n = \log_a xy$입니다. 그런데 $\log_a x = m$, $\log_a y = n$이므로 $\log_a xy = \log_a x + \log_a y$ 가 성립하는 것입니다.

그러면 이와 비슷하게 $\log_a \dfrac{x}{y}$ 는 어떻게 변형시킬 수 있을까요? 예, 그렇습니다. $\log_a \dfrac{x}{y} = \log_a x - \log_a y$ 가 성립합니다. 위와 마찬가지로 $\log_a x = m$, $\log_a y = n$이라 하면 $x = a^m$, $y = a^n$이고 $\dfrac{x}{y} = \dfrac{a^m}{a^n} = a^{m-n}$이지요. 로그의 정의에 의해서 $m - n = \log_a \dfrac{x}{y}$ 이므로 $\log_a \dfrac{x}{y} = \log_a x - \log_a y$임을 알 수 있습니다.

구체적인 예를 통해 알아볼까요? 다음 식을 살펴봅시다.
$$\log_3 15 = \log_3 (3 \times 5) = \log_3 3 + \log_3 5 = 1 + \log_3 5 \cdots ①$$
$$\log_3 15 = \log_3 \frac{45}{3} = \log_3 45 - \log_3 3 = \log_3 45 - 1 = \log_3 5 + \log_3 9 - 1 \cdots ②$$

지금까지 공부한 로그의 성질을 이용하여 위와 같이 계산할 수 있습니다. 복잡한가요? 하지만 곧 익숙해질 것입니다. ②의 경우 조금 더 정리할 수 있는데요, 이것은 잠시 후에 살펴보겠습니다.

이제 조금 더 복잡한 성질을 공부해보겠습니다. 임의의 실수 p에 대하여 다음과 같은 성질이 성립합니다.
$$\log_a x^p = p \log_a x$$

$\log_a x = t$라고 하겠습니다. 그러면 $x = a^t$이고, 따라서 $x^p = (a^t)^p = a^{tp}$입

니다. 그러므로 $tp = \log_a x^p$가 성립하겠지요? 그런데 $t = \log_a x$라 했으므로 $p\log_a x = \log_a x^p$가 성립함을 알 수 있습니다. 위의 ②번 식의 경우에 마지막 부분 $\log_3 5 + \log_3 9 - 1$에서 $\log_3 9 = \log_3 3^2 = 2\log_3 3 = 2$이므로 결과적으로 $\log_3 15 = \log_3 45 - \log_3 3 = \log_3 5 + \log_3 9 - 1 = \log_3 5 + 2 - 1 = \log_3 5 + 1$이 성립함으로 결국 ①의 결과와 같음을 알 수 있습니다.

이런 사실을 정리해보면 다음과 같습니다.

ATTENTION

로그의 성질(1)

$a > 0$, $a \neq 1$이고 $x > 0$, $y > 0$일 때, 다음 성질이 성립한다.

(1) $\log_a a = 1$, $\log_a 1 = 0$

(2) $\log_a xy = \log_a x + \log_a y$

(3) $\log_a \dfrac{x}{y} = \log_a x - \log_a y$

(4) $\log_a x^p = p\log_a x$ (p는 실수)

위 성질을 이용하여 다음 값을 구해봅시다.

예제 다음 로그의 값을 계산하시오.

① $\log_4 32$

② $\log_5 \dfrac{1}{25}$

풀이 먼저 ① $\log_4 32$을 살펴봅시다. $32 = 16 \times 2$이므로 $\log_4 32 =$ $\log_4(16 \times 2) = \log_4 16 + \log_4 2 = \log_4 4^2 + \log_4 4^{\frac{1}{2}} = 2 + \frac{1}{2} = \frac{5}{2}$ 임을 알 수 있습니다. 또한 ② $\log_5 \frac{1}{25}$ 에서 $\log_5 \frac{1}{25} = \log_5 1 - \log_5 25 =$ $\log_5 1 - \log_5 5^2 = 0 - 2 = -2$ 임을 알 수 있습니다.

그런데 위 성질(《로그의 성질(1)》)들을 잘못 이해하여 다음과 같은 오류를 범하기도 합니다. 여러분은 다음과 같은 실수를 절대 하지 않도록 주의하세요.

ATTENTION

로그의 성질의 잘못된 사례

(1) $\log_a(x + y) = \log_a x + \log_a y$

(2) $\dfrac{\log_a x}{\log_a y} = \log_a x - \log_a y$

(3) $(\log x)^p = p\log_a x$ (p는 실수)

모양이 너무 비슷하여 실수하기 쉬운 형태들입니다. 그리고 실제로 많은 학생들이 이렇게 잘못 계산하기도 합니다. 반드시 주의합시다.

로그의 성질(2)_ 밑의 변환 공식 ────────

이번에는 앞 단원에서 배운 로그의 성질(1)보다 조금 더 복잡한 로그의 성질을 공부하겠습니다. **로그의 밑의 모양을 변화시킴으로써 그 계산을 간단하게 하는 것**이지요. 모양이 조금 더 복잡할 뿐 그 지수로부터 정의된 로그의 성질을 이용하는 것은 성질(1)과 같은 형태입니다. 이런 로그의 성질은 로그의 복잡한 연산을 수행하는 데 큰 도움이 되므로 잘 알고 있어야 합니다.

먼저 a를 밑으로 하는 로그 $\log_a b$를 양수 $c(c \neq 1)$를 밑으로 하는 로그로 바꾸어 보겠습니다. $\log_a b = m$으로 놓으면 로그의 정의에 의하여 $a^m = b$입니다. 이제 이 식의 양변에 밑이 c인 로그를 취해보겠습니다. 그러면, $a^m = b \Rightarrow \log_c a^m = \log_c b$입니다. 로그의 성질(1)의 (4)에 $\log_c a^m = m\log_c a$임을 알고 있지요? 따라서, $\log_c a^m = \log_c b \Rightarrow m\log_c a = \log_c b \Rightarrow m = \dfrac{\log_c b}{\log_c a}$ 이 됩니다. 그러므로 $\log_a b = \dfrac{\log_c b}{\log_c a}$ 가 성립함을 알 수 있습니다.

위 식에서 c를 b로 두면 어떻게 될까요? 즉, $\log_a b = \dfrac{\log_c b}{\log_c a}$ 에서 c대신에 b를 대입해봅시다. 그러면 로그의 성질(1)의 (1)에 의해서 $\log_b b = 1$이므로, $\log_a b = \dfrac{\log_b b}{\log_b a} = \dfrac{1}{\log_b a}$ 로 변환되는 것을 알 수 있습니다.

간단한 예를 통해서 밑의 변환 공식의 유용함을 살펴봅시다. $\log_8 2$의 값을 계산해볼까요?

$$\log_8 2 = \frac{1}{\log_2 8} = \frac{1}{\log_2 2^3} = \frac{1}{3\log_2 2} = \frac{1}{3}$$

어떻습니까? $\log_8 2$의 값이 $\dfrac{1}{3}$ 과 같다는 사실을 간단하게 계산할 수 있었지요?

우리는 이 밑의 변환 공식으로부터 다음과 같은 공식을 유도할 수 있습니다. 이 공식은 정말 많이 활용되는 식이므로 잘 알고 있어야 합니다.

$$\log_{a^m}b^n = \frac{n}{m}\log_a b$$

왜 이런 식이 성립하는 것일까요? 금방 눈치 챌 수 있었나요? 예, 밑의 변환 공식을 활용하면 다음과 같이 이 사실을 확인할 수 있습니다. 양수 c 에 대해서, $\log_{a^m}b^n = \dfrac{\log_c b^n}{\log_c a^m}$ 이므로 다음과 같은 사실을 확인할 수 있습니다.

$$\log_{a^m}b^n = \frac{\log_c b^n}{\log_c a^m} = \frac{n\log_c b}{m\log_c a} = \frac{n}{m}\log_a b$$

예를 들어, $\log_9 27$의 값을 계산해봅시다.

$$\log_9 27 = \log_{3^2}3^3 = \frac{3}{2}\log_3 3 = \frac{3}{2}$$

신기하지요? 밑의 변환 공식에 의해서 로그의 계산을 빠르고 정확하게 할 수 있다는 것을 알 수 있습니다.

다음으로 다음과 같은 로그의 밑의 변환공식이 성립합니다.

$$a^{\log_c b} = b^{\log_c a}$$

지수의 밑과 로그의 진수가 서로 자리가 바뀌어도 된다는 뜻인데요, 왜 이런 등식이 성립하는지 살펴봅시다.

먼저, $a^{\log_c b} = m$이라 합시다. 이 등식의 양변을 밑이 c인 로그를 취하면 $\log_c a^{\log_c b} = \log_c m$이 됩니다. 로그의 성질(1)의 (4)에 의해서 좌변은 $\log_c b \log_c a$가되므로 $\log_c a^{\log_c b} = \log_c m \Rightarrow \log_c b \log_c a = \log_c m$가 성립합니다. 이때 좌변은 $\log_c b \log_c a = \log_c a \log_c b = \log_c b^{\log_c a}$ 이므로 $\log_c a^{\log_c b} = \log_c m \Rightarrow \log_c b \log_c a = \log_c m \Rightarrow \log_c b^{\log_c a} = \log_c m$입니다. 그러므로 $m = b^{\log_c a}$이고 $a^{\log_c b} = b^{\log_c a}$이 성립함을 알 수 있습니다.

구체적인 예를 들어볼까요? 위 밑의 변환 공식에 의하면 $3^{\log_9 27} = 27^{\log_9 3}$ 이라는 것인데 과연 그럴까요? 좌변의 값은 로그의 성질(1)과 위의 밑의 변환공식을 이용해서 구하면 $3^{\log_9 27} = 3^{\log_{3^2} 3^3} = 3^{\frac{3}{2}\log_3 3} = 3^{\frac{3}{2}} = \sqrt{3^3} = 3\sqrt{3}$ 입니다. 이제 우변의 값도 구해보겠습니다. $27^{\log_9 3} = 27^{\log_{3^2} 3} = 27^{\frac{1}{2}\log_3 3} = 27^{\frac{1}{2}} = \sqrt{27} = 3\sqrt{3}$ 입니다. 어떻습니까? 정말 $a^{\log_c b} = b^{\log_c a}$라는 등식이 성립함을 알 수 있었지요?

위의 성질로부터 다음과 같은 식이 성립하는 것을 간단히 설명할 수 있습니다.

$$a^{\log_a b} = b$$

이 사실은 금방 이해할 수 있겠지요? 그리고 $a^{\log_c b} = b^{\log_c a}$이 성립한다는 사실로부터 $a^{\log_a b} = b^{\log_a a} = b^1 = b$임을 쉽게 알 수 있습니다.

이상을 정리해보면 다음과 같습니다. 로그의 값이 성립하는 데 필요한 일반적인 조건은 생략하겠습니다.

ATTENTION

로그의 성질(2)

(1) $\log_a b = \dfrac{\log_c b}{\log_c a}$ (2) $\log_{a^m} b^n = \dfrac{n}{m}\log_a b$

(3) $a^{\log_c b} = b^{\log_c a}$ (4) $a^{\log_a b} = b$

상용로그 ——————

◎ 도입

선생님은 앞의 단원 '로그의 어원'에서 네이피어에 의해 처음으로 로그의 개념이 도입되었고, 그 이후 브릭스에 의해 밑이 10인 로그가 사용되었다고 설명했습니다. 일상생활에서 사용되는 대부분의 수가 10진법 수인 탓에 밑이 10인 로그는 매우 유용하게 사용되었습니다. 이처럼 **밑이 10인 로그**를 **상용로그**(Common logarithm)라고 하는데 이번 단원에서는 이런 상용로그에 대해서 공부해보겠습니다.

두께가 0.1*mm*인 적당한 크기의 종이가 있다고 생각해봅시다. 이 종이를 반으로 접는 작업을 50번 할 수 있다면 그 높이가 얼마나 될까요? 어떤 실험에 의하면 사실 인간은 8번 이상을 접을 수 없다고 합니다. 그러니 정말 50번 접을 생각을 하지 말고 산술적으로 50번 접었을 때 그 종이의 높이에 대해서 생각해봅시다.

이 종이를 한 번 반으로 접으면 높이는 0.2*mm*가 되겠네요. 이것을 그대로 반으로 접으면 0.4*mm*가 되겠지요? 또 반으로 접으면 0.8*mm* … 이 과정을 차례로 써보면 다음과 같습니다.

1번 : $0.1mm \times 2 = 0.2mm$

2번 : $0.2mm \times 2 = 0.1mm \times 2 \times 2 = 0.1mm \times 2^2 = 0.1mm \times 4 = 0.4mm$

3번 : $0.4mm \times 2 = 0.1mm \times 2^2 \times 2 = 0.1mm \times 2^3 = 0.8mm$

$\vdots$

이런 규칙으로 두께가 늘어나니 50번 접었을 때 종이의 두께는 어떻게 되겠습니까? 예, 그렇습니다. $0.1mm \times 2^{50}$이 될 것입니다. 이제 2^{50}의 값이 얼마인지 계산하는 것이 문제겠지요? 어떻게 계산할까요? 그렇습니다. 2를 50번 곱하는 것이니까 계산기로 2를 50번 곱하면 됩니다. 주의할 것은 2×50을 의미하는 것이 아니라는 사실이지요. $2 \times 2 \times \cdots \times 2$와 같이 2를 50번 곱하는 것입니다. 계산기의 성능이 좋지 않으면 (메모리가 작으면) 계산기가 계산을 못 할지도 모릅니다. 그런데 만일 계산기가 없는 상황이라면 어떻게 이 값을 계산할 수 있을까요?

이제부터 여러분은 선생님과 함께 이런 큰 숫자의 근삿값을 계산하는 과정에 대해서 알아볼 것입니다. 비록 정확하게 계산하지 못하더라도 그 값이 최소한 몇 자리 수인지, 또 가장 높은 자릿수는 얼마인지 계산할 수 있다면 비교적 의미 있는 값이겠지요? 이 계산을 상용로그를 이용하여 구해볼 텐데요, 그러려면 우선 다음과 같은 몇 가지 개념을 학습해야 합니다.

◎상용로그의 뜻

앞서 말했듯이 밑이 10인 로그를 상용로그라고 합니다. 그리고 이때 보통 **밑은 생략하고 진수만 써서 나타내는 것이 보통**입니다. 즉,

$$\text{상용로그} : \log_{10}N \Leftrightarrow \log N \text{(단, } N > 0)$$

따라서 2의 상용로그는 $\log 2$이며 이는 $\log_{10}2$를 뜻하는 것입니다. 밑이 10이다 보니 다음과 같은 특징이 있겠지요?

$\log_{10}1 = 0$

$\log_{10}10 = 1$

$\log_{10}100 = \log_{10}10^2 = 2$

$$\log_{10}1000 = \log_{10}10^3 = 3$$

$$\vdots$$

$$\log_{10}10^n = n$$

이번에는 진수가 소수인 경우를 생각해보겠습니다.

$$\log_{10}1 = 0$$

$$\log_{10}\frac{1}{10} = \log_{10}10^{-1} = -1$$

$$\log_{10}\frac{1}{100} = \log_{10}10^{-2} = -2$$

$$\log_{10}\frac{1}{1000} = \log_{10}10^{-3} = -3$$

$$\vdots$$

$$\log_{10}10^{-n} = -n$$

　지금까지는 진수가 10의 거듭제곱인 형태의 수에 대해서 알아보았습니다. 여기서 알게 된 특징은 1보다 큰 10의 거듭제곱의 수에 대한 상용로그의 값은 모두 자연수이고 1보다 작은 10의 거듭제곱의 수에 대한 상용로그의 값은 모두 음의 정수라는 것입니다.

　그렇다면 진수가 10의 거듭제곱이 아닌 수에 대한 상용로그의 값은 어떨까요?

◎상용로그의 지표와 가수

　일반적으로 양의 실수 x는 10의 거듭제곱을 이용하여 다음과 같이 표현할 수 있습니다.

$$x = a \times 10^n \, (1 \leq a < 10, \ n\text{은 정수})$$

예를 들면 254 = 2.54 × 10^2, 0.000254 = 2.54 × 10^{-4}과 같이 양의 실수를 10의 거듭제곱을 이용하여 표현할 수 있다는 것입니다.

그렇다면 임의의 양의 실수 x를 이렇게 $x = a \times 10^n$ (1 ≤ a < 10, n은 정수)의 형태로 고쳐서 상용로그를 취하면 어떻게 될까요? 예, 그렇습니다. 아래와 같이 되겠지요?

$$\log x = \log(a \times 10^n) = \log a + \log 10^n = \log a + n = n + \log a$$

그런데 1 ≤ a < 10 이므로 0 = log1 ≤ log a < log10 = 1인 것을 알 수 있지요? 따라서 임의의 양의 실수 x에 대한 상용로그의 값은 항상 정수 n과 0과 1사이의 소수 log a의 값의 합으로 나타낼 수 있습니다. 이때 **n을 log$x$의 지표, log$a$를 log$x$의 가수**라고 합니다.

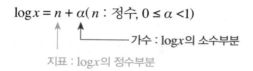

또한 1 ≤ a < 10인 수 일부에 대해서 log a의 값을 계산하여 표로 정리했는데 이를 상용로그표라고 합니다.[076] 우리 책에서도 부록에 상용로그표를 첨부했습니다. 이 표를 이용하는 방법에 대해서 알아보겠습니다.

---

076 흔히 상용로그는 '브릭스 로그 수'라고 한다. 브릭스는 앞에서 언급했다시피 네이피어를 도운 영국의 수학자이다. 브릭스는 최초로 상용로그표를 작성했는데 1부터 2만까지, 9만부터 10만까지의 14자리 대수를 계산했다고 한다.

위에서 말한 $254 = 2.54 \times 10^2$에 대해서 알아볼까요? $\log 254 = \log(2.54 \times 10^2) = \log 2.54 + 2$에서 $\log 2.54$의 값을 살펴봅시다. 본질적인 의미는 $\log 2.54 = k$라 하면 $254 = 10^k$을 만족하는 k의 값을 의미하는 것입니다. 어떤 방식으로 구했는지 언급하지 않겠으나 이 방정식을 만족하는 k의 값을 구하는 알고리즘을 알고 있다면 k의 값을 얻을 수 있을 것입니다. 그리고 그 값이 상용로그표에 기록되어 있는데 이 값을 읽는 방법은 아주 간단합니다. 아래 상용로그표의 일부를 나타낸 그림을 봅시다.

수	0	1	2	3	4	5	6	7	8	9	비례부분								
											1	2	3	4	5	6	7	8	9
1.0	.0000	.0043	.0086	.0128	.0170	.0212	.0253	.0294	.0334	.0374	4	8	12	17	21	25	29	33	37
1.1	.0414	.0453	.0492	.0531	.0569	.0607	.0645	.0682	.0719	.0755	4	8	11	15	19	23	26	30	34
1.2	.0792	.0828	.0864	.0899	.0934	.0969	.1004	.1038	.1072	.1106	3	7	10	14	17	21	24	28	31
1.3	.1139	.1173	.1206	.1239	.1271	.1303	.1335	.1367	.1399	.1430	3	6	10	13	16	19	23	26	29
1.4	.1461	.1492	.1523	.1553	.1584	.1614	.1644	.1673	.1703	.1732	3	6	9	12	15	18	21	24	27
1.5	.1761	.1790	.1818	.1847	.1875	.1903	.1931	.1959	.1987	.2014	3	6	8	11	14	17	20	22	25
1.6	.2041	.2068	.2095	.2122	.2148	.2175	.2201	.2227	.2253	.2279	3	5	8	11	13	16	18	21	24
1.7	.2304	.2330	.2355	.2380	.2405	.2430	.2455	.2480	.2504	.2529	2	5	7	10	12	15	17	20	22
1.8	.2553	.2577	.2601	.2625	.2648	.2672	.2695	.2718	.2742	.2765	2	5	7	9	12	14	16	19	21
1.9	.2788	.2810	.2833	.2856	.2878	.2900	.2923	.2945	.2967	.2989	2	4	7	9	11	13	16	18	20
2	.3010	.3032	.3054	.3075	.3096	.3118	.3139	.3160	.3180	.3201	2	4	6	8	11	13	15	17	19
2.1	.3222	.3243	.3263	.3284	.3304	.3324	.3345	.3365	.3385	.3404	2	4	6	8	10	12	14	16	18
2.2	.3424	.3444	.3464	.3483	.3502	.3522	.3541	.3560	.3579	.3598	2	4	6	8	10	12	14	15	17
2.3	.3617	.3636	.3655	.3674	.3692	.3711	.3729	.3747	.3766	.3784	2	4	6	7	9	11	13	15	17
2.4	.3802	.3820	.3838	.3856	.3874	.3892	.3909	.3927	.3945	.3962	2	4	5	7	9	11	12	14	16
2.5	.3979	.3997	.4014	.4031	.4048	.4065	.4082	.4099	.4116	.4133	2	3	5	7	9	10	12	14	15
2.6	.4150	.4166	.4183	.4200	.4216	.4232	.4249	.4265	.4281	.4298	2	3	5	7	8	10	11	13	15
2.7	.4314	.4330	.4346	.4362	.4378	.4393	.4409	.4425	.4440	.4456	2	3	5	6	8	9	11	13	14
2.8	.4472	.4487	.4502	.4518	.4533	.4548	.4564	.4579	.4594	.4609	2	3	5	6	8	9	11	12	14
2.9	.4624	.4639	.4654	.4669	.4683	.4698	.4713	.4728	.4742	.4757	1	3	4	6	7	9	10	12	13
3	.4771	.4786	.4800	.4814	.4829	.4843	.4857	.4871	.4886	.4900	1	3	4	6	7	9	10	11	13
3.1	.4914	.4928	.4942	.4955	.4969	.4983	.4997	.5011	.5024	.5038	1	3	4	6	7	8	10	11	12
3.2	.5051	.5065	.5079	.5092	.5105	.5119	.5132	.5145	.5159	.5172	1	3	4	5	7	8	9	11	12
3.3	.5185	.5198	.5211	.5224	.5237	.5250	.5263	.5276	.5289	.5302	1	3	4	5	6	8	9	10	12
3.4	.5315	.5328	.5340	.5353	.5366	.5378	.5391	.5403	.5416	.5428	1	3	4	5	6	8	9	10	11
3.5	.5441	.5453	.5465	.5478	.5490	.5502	.5514	.5527	.5539	.5551	1	2	4	5	6	7	9	10	11
3.6	.5563	.5575	.5587	.5599	.5611	.5623	.5635	.5647	.5658	.5670	1	2	4	5	6	7	8	10	11
3.7	.5682	.5694	.5705	.5717	.5729	.5740	.5752	.5763	.5775	.5786	1	2	3	5	6	7	8	9	10
3.8	.5798	.5809	.5821	.5832	.5843	.5855	.5866	.5877	.5888	.5899	1	2	3	5	6	7	8	9	10
3.9	.5911	.5922	.5933	.5944	.5955	.5966	.5977	.5988	.5999	.6010	1	2	3	4	5	7	8	9	10

[상용로그표 일부]

제일 좌측 열의 '수'는 진수에 들어갈 수를 소수 첫 번째 자리까지 표현한 것입니다. 그리고 제일 위 첫 행의 '수'는 소수 둘째 자릿수를 뜻합니다. 따라서 log2.54는 그림에서 2.5가 쓰인 행의 숫자 중 4의 숫자가 쓰인 열의 숫자와 만나는 지점에 쓰인 수입니다. 따라서 log2.54 = 0.4048입니다. 물론 이 값은 근삿값입니다. 다만 여기서는 소수 넷째자리까지 정리해둔 것뿐입니다.

이 과정을 거꾸로 생각하여 상용로그의 값을 알고 있다면 진수의 값을 얻을 수 있겠지요? 물론 현재 우리는 진수의 값을 소수점 이하 둘째 자리까지밖에 알지 못하지만 좀 더 엄밀한 상용로그표를 본다면 더 자세히 알 수도 있을 것입니다.

예를 들어 log x = 0.5132를 만족하는 x의 값을 생각해봅시다. 먼저 상용로그표에서 '수'를 나타내는 행과 열의 수가 아닌 소수점 이하 넷째자리까지 표현된 수 중 0.5132를 찾습니다. 그 다음 0.5132가 나타난 행의 수 중 '수' 열과 만나는 수를 찾습니다. 3.2이지요? 또한 0.5132가 나타난 열의 수 중 '수' 행과 만나는 수를 찾습니다. 6입니다. 따라서 log x = 0.5132를 만족하는 x의 값은 3.26인 것입니다.

어렵지 않지요? 이렇게 우리는 상용로그의 근삿값을 편하게 얻을 수 있습니다. 하지만 컴퓨터가 없던 시절 이것을 직접 계산하여 표를 작성하여 사용했다니 정말 대단하지 않나요?

자, 다시 지표와 가수에 대한 이야기를 해볼까요? 임의의 양의 실수 x에 대하여 log x = x + α(n은 정수, 0 ≤ α <1)와 같이 표현할 수 있고 이때 정수 n을 지표, α을 가수라 부른다고 했습니다. 그럼 이 지표와 가수가 하

는 역할은 무엇일까요? 다음을 관찰해보세요.

$$\log 254 = \log (2.54 \times 10^2) = 2 + \log 2.54 = 2 + 0.4048$$

$$\log 25400 = \log (2.54 \times 10^4) = 4 + \log 2.54 = 4 + 0.4048$$

$$\log 0.254 = \log (2.54 \times 10^{-1}) = -1 + \log 2.54 = -1 + 0.4048$$

$$\log 0.0254 = \log (2.54 \times 10^{-2}) = -2 + \log 2.54 = -2 + 0.4048$$

진수에 쓰인 숫자의 배열은 같지만 크기가 다릅니다. 이때 이 수들의 상용로그의 지표는 모두 다르지만 가수는 모두 같은 것을 확인할 수 있습니다. 또한 각 지표들은 진수의 자리수와 무관하지 않은 것을 확인할 수 있습니다. $\log 254$의 지표는 2이고 진수 254는 세 자리의 자연수입니다. 또한 $\log 25400$의 지표는 4이고 25400은 다섯 자리의 자연수입니다. 사실 양의 실수 x의 상용로그를 계산할 때 우리는 $x = a \times 10^n (1 \le a < 10, n$은 정수$)$인 꼴을 취하는데 여기서 n이 $\log x$의 지표가 되니 x의 자릿수는 $n+1$ 임을 알 수 있습니다.

같은 이유로 $\log 0.254$나 $\log 0.0254$의 지표에서 알 수 있듯이 지표가 음수일 때는 상용로그의 진수의 소수점 이하 처음으로 0이 아닌 수가 나타나는 자리의 수를 나타내는 것을 알 수 있습니다. 즉, $\log 0.254$의 지표가 -1인데 0.254는 소수점 아래 첫째 자리에서 처음으로 0이 아닌 수가 나타나고 있으며 $\log 0.0254$의 지표는 -2이고 0.0254는 소수점 아래 두 번째 자리에서 처음으로 0이 아닌 수가 나타나고 있습니다.

이상을 정리하면 상용로그의 지표와 가수에 관한 다음 사항을 알 수 있습니다.

상용로그의 지표와 가수의 성질

(1) $\log x$의 지표가 $n(n \geq 0)$이면 x의 정수 부분은 $(n+1)$자리의 수이다.

(2) $\log x$의 지표가 $-n(n > 0)$이면 x는 소수 n째 자리에서 처음으로 0이 아닌 수가 나타난다.

(3) 두 양수 x, y의 숫자 배열이 같으면 $\log x$와 $\log y$의 가수가 같다.

다음 문제를 풀어봅시다. 지표와 가수의 개념을 확실하게 이해할 수 있을 것입니다.

예제 $\left(\dfrac{1}{\sqrt{3}}\right)^{40}$ 은 소수 m째 자리에서 처음으로 0이 아닌 수가 나타나고, 30^m은 n자리의 정수이다. 이때, m, n의 값을 구하시오.

풀이 숫자가 매우 작거나 커서 직접 계산하는 방법으로는 해결하기 어려운 문제입니다. 상용로그의 지표와 가수의 개념으로 문제를 풀어보겠습니다.

먼저 $\left(\dfrac{1}{\sqrt{3}}\right)^{40}$ 에 상용로그를 취하면 $\log\left(\dfrac{1}{\sqrt{3}}\right)^{40} = \log 3^{-20} =$
$-20\log 3 = -20 \times 0.4771 = -9.542$입니다. 그러면 $\left(\dfrac{1}{\sqrt{3}}\right)^{40}$ 의 지표
와 가수는 각각 -9, -0.542일까요? 아닙니다. $-9.542 = -9 +$
(-0.542)이므로 $\left(\dfrac{1}{\sqrt{3}}\right)^{40}$ 의 가수는 0.542가 아닙니다. 앞서 말했
듯이 가수는 항상 0이상 1미만의 수이어야 합니다. 따라서 가수
의 조건에 맞도록 수를 조절할 필요가 있습니다. 즉, $-9.542 = -9$
$+(-0.542) = -9 -1 + 1 -0.542 = -10 +0.458$이므로 $\left(\dfrac{1}{\sqrt{3}}\right)^{40}$
$= -9.542 = (-10) +0.458$이 됩니다. 따라서 $\left(\dfrac{1}{\sqrt{3}}\right)^{40}$ 은 소수 10째
자리에서 처음으로 0이 아닌 수가 나타납니다. 그러므로 $m = 10$
입니다.

이제 30^{10}의 자리수를 알기 위해서 마찬가지로 상용로그를 취해
봅시다. 그러면, $\log 30^{10} = 10\log 30 = 10(1 + \log 3) = 10 \times (1.4771)$
$= 14.771$입니다. 따라서, 30^{10}은 15자리의 수입니다. 그러므로 $n =$
15입니다.

문제가 개념 이해에 도움이 되었나요? 그럼 우리는 최초의 질문이었던
2^{50}으로 돌아가봅시다.

위에서 연습한 방식으로 계산하면, $\log 2^{50} = 50\log 2 = 50 \times (0.3010) =$
15.05입니다. 따라서 $\log 2^{50}$의 지표는 15이므로 2^{50}의 정수부분은 16자리
의 정수임을 알 수 있습니다. 그런데 근사적으로 $\log 1.12 \fallingdotseq 0.05$임을 상
용로그표를 이용하여 찾을 수 있으므로, $15.05 = 15 + 0.05 \fallingdotseq \log 10^{15} +$

$\log 1.12 = \log(1.12 \times 10^{15})$임을 알 수 있습니다(물론 이 값도 근삿값입니다). 그러므로 $\log 2^{50} = 15.05 \fallingdotseq \log(1.12 \times 10^{15})$이 성립하는 것이고 그러므로 근사적으로 $2^{50} \fallingdotseq 1.12 \times 10^{15} = 1120000000000000$입니다.

이제 드디어 두께가 $0.1mm$인 종이를 매번 전 단계의 절반으로 50 번 접었을 때의 높이가 $0.1mm \times 2^{50} \fallingdotseq 0.1 \times 1120000000000000 = 112000000000000(mm)$임을 알 수 있게 되었습니다.

단위가 mm이니까 얼마 되지 않아 보입니다. 이것을 km로 환산해볼까요?

$112200000000000(mm) = 11220000000000(cm) = 112200000000(m)$
$= 112200000(km)$

음, 크기가 느껴지지 않는 값인가요? 약 1억2천2백만 km인 것입니다.

지구의 표면에서 달 표면까지의 거리는 약 $383000km$라고 합니다. 따라서 두께가 $0.1mm$인 종이를 매번 전 단계의 절반으로 50번 접는다는 것은 어마어마한 높이의 종이접기를 뜻한다고 할 수 있습니다. 달 여행을 가고 싶으면 종이접기를 통해서도 갈 수 있겠군요? 이론적인 사항일 뿐입니다. 실제로 인간은 8번 이상 종이 접기가 불가능하다고 합니다.

2^{50}의 참값은 1125899906842624입니다. 우리는 앞의 세 번째 자리까지 정확히 맞추었습니다. 계산기의 도움 없이 직접 2를 50번 곱하지 않고도 매우 큰 값의 근삿값을 비교적 정확히 계산해낸 것입니다. 만약 상용로그표가 조금 더 세밀하게 계산되어 있다면 아마 더 정확하게 2^{50}의 근삿값을 계산해낼 수 있었을 것입니다.

이처럼 상용로그는 매우 큰 수에 대한 빠른 계산을 가능하게 해주었습니다. 앞서 로그의 발견으로 인해 천문학자들의 일거리가 줄고 수명이 두 배로 늘었다는 것이 어떤 뜻인지 이해할 수 있겠지요? 천문학에서 쓰는 숫자는 정말 매우 큰 숫자들입니다. 가장 가까이에 있는 달까지의 거리도 무려 삼십만 킬로미터가 넘는 값입니다. 태양계 밖의 별들과 행성들을 연구하는 천문학자들에게 엄청나게 큰 수를 계산해야 하는 상황에서 로그의 등장은 정말 고마운 일이었을 것입니다. 대신 2^{50}의 계산에서 느꼈겠지만 상용로그표의 값이 정확할수록 좋을 것입니다. 물론 참값을 계산한다는 것은 불가능하겠지만 최대한 참값에 가깝도록 조절할 필요가 있었겠지요. 그래서 네이피어와 브리그스는 이 상용로그표 작성을 위해서 매우 많은 시간과 노력을 들였다고 합니다. 오늘날 컴퓨터의 등장으로 이런 상용로그표는 무용지물이 되었지만 그렇다고 상용로그의 개념이 없어진 것이 아니고 컴퓨터는 계산만 빨리 할 뿐 어떻게 계산해야 하는지를 인간이 프로그래밍하여 제공해줘야 하니 상용로그에 대한 개념을 정확히 알고 있어야 하겠습니다.

상용로그의 개념은 지진의 강도를 나타내는 데도 쓰이고 있습니다. 미국의 과학자 릭터(Charles Francis Richter, 1900~1985)는 1935년에 상용로그를 이용하여 지진의 강도를 계산하는 방법을 연구했는데, 진앙에서 $100km$ 떨어진 지점에서 관측된 P파와 S파의 최대 진폭을 측정하여 지진의 강도를 1에서 9 이하의 숫자로 나타냈습니다. 이를 **릭터 척도**라고 부릅니다. 진폭 A와 지진의 규모 M에 대하여 $M = \log A - \log A_0$로 나타내었는데, A_0는 같은 거리에서 측정한 표준 지진의 진폭을 나타냅니

▲ 찰스 릭터 Charles Francis Richter

다. 이 공식에 따르면 지진의 규모(M)의 값이 1만큼 차이가 나면 진폭은 10배의 차이가 남을 의미하고 있습니다. 지진 발생 시 방출되는 에너지는 그것의 파괴력과도 밀접한 관계를 갖는데, 이때 발생하는 진폭의 $\frac{3}{2}$ 제곱만큼 커진다고 합니다.[077] 따라서 지진의 규모가 1만큼 차이가 나면 방출되는 에너지는 $10^{\frac{3}{2}} = 31.6$배 차이가 나겠지요. 릭터 규모가 2 차이를 내면 $(10^2)^{\frac{3}{2}} = 10^3 = 1000$배의 차이가 나는 것입니다. 지진 발생 시 방출되는 에너지(E)와 릭터 규모(M)과의 관계식도 상용로그가 쓰이는데 다음과 같습니다.

$$\log E = 11.8 + 1.5M$$

다음은 릭터 규모와 TNT폭약이 내는 폭발력을 비교한 표입니다.

1.0	TNT 32kg
2.0	TNT 1t
3.0	TNT 32t
4.0	TNT 1kt
5.0	TNT 32kt
6.0	TNT 1Mt
7.1	TNT 50Mt
8.0	TNT 1Gt
9.2	TNT 31.6Gt
10.0	TNT 1 teraton

---

077 http://ko.wikipedia.org/wiki/릭터_규모

히로시마 원자폭탄의 폭발력이 TNT 20kt급이었다고 합니다. 그러니 2004년에 있었던 인도네시아의 9.1규모의 지진이 얼마나 무서운 지진이었는지 알 수 있겠지요? 이 밖에도 상용로그는 생활 곳곳에서 많이 활용되고 있습니다. 소리의 크기를 나타내는 데시벨(dB)[078]이라던가 박테리아의 크기를 계산하는 데도 상용로그가 활용됩니다.

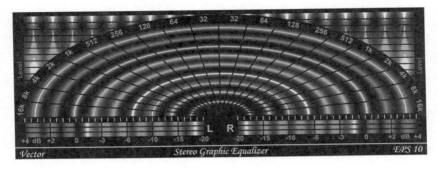

[데시벨 활용의 예]

---

[078] 소리의 세기를 나타내는 단위. 음원의 세기를 표준음 세기 비율의 상용로그의 10배로 나타낸다. 표준음의 세기는 $10-12 W/m^2$를 취한다. 기호는 dB.

지수와 관련지어 정의한 로그의 정의를 잘 이해하고, 지수법칙과 관련
된 로그의 여러 가지 성질을 파악해야 한다. 상용로그의 뜻을 이해하
고 지표와 가수의 성질을 이용하여 매우 큰 수의 근삿값을 구하는 과
정을 잘 익혀두자.

1. 로그의 정의

$a > 0$, $a \neq 1$, $b > 0$일 때, $a^x = b \Leftrightarrow x = \log_a b$

2. 로그의 성질(1)

$a > 0$, $a \neq 1$이고 $x > 0$, $y > 0$일 때, 다음 성질이 성립한다.

(1) $\log_a a = 1$, $\log_a 1 = 0$

(2) $\log_a xy = \log_a x + \log_a y$

(3) $\log_a \dfrac{x}{y} = \log_a x - \log_a y$

(4) $\log_a x^p = p\log_a x$ (p는 실수)

3. 로그의 성질(2)

(1) $\log_a b = \dfrac{\log_c b}{\log_c a}$

(2) $\log_{a^m} b^n = \dfrac{n}{m} \log_a b$

(3) $a^{\log_c b} = b^{\log_c a}$

(4) $a^{\log_a b} = b$

4. 상용로그의 뜻

앞서 말했듯이 밑이 10인 로그를 상용로그라고 한다. 이때 보통 밑은
생략하고 진수만 써서 나타내는 것이 보통이다.

상용로그 : $\log_{10} N = \log N$(단, $N > 0$)

5. 상용로그의 지표와 가수의 성질

(1) $\log x$의 지표가 $n(n \geq 0)$이면 x의 정수 부분은 $(n+1)$ 자리의 수.

(2) $\log x$의 지표가 $-n(n > 0)$이면 x는 소수 n째 자리에서 처음으로 0
이 아닌 수가 나타난다.

(3) 두 양수 x, y의 숫자 배열이 같으면 $\log x$와 $\log y$의 가수가 같다.

대표 문제 풀이

❶ 다음 값을 구하여라.

(1) $\log_2 16$ (2) $\log_{\frac{1}{3}} 9$

풀이 (1) $\log_2 16 = x$로 놓으면 로그의 정의에 의하여 $2^x = 16$, 즉 $2^x = 2^4$ $\therefore x = 4$

따라서 $\log_2 16 = 4$이다.

(2) $\log_{\frac{1}{3}} 9 = x$로 놓으면 로그의 정의에 의하여 $\left(\dfrac{1}{3}\right)^x = 9$, 즉 $\left(\dfrac{1}{3}\right)^x = \left(\dfrac{1}{3}\right)^{-2}$

$\therefore x = -2$

따라서 $\log_{\frac{1}{3}} 9 = -2$이다.

❷ 다음 등식을 만족시키는 N의 값을 구하여라.

(1) $\log_2 N = 5$ (2) $\log_{\frac{1}{3}} N = 2$

풀이 (1) 로그의 정의에 의하여 $\log_2 N = 5 \Leftrightarrow 2^5 = N$

$\therefore N = 2^5 = 32$

(2) 로그의 정의에 의하여 $\log_{\frac{1}{3}} N = 2 \Leftrightarrow \left(\dfrac{1}{3}\right)^2 = N$

$\therefore N = \left(\dfrac{1}{3}\right)^2 = \dfrac{1}{9}$

❸ 다음 값을 구하여라.

(1) $\log_2 \dfrac{4}{3} + 2\log_2 \sqrt{12}$ (2) $2\log_3 6 + \log_3 15 - 2\log_3 2\sqrt{5}$

> **풀이** (1) $\log_2 \dfrac{4}{3} + 2\log_2 \sqrt{12} = \log_2 \dfrac{4}{3} + \log_2 (\sqrt{12})^2 = \log_2 \dfrac{4}{3} + \log_2 12$
>
> $= \log_2 \left(\dfrac{4}{3} \times 12 \right) = \log_2 16 = \log_2 2^4 = 4$
>
> (2) $2\log_3 6 + \log_3 15 - 2\log_3 2\sqrt{5} = \log_3 6^2 + \log_3 15 - \log_3 (2\sqrt{5})^2 =$
> $\log_3 \dfrac{36 \times 15}{20}$
> $= \log_3 27 = \log_3 3^3 = 3$

❹ $\log_{10} 2 = a$, $\log_{10} 3 = b$일 때, 다음을 a, b의 식으로 나타내어라.

(1) $\log_{10} 72$ (2) $\log_{10} 0.036$

> **풀이** (1) $\log_{10} 72 = \log_{10} (2^3 \times 3^2) = \log_{10} 2^3 + \log_{10} 3^2$
>
> $= 3\log_{10} 2 + 2\log_{10} 3 = 3a + 2b$
>
> (2) $\log_{10} 0.036 = \log_{10} \dfrac{36}{1000} = \log_{10} \dfrac{2^2 \times 3^2}{10^3}$
>
> $= \log_{10} 2^2 + \log_{10} 3^2 - \log_{10} 10^3 = 2\log_{10} 2 + 2\log_{10} 3 - 3 = 2a + 2b - 3$

❺ $\log 3 = 0.4771$일 때, 다음에 답하여라.

(1) 3^{38}은 몇 자리의 정수인가?

(2) $\left(\dfrac{1}{3} \right)^{24}$은 소수점 아래 몇째 자리에서 처음으로 0이 아닌 숫자가 나타나는가?

풀이 (1) $\log 3^{38} = 38\log 3 = 38 \times 0.4771 = 18.1298$이므로 3^{38}의 상용

로그의 지표는 18이다.

따라서 3^{38}은 19자리의 정수이다.

(2) $\log\left(\dfrac{1}{3}\right)^{24} = -24\log 3 = -24 \times 0.4771 = -11.4504 = -12 + 0.5496$이

므로 $\left(\dfrac{1}{3}\right)^{24}$의 상용로그의 지표는 -12 이다. 따라서 $\left(\dfrac{1}{3}\right)^{24}$은 소수점 아

래 12째 자리에서 처음으로 0이 아닌 숫자가 나타난다.

❻ $\log_2 14$의 정수 부분을 a, 소수 부분을 b라고 할 때, $3^a + 2^b$의 값을 구

하여라. (단, $0 \le b < 1$)

풀이 $\log_2 8 < \log_2 14 < \log_2 16$이므로 $3 < \log_2 14 < 4$ $\therefore a = 3$

$\therefore b = \log_2 14 - 3 = \log_2 14 - \log_2 8 = \log_2 \dfrac{14}{8} = \log_2 \dfrac{7}{4}$

$\therefore 3^a + 2^b = 3^3 + 2^{\log_2 \frac{7}{4}} = 27 + \dfrac{7}{4} = \dfrac{115}{4}$

❼ 어떤 세균은 그 수가 2시간마다 3배가 된다고 한다. 40시간이 지난 후

에 세균의 수가 처음 세균의 수의 x배가 되었다면 x는 몇 자리 정수인가?

(단, $\log 2 = 0.3010$, $\log 3 = 0.4771$로 계산한다.)

풀이 처음 세균의 수를 A라고 하면

2시간 후의 세균의 수는 $3A$

4시간 후의 세균의 수는 $3^2 A$

$\vdots$

40시간 후의 세균의 수는 $3^{20}A$

이므로 $x = 3^{20}$

$\therefore \log x = 20\log 3 = 20 \times 0.4771 = 9.542$

따라서 지표가 9이므로 x는 10자리의 수이다.

부록 상용로그표

×	0.00	0.01	0.02	0.03	0.04	0.05	0.06	0.07	0.08	0.09
1	0.00000	0.00432	0.00860	0.01283	0.01703	0.02118	0.02530	0.02938	0.03342	0.03742
1.1	0.04139	0.04532	0.04921	0.05307	0.05690	0.06069	0.06445	0.06818	0.07188	0.07554
1.2	0.07918	0.08278	0.08635	0.08990	0.09342	0.09691	0.10037	0.10380	0.10720	0.11058
1.3	0.11394	0.11727	0.12057	0.12385	0.12710	0.13033	0.13353	0.13672	0.13987	0.14301
1.4	0.14612	0.14921	0.15228	0.15533	0.15836	0.16136	0.16435	0.16731	0.17026	0.17318
1.5	0.17609	0.17897	0.18184	0.18469	0.18752	0.19033	0.19312	0.19589	0.19865	0.20139
1.6	0.20411	0.20682	0.20951	0.21218	0.21484	0.21748	0.22010	0.22271	0.22530	0.22788
1.7	0.23044	0.23299	0.23552	0.23804	0.24054	0.24303	0.24551	0.24797	0.25042	0.25285
1.8	0.25527	0.25767	0.26007	0.26245	0.26481	0.26717	0.26951	0.27184	0.27415	0.27646
1.9	0.27875	0.28103	0.28330	0.28555	0.28780	0.29003	0.29225	0.29446	0.29666	0.29885
2	0.30102	0.30319	0.30535	0.30749	0.30963	0.31175	0.31386	0.31597	0.31806	0.32014
2.1	0.32221	0.32428	0.32633	0.32837	0.33041	0.33243	0.33445	0.33645	0.33845	0.34044
2.2	0.34242	0.34439	0.34635	0.34830	0.35024	0.35218	0.35410	0.35602	0.35793	0.35983
2.3	0.36172	0.36361	0.36548	0.36735	0.36921	0.37106	0.37291	0.37474	0.37657	0.37839
2.4	0.38021	0.38201	0.38381	0.38560	0.38738	0.38916	0.39093	0.39269	0.39445	0.39619
2.5	0.39794	0.39967	0.40140	0.40312	0.40483	0.40654	0.40823	0.40993	0.41161	0.41329
2.6	0.41497	0.41664	0.41830	0.41995	0.42160	0.42324	0.42488	0.42651	0.42813	0.42975
2.7	0.43136	0.43296	0.43456	0.43616	0.43775	0.43933	0.44090	0.44247	0.44404	0.44560
2.8	0.44715	0.44870	0.45024	0.45178	0.45331	0.45484	0.45636	0.45788	0.45939	0.46089
2.9	0.46239	0.46389	0.46538	0.46686	0.46834	0.46982	0.47129	0.47275	0.47421	0.47567
3	0.47712	0.47856	0.48000	0.48144	0.48287	0.48429	0.48572	0.48713	0.48855	0.48995
3.1	0.49136	0.49276	0.49415	0.49554	0.49692	0.49831	0.49968	0.50105	0.50242	0.50379
3.2	0.50514	0.50650	0.50785	0.50920	0.51054	0.51188	0.51321	0.51454	0.51587	0.51719
3.3	0.51851	0.51982	0.52113	0.52244	0.52374	0.52504	0.52633	0.52762	0.52891	0.53019
3.4	0.53147	0.53275	0.53402	0.53529	0.53655	0.53781	0.53907	0.54032	0.54157	0.54282
3.5	0.54406	0.54530	0.54654	0.54777	0.54900	0.55022	0.55144	0.55266	0.55388	0.55509
3.6	0.55630	0.55750	0.55870	0.55990	0.56110	0.56229	0.56348	0.56466	0.56584	0.56702
3.7	0.56820	0.56937	0.57054	0.57170	0.57287	0.57403	0.57518	0.57634	0.57749	0.57863
3.8	0.57978	0.58092	0.58206	0.58319	0.58433	0.58546	0.58658	0.58771	0.58883	0.58994
3.9	0.59106	0.59217	0.59328	0.59439	0.59549	0.59659	0.59769	0.59879	0.59988	0.60097
4	0.60205	0.60314	0.60422	0.60530	0.60638	0.60745	0.60852	0.60959	0.61066	0.61172
4.1	0.61278	0.61384	0.61489	0.61595	0.61700	0.61804	0.61909	0.62013	0.62117	0.62221
4.2	0.62324	0.62428	0.62531	0.62634	0.62736	0.62838	0.62940	0.63042	0.63144	0.63245
4.3	0.63346	0.63447	0.63548	0.63648	0.63748	0.63848	0.63948	0.64048	0.64147	0.64246
4.4	0.64345	0.64443	0.64542	0.64640	0.64738	0.64836	0.64933	0.65030	0.65127	0.65224
4.5	0.65321	0.65417	0.65513	0.65609	0.65705	0.65801	0.65896	0.65991	0.66086	0.66181
4.6	0.66275	0.66370	0.66464	0.66558	0.66651	0.66745	0.66838	0.66931	0.67024	0.67117
4.7	0.67209	0.67302	0.67394	0.67486	0.67577	0.67669	0.67760	0.67851	0.67942	0.68033
4.8	0.68124	0.68214	0.68304	0.68394	0.68484	0.68574	0.68663	0.68752	0.68841	0.68930
4.9	0.69019	0.69108	0.69196	0.69284	0.69372	0.69460	0.69548	0.69635	0.69722	0.69810
5	0.69897	0.69983	0.70070	0.70156	0.70243	0.70329	0.70415	0.70500	0.70586	0.70671
5.1	0.70757	0.70842	0.70926	0.71011	0.71096	0.71180	0.71264	0.71349	0.71432	0.71516
5.2	0.71600	0.71683	0.71767	0.71850	0.71933	0.72015	0.72098	0.72181	0.72263	0.72345
5.3	0.72427	0.72509	0.72591	0.72672	0.72754	0.72835	0.72916	0.72997	0.73078	0.73158

5.4	0.73239	0.73319	0.73399	0.73479	0.73559	0.73639	0.73719	0.73798	0.73878	0.73957
5.5	0.74036	0.74115	0.74193	0.74272	0.74350	0.74429	0.74507	0.74585	0.74663	0.74741
5.6	0.74818	0.74896	0.74973	0.75050	0.75127	0.75204	0.75281	0.75358	0.75434	0.75511
5.7	0.75587	0.75663	0.75739	0.75815	0.75891	0.75966	0.76042	0.76117	0.76192	0.76267
5.8	0.76342	0.76417	0.76492	0.76566	0.76641	0.76715	0.76789	0.76863	0.76937	0.77011
5.9	0.77085	0.77158	0.77232	0.77305	0.77378	0.77451	0.77524	0.77597	0.77670	0.77742
6	0.77815	0.77887	0.77959	0.78031	0.78103	0.78175	0.78247	0.78318	0.78390	0.78461
6.1	0.78532	0.78604	0.78675	0.78746	0.78816	0.78887	0.78958	0.79028	0.79098	0.79169
6.2	0.79239	0.79309	0.79379	0.79448	0.79518	0.79588	0.79657	0.79726	0.79795	0.79865
6.3	0.79934	0.80002	0.80071	0.80140	0.80208	0.80277	0.80345	0.80413	0.80482	0.80550
6.4	0.80617	0.80685	0.80753	0.80821	0.80888	0.80955	0.81023	0.81090	0.81157	0.81224
6.5	0.81291	0.81358	0.81424	0.81491	0.81557	0.81624	0.81690	0.81756	0.81822	0.81888
6.6	0.81954	0.82020	0.82085	0.82151	0.82216	0.82282	0.82347	0.82412	0.82477	0.82542
6.7	0.82607	0.82672	0.82736	0.82801	0.82865	0.82930	0.82994	0.83058	0.83122	0.83186
6.8	0.83250	0.83314	0.83378	0.83442	0.83505	0.83569	0.83632	0.83695	0.83758	0.83821
6.9	0.83884	0.83947	0.84010	0.84073	0.84135	0.84198	0.84260	0.84323	0.84385	0.84447
7	0.84509	0.84571	0.84633	0.84695	0.84757	0.84818	0.84880	0.84941	0.85003	0.85064
7.1	0.85125	0.85186	0.85247	0.85308	0.85369	0.85430	0.85491	0.85551	0.85612	0.85672
7.2	0.85733	0.85793	0.85853	0.85913	0.85973	0.86033	0.86093	0.86153	0.86213	0.86272
7.3	0.86332	0.86391	0.86451	0.86510	0.86569	0.86628	0.86687	0.86746	0.86805	0.86864
7.4	0.86923	0.86981	0.87040	0.87098	0.87157	0.87215	0.87273	0.87332	0.87390	0.87448
7.5	0.87506	0.87563	0.87621	0.87679	0.87737	0.87794	0.87852	0.87909	0.87966	0.88024
7.6	0.88081	0.88138	0.88195	0.88252	0.88309	0.88366	0.88422	0.88479	0.88536	0.88592
7.7	0.88649	0.88705	0.88761	0.88817	0.88874	0.88930	0.88986	0.89042	0.89097	0.89153
7.8	0.89209	0.89265	0.89320	0.89376	0.89431	0.89486	0.89542	0.89597	0.89652	0.89707
7.9	0.89762	0.89817	0.89872	0.89927	0.89982	0.90036	0.90091	0.90145	0.90200	0.90254
8	0.90308	0.90363	0.90417	0.90471	0.90525	0.90579	0.90633	0.90687	0.90741	0.90794
8.1	0.90848	0.90902	0.90955	0.91009	0.91062	0.91115	0.91169	0.91222	0.91275	0.91328
8.2	0.91381	0.91434	0.91487	0.91539	0.91592	0.91645	0.91698	0.91750	0.91803	0.91855
8.3	0.91907	0.91960	0.92012	0.92064	0.92116	0.92168	0.92220	0.92272	0.92324	0.92376
8.4	0.92427	0.92479	0.92531	0.92582	0.92634	0.92685	0.92737	0.92788	0.92839	0.92890
8.5	0.92941	0.92992	0.93043	0.93094	0.93145	0.93196	0.93247	0.93298	0.93348	0.93399
8.6	0.93449	0.93500	0.93550	0.93601	0.93651	0.93701	0.93751	0.93801	0.93851	0.93901
8.7	0.93951	0.94001	0.94051	0.94101	0.94151	0.94200	0.94250	0.94299	0.94349	0.94398
8.8	0.94448	0.94497	0.94546	0.94596	0.94645	0.94694	0.94743	0.94792	0.94841	0.94890
8.9	0.94939	0.94987	0.95036	0.95085	0.95133	0.95182	0.95230	0.95279	0.95327	0.95375
9	0.95424	0.95472	0.95520	0.95568	0.95616	0.95664	0.95712	0.95760	0.95808	0.95856
9.1	0.95904	0.95951	0.95999	0.96047	0.96094	0.96142	0.96189	0.96236	0.96284	0.96331
9.2	0.96378	0.96425	0.96473	0.96520	0.96567	0.96614	0.96661	0.96707	0.96754	0.96801
9.3	0.96848	0.96894	0.96941	0.96988	0.97034	0.97081	0.97127	0.97173	0.97220	0.97266
9.4	0.97312	0.97358	0.97405	0.97451	0.97497	0.97543	0.97589	0.97634	0.97680	0.97726
9.5	0.97772	0.97818	0.97863	0.97909	0.97954	0.98000	0.98045	0.98091	0.98136	0.98181
9.6	0.98227	0.98272	0.98317	0.98362	0.98407	0.98452	0.98497	0.98542	0.98587	0.98632
9.7	0.98677	0.98721	0.98766	0.98811	0.98855	0.98900	0.98944	0.98989	0.99033	0.99078
9.8	0.99122	0.99166	0.99211	0.99255	0.99299	0.99343	0.99387	0.99431	0.99475	0.99519
9.9	0.99563	0.99607	0.99651	0.99694	0.99738	0.99782	0.99825	0.99869	0.99913	0.99956

삼각비의 표

각도	사인(sin)	코사인(cos)	탄젠트(tan)	각도	사인(sin)	코사인(cos)	탄젠트(tan)
0°	0.0000	1.0000	0.0000	45°	0.7071	0.7071	1.0000
1°	0.0175	0.9998	0.0175	46°	0.7193	0.6947	1.0355
2°	0.0349	0.9994	0.0349	47°	0.7314	0.6820	1.0724
3°	0.0523	0.9986	0.0524	48°	0.7431	0.6691	1.1106
4°	0.0698	0.9976	0.0699	49°	0.7547	0.6561	1.1504
5°	0.0872	0.9962	0.0875	50°	0.7660	0.6428	1.1918
6°	0.1045	0.9945	0.1051	51°	0.7771	0.6293	1.2349
7°	0.1219	0.9925	0.1228	52°	0.7880	0.6157	1.2799
8°	0.1392	0.9903	0.1405	53°	0.7986	0.6018	1.3270
9°	0.1564	0.9877	0.1584	54°	0.8090	0.5878	1.3764
10°	0.1736	0.9848	0.1763	55°	0.8192	0.5736	1.4281
11°	0.1908	0.9816	0.1944	56°	0.8290	0.5592	1.4826
12°	0.2079	0.9781	0.2126	57°	0.8387	0.5446	1.5399
13°	0.2250	0.9744	0.2309	58°	0.8480	0.5299	1.6003
14°	0.2419	0.9703	0.2493	59°	0.8572	0.5150	1.6643
15°	0.2588	0.9659	0.2679	60°	0.8660	0.5000	1.7321
16°	0.2756	0.9613	0.2867	61°	0.8746	0.4848	1.8040
17°	0.2924	0.9563	0.3057	62°	0.8829	0.4695	1.8807
18°	0.3090	0.9511	0.3249	63°	0.8910	0.4540	1.9626
19°	0.3256	0.9455	0.3443	64°	0.8988	0.4384	2.0503
20°	0.3420	0.9397	0.3640	65°	0.9063	0.4226	2.1445
21°	0.3584	0.9336	0.3839	66°	0.9135	0.4067	2.2460
22°	0.3746	0.9272	0.4040	67°	0.9205	0.3907	2.3559
23°	0.3907	0.9205	0.4245	68°	0.9272	0.3746	2.4751
24°	0.4067	0.9135	0.4452	69°	0.9336	0.3584	2.6051
25°	0.4226	0.9063	0.4663	70°	0.9397	0.3420	2.7475
26°	0.4384	0.8988	0.4877	71°	0.9455	0.3256	2.9042
27°	0.4540	0.8910	0.5095	72°	0.9511	0.3090	3.0777
28°	0.4695	0.8829	0.5317	73°	0.9563	0.2924	3.2709
29°	0.4848	0.8746	0.5543	74°	0.9613	0.2756	3.4874
30°	0.5000	0.8660	0.5774	75°	0.9659	0.2588	3.7321
31°	0.5150	0.8572	0.6009	76°	0.9703	0.2419	4.0108
32°	0.5299	0.8480	0.6249	77°	0.9744	0.2250	4.3315
33°	0.5446	0.8387	0.6494	78°	0.9781	0.2079	4.7046
34°	0.5592	0.8290	0.6745	79°	0.9816	0.1908	5.1446
35°	0.5736	0.8192	0.7002	80°	0.9848	0.1736	5.6713
36°	0.5878	0.8090	0.7265	81°	0.9877	0.1564	6.3138
37°	0.6018	0.7986	0.7536	82°	0.9903	0.1392	7.1154
38°	0.6157	0.7880	0.7813	83°	0.9925	0.1219	8.1443
39°	0.6293	0.7771	0.8098	84°	0.9945	0.1045	9.5144
40°	0.6428	0.7660	0.8391	85°	0.9962	0.0872	11.4301
41°	0.6561	0.7547	0.8693	86°	0.9976	0.0698	14.3007
42°	0.6691	0.7431	0.9004	87°	0.9986	0.0523	19.0811
43°	0.6820	0.7314	0.9325	88°	0.9994	0.0349	28.6363
44°	0.6947	0.7193	0.9657	89°	0.9998	0.0175	57.2900
45°	0.7071	0.7071	1.0000	90°	1.0000	0.0000	—

완벽해~
이제 심화편으로 떠나볼까?